黑客揭秘与反黑实战

新阅文化 张晓宇 张婷婷 朱 琳 编著

人民邮电出版社

北 京

图书在版编目（CIP）数据

黑客揭秘与反黑实战：基础入门不求人 / 新阅文化
等编著. -- 北京：人民邮电出版社，2018.11（2022.2 重印）
ISBN 978-7-115-49079-7

Ⅰ．①黑… Ⅱ．①新… Ⅲ．①电子计算机—信息安全
—安全技术 Ⅳ．①TP309

中国版本图书馆CIP数据核字(2018)第184090号

内 容 提 要

本书全面详细地介绍个人计算机的网络安全反黑技术，并穿插讲解关于手机安全使用的部分内容，每节从案例分析总结引入，讲解了大量实用工具的操作及安全防范知识。

本书从认识黑客与信息安全开始讲起，进而详细介绍了系统的安装/配置与修复、系统防火墙与Windows Denfender、组策略、系统和数据的备份与还原、端口扫描与嗅探、远程技术、浏览器安全防护、病毒知识、木马知识、入侵检测技术、QQ安全、网络游戏安全、个人信息安全、无线网络与WiFi安全、智能手机安全、网络支付安全、电信诈骗防范等。

本书图文并茂、通俗易懂，适合网络安全技术初学者、爱好者阅读学习，也可供企事业单位从事网络安全与维护的技术人员在工作中参考。

◆ 编　著　新阅文化　张晓宇　张婷婷　朱　琳
　　责任编辑　李永涛
　　责任印制　马振武

◆ 人民邮电出版社出版发行　　北京市丰台区成寿寺路 11 号
　　邮编　100164　　电子邮件　315@ptpress.com.cn
　　网址　https://www.ptpress.com.cn
　　涿州市京南印刷厂印刷

◆ 开本：787×1092　1/16
　　印张：27　　　　　　　　　　2018 年 11 月第 1 版
　　字数：536 千字　　　　　　　2022 年 2 月河北第 3 次印刷

定价：59.80 元

读者服务热线：（010）81055410　印装质量热线：（010）81055316
反盗版热线：（010）81055315
广告经营许可证：京东市监广登字 20170147 号

前言

INTRODUCTION

随着网络技术的飞速发展，网络已经成为个人生活与工作中获取信息的重要途径，但是在网络带给人们生活便捷的同时，木马病毒肆虐、电信诈骗猖獗等网络安全问题也给我们的个人信息及财产安全带来严重威胁。因此，构建一个良好的网络环境，对于病毒和系统漏洞做好安全防范，及时查杀病毒和修复漏洞就显得尤为重要。为了避免计算机网络遭遇恶意软件、病毒和黑客的攻击，就必须做好计算机网络安全维护和防范。

♦ 本书内容

本书从认识黑客与信息安全开始讲起，进而详细介绍了系统的安装 / 配置与修复、系统防火墙与 Windows Denfender、组策略、系统和数据的备份与还原、端口扫描与嗅探、远程技术、浏览器安全防护、病毒知识、木马知识、入侵检测技术、QQ 安全、网络游戏安全、个人信息安全、无线网络与 WiFi 安全、智能手机安全、网络支付安全、电信诈骗防范等内容。

♦ 本书特色

- 每章都从实际案例出发，讲解全面，轻松入门，快速打通初学者学习的重要关卡。
- 真正以图来解释每一步操作过程，通俗易懂，阅读轻松。
- 学习目的性、指向性强，揭示当前较新的黑客技术，让读者实现"轻松上手"。

♦ 读者对象

作为一本面向广大网络安全反黑初学者的速查手册，本书适合以下读者学习使用。

（1）网络安全技术初学者、爱好者。

（2）需要获取数据保护的日常办公人员。

（3）网吧工作人员、企业网络管理人员。

（4）喜欢研究黑客技术的读者。

（5）大中专院校相关专业的学生。

（6）培训班学员。

本书主要由张晓宇、张婷婷、朱琳编著。我们虽满腔热情，但由于水平有限，书中难免存在不足、遗漏之处，敬请广大读者批评指正。

最后，需要提醒大家的是：根据国家有关法律规定，任何利用黑客技术攻击他人的行为都属于违法行为，希望广大读者在阅读本书后不要使用书中介绍的黑客技术对别人进行攻击，否则后果自负，切记勿忘！

作者

2018.6

目录 CONTENTS

第3章 防火墙与 Windows Defender 44

第4章 组策略安全 63

第5章 系统和数据的备份与还原 84

第 6 章 端口扫描与网络嗅探.....................107

第 7 章 远程控制与协作.....................144

第 11 章　入侵检测 222

第 12 章　QQ 安全指南 244

第 18 章 电信诈骗 396

第1章
细说黑客

黑客源于英文 Hacker 一词的音译，对大多数人而言这是一个常见却又神秘的词汇。其实，"黑客"原来是指热心于计算机技术、水平高超的计算机专家，尤其是指程序设计人员，他们为计算机技术的革新付出了巨大的努力，对计算机技术的发展做出了不可磨灭的贡献。

但时至今日，黑客一词大多被用于泛指那些专门利用计算机搞破坏的家伙们。要想避免和抵制黑客的攻击，就要从真正意义上了解黑客。本章将带领大家走进黑客的世界，了解黑客的分类、文化及基础知识，从而成功迈向探索黑客的第一步。

1.1 简单认识黑客

在人们的普遍认知中，黑客是进行恶意破坏的计算机高手，但真正的黑客追求的其实是共享、免费、自由与和平，充当着网络的维护者。下面将向大家介绍黑客的分类、黑客的文化及黑客到底为什么攻击计算机等。

1.1.1 黑客的定义

"黑客"一词可以追溯到第一台分时小型计算机诞生、ARPAnet 实验刚刚展开的年代。那时，计算机系统还非常昂贵，技术人员要想使用一次计算机，需要很复杂的手续，而且计算机的工作效率也不高。此后，有些程序设计专家和网络名人就想方设法，写出了一些简洁、高效的程序，这种行为被称为 Hack，Hacker 一词也随之产生了。（hacker 原来是指用斧头砍柴的工人，最早被引进计算机圈可以追溯到 20 年纪 60 年代）。

20 世纪 60 年代，黑客是指那些独立思考。奉公守法的计算机迷，他们智力超群，对计算机全身心投入，进行着智力上的资源探索。他们利用分时技术允许多个用户同时执行多道程序，扩大了计算机及网络的使用范围，为计算机技术的发展做出了巨大的贡献。

20 世纪 70 年代，黑客们倡导了一场个人计算机革命，他们发明并生产了个人计算机，打破了以往计算机技术只掌握在少数人手里的局面，提出了"计算机为人民所用"的观点，是计算机历史上不可磨灭的英雄。其领军人物正是苹果公司的创始人史蒂夫·乔布斯，这一时期，黑客们也发明了一些入侵计算机系统的基本技巧，如破解口令（PasswordCracking）、开天窗（TraPdoor）等。

在最初的计算机历史中，黑客其实是指那些具有超常编程水平或计算机系统知识的人。到了 20 世纪 80 年代，黑客的代表逐渐变成了软件设计师，他们为个人计算机设计出了各种应用软件，比尔·盖茨便是这个时代的人物。也是在这个时期，随着计算机的进步，大型数据库越来越多，黑客们为了得到更多的信息开始频繁地入侵各大计算机系统。

如今，黑客的队伍不断壮大，人员也错综复杂，既有善意的以发现计算机系统漏洞为乐趣的计算机黑客，也有玩世不恭、喜欢恶作剧的计算机黑客，还有纯粹以私立为目的，恶意入侵他人系统、偷窃系统资料、传播病毒蠕虫的计算机黑客。

1.1.2 黑客、骇客、红客、蓝客及飞客

- 黑客: 黑客一词源于英文"Hacker"，原指热心于计算机技术、水平高超的计算机专家，尤指计算机程序设计人员。但时至今日，黑客一词已被用于泛指那些专门利用计算机搞破坏或恶作剧的家伙们。

- 骇客: 骇客一词是 "Cracker" 的音译, 就是 "破解者" 的意思, 从某种意义上来说, 是 Hacker 的一个分支。他们同样拥有超强的计算机知识, 不过, 骇客常常对那些符合第一种意义的黑客造成困扰, 因为他们更倾向于软件破解、加密解密技术, 所以他们常常会恶意破坏某个程序、系统及网络安全, 给人们造成一定的损失。

黑客和骇客最根本的区别在于: 黑客建设, 骇客破坏。

- 红客: 红客可以说是中国黑客起的名字, 是英文 "honker" 的音译。通常是指那些具有强烈爱国主义、为捍卫中国主权而战的黑客们。他们热爱自己的祖国, 极力维护国家安全与尊严。

- 蓝客: 蓝客一词由中国蓝客联盟在 2001 年 9 月提出。蓝客联盟是一个非商业性的民间网络技术机构, 联盟进行有组织有计划的计算机与网络安全技术方面的研究、交流、整理与推广工作, 提倡共享、自由、平等、互助的原则。

- 飞客: 飞客是电信网络的先行者, 他们经常利用程控交换机的漏洞进入并研究电信网络。

1.1.3 白帽、灰帽及黑帽黑客

- 白帽黑客: 一般来讲, 白帽是指安全研究人员, 或从事网络、计算机技术防御的人, 他们在发现软件漏洞之后, 通常会将这些漏洞报告给厂商, 以便厂商即时针对漏洞发布补丁。白帽通常会受雇于各大公司, 他们是维护世界网络、计算机安全的主要力量, 对产品进行模拟黑客攻击, 以检测产品的可靠性。对于互联网大企业而言, 获得白帽的援助是很有利的。所以, 从某种意义上讲, 白帽被认为是好人。

- 灰帽黑客: 灰帽黑客是指那些懂得技术防御原理, 并且有实力突破这些防御的黑客。灰帽的性质是处于黑帽与白帽之间的中间地带, 他们并不向罪犯出售零日漏洞信息, 但是会向各国政府、执法机构、情报机关或军队出售零日漏洞信息。然后, 政府会利用这些安全漏洞攻入对手或是犯罪嫌疑人的系统。一般来讲, 灰帽的技术实力往往要超过白帽和黑帽, 他们往往将黑客行为作为一种业余爱好或是义务, 希望通过他们的黑客行为来警告一些网络或是系统漏洞, 以达到警示他人的目的。如果非要为灰帽定义一个好坏, 那么就像黑与白之间的灰色地带那样, 灰帽的好坏很难被定义。

- 黑帽黑客: 黑帽黑客是指那些专门研究木马病毒、操作系统, 寻找漏洞, 并且以个人意志为出发点, 恶意攻击网络或计算机用户的人。通常就是指罪犯, 他们用自己的实力来寻找或开发软件漏洞和攻击方式 (即零日漏洞和攻击), 或是开发其他的恶意工具来侵入用户的机器去窃取数据, 如密码、电子邮件、知识产权、信用卡号

码或银行账户凭据。他们还将安全漏洞的信息出售给其他的罪犯，以供分享使用。很明显，黑帽是坏人。

1.2 黑客文化

通过上节的介绍，大体对黑客有了一定的了解。其实，真正的黑客，不仅是技术上的行家，而且还品德高尚、热衷于解决问题、能够无偿地帮助他人。本节就通过行为、精神和准则来了解一下真正意义上黑客（也就是白帽黑客）的文化吧！

1.2.1 黑客行为

真正的黑客遵守自己的职业道德，恪守自己的行为规范，他们有自己的游戏规则，可总结为以下几条。

1. 不随便进行攻击行为

其实，真正的黑客很少从事攻击行为，他们找到系统漏洞入侵成功后，会十分小心地避免给用户造成损失，并尽量善意地提醒用户或直接帮系统打好安全补丁。他们不会随意攻击个人用户和站点。

2. 公开分享自己的作品

一般黑客们所编写的程序等作品都是免费的，并且会公开源代码，真正地做到资源共享，不带有任何商业性质。

3. 乐于助人

每个行业都包含了各种各样的知识，网络安全也是如此，涉及的内容十分广泛，而"闻道有先后，术业有专攻"，任何人都无法做到样样精通，而真正的黑客们就会很热心地在技术上帮助其他黑客。

4. 义务地做一些力所能及的事情

黑客以探索漏洞和编写程序为乐趣，但是在他们的生活圈子里，除此之外还有很多其他的事情，如维护和管理相关的黑客论坛、讨论组、邮件，维持大的软件供应站点等，这些无聊的杂事也需要有人照看。所以，那些花费大量时间和精力，义务地为网友整理 FAQ、写教程的黑客们，他们同样值得大家尊敬。

1.2.2 黑客精神

1. 探索和创新

世界上充满着纷繁复杂尚待解决的问题，黑客对各种新出现的事物都特别好奇，他们到处下载、使用、测评新软件，而且对此乐此不疲，直到把事情都搞得明明白白。当他们发现某个网站防守严密时，好奇心便驱使他们进去看看。黑客探索着程序与系统的漏洞，并能够从中学到很多知识，在发现问题的同时，也会提出解决问题的创新方法。黑客对那些能够充分调动大脑思考的挑战性问题都很有兴趣。黑客并不一定是高学历的人，有很多甚至连高中都没有毕业，但他们很喜欢开动脑筋，去思考那些其他人认为太麻烦或过于复杂的问题。他们努力打破传统的计算机技术，努力探索新的知识，在他们身上有着很强的"反传统"精神。

2. 自由共享

自由共享是黑客应该具备的基本品质，这也是黑客文化的精髓，是黑客精神最值得称赞的地方。黑客总是蔑视和打破束缚自己的一切羁绊和枷锁，最不能忍受的就是条条框框的限制，他们憎恨独裁和专制，向往自由的天空、开放的世界，他们自称是为自由而战的斗士。他们认为计算机应该属于每一个人，软件的代码也应该完全公开。对于软件公司把程序做成产品出售并且不公开源代码的做法，在黑客看来是非常卑鄙和恶劣的行为。所以，他们把自己编写的应用程序放到网上，让人免费下载使用，并根据用户反馈信息不断地改进和完善自己的软件。有很多优秀的自由软件都是黑客辛勤劳动凝聚智慧的结晶，如 Apache、Sendmail 等。互联网和 Linux 的盛行，也是黑客追求自由和开放的结果。自由共享是黑客的传统精神，也是现代黑客所尽力保持的。

3. 与人合作

毕竟个人的力量是有限的，何况不可能做到对网络安全任何方面的技术样样精通，黑客很明白这一点，所以他们乐于与他人交流技术，在技术上保守的人是不可能成为黑客的。

4. 敢于实践

黑客喜欢动脑筋，但更喜欢动手。黑客可不是动口不动手的谦谦君子，他们多是手痒症患者，看到什么东西都想动手摸摸。不过别怕，他们可不是毛手毛脚的猴子，一般器械、工具、软件他们都会用，不会随便把什么东西给你弄坏。黑客不喜欢纸上谈兵，他们动手能力很强，像维修计算机、编写调试程序都是他们拿手的绝活儿。只有敢于实践，才能发现问题所在，不断地完善和丰富自己。

1.2.3 黑客准则

黑客有着他们自己的游戏规则，他们崇尚自由，也愿意与他人分享合作。他们没有绝对的黑客准则，但他们有一种约定俗成的行为规范。

（1）不恶意破坏任何的系统，不破坏他人的软件或偷窥他人资料，不清除或更改已入侵计算机的账号。

（2）不修改任何系统文件，如果是因为进入系统的需要而修改，在达到目的后将其改回原状。可以为隐藏自己的入侵行为做一些修改，但尽量保持原有系统的安全性，不会因得到系统的控制权而将门户大开。

（3）不会轻易地将要黑的或黑过的站点告诉他人，不向他人炫耀自己的技术。

（4）不入侵或破坏政府机关的主机，不做无聊、单调且愚蠢的重复性工作，不从事传播蠕虫病毒等会对互联网带来巨大损失的行为。

（5）入侵期间，不会随意离开你的计算机。

（6）将你的数据放在安全的地方。

（7）做真正的黑客，认真学习有关系统安全或系统漏洞的书，努力钻研技术，研究各种漏洞。

1.3　黑客基础

1.3.1　黑客必备基本技能

作为一名黑客，需要有高超的技术水准。计算机技术的发展日新月异，每天都有大量新的知识不断涌现，黑客们需要不断地学习、尝试新的技术，才能走到时代的前列。作为一名黑客，必须掌握一些基本的技能。

1.　熟练掌握英文

黑客学习的计算机知识虽然主要源自于国内，但是却经常需要参考国外的相关资料和教程，而国外的资料和教程又大多为英文版本，因此就需要掌握一定的英语技能，以确保能够看懂国外的一些参考资料。

2.　理解常用的黑客术语和网络安全术语

在常见的黑客论坛中，经常会看到肉鸡、挂马和后门等词语，这些词语可以统称为黑客术语，像 TCP/IP 协议、ARP 协议等词语，这些是网络安全术语，如果不了解这些词语的意思，在与其他黑客交流时就会感到格外吃力。

3.　熟练使用常用 DOS 命令和黑客工具

常用 DOS 命令是指在 DOS 环境下使用的一些命令，主要包括 ping、netstat 及 net 等，利用这些命令可以实现不同的功能，如利用 ping 命令可以获取目标计算机的 IP 地址及主机名。黑客工具则是指黑客用来远程入侵或查看是否存在漏洞的工具，如使用 X-Scan 可以查看目标计算机是否存在漏洞，利用 EXE 捆绑器可以制作木马等其他应用程序。

4. 精通程序设计

编程是每一个黑客都应该具备的最基本的技能，一个好的黑客同时应该是一个精通多门语言的程序员。但是，黑客和程序员是不同的，黑客往往能掌握许多程序语言的精髓，并且黑客们都是以独立于任何程序语言之上的概念性观念来思考一个程序设计上的问题。黑客培养编程能力的方法更多的是通过读别人的源代码，这些源代码大多数是前辈黑客们的作品，同时他们也不断地编写自己的程序，在动手实验方面有着超乎寻常人的能力。

5. 熟练掌握各种操作系统

只有熟练地掌握各种操作系统，才能有研究各种操作系统漏洞的基本技术。要想成为黑客，必须要清楚各种系统的整个运作过程与机理，熟悉操作系统的内核。只有这样，才能让自己的技术如虎添翼。

6. 掌握主流的编程语言

从互联网中获取的黑客工具通常是其他黑客利用指定类别的编程语言制作出来的，如果想要成为一名黑客高手，仅仅使用别人的工具是不够的，要熟悉各种各样的网络编程、网络环境及常用的网络设备，要能够创建自己的黑客工具，所以掌握主流的编程语言还是很重要的。

程序语言可分为以下5类。

（1）汇编语言（Assembly Language）。

汇编语言的实质和机器语言是相同的，都是直接对硬件进行操作，只不过指令采用了英文缩写的标识符，更容易识别和记忆。它同样需要编程者将每一步具体的操作用命令的形式写出来。汇编程序通常由3部分组成，即指令、伪指令和宏指令。汇编程序的每一句指令只能对应实际操作过程中的一个很细微的动作，如移动、自增，因此汇编源程序一般比较冗长、复杂、容易出错，而且使用汇编语言编程需要有更多的计算机专业知识，所以现在很少有人使用。但汇编语言的优点也是显而易见的，用汇编语言所能完成的操作不是一般高级语言所能够实现的，而且源程序经汇编生成的可执行文件比较小，执行速度很快。

（2）解释型语言（Interpreted Language）。

包括 Perl、Python、Ruby 等，也常被称为脚本（Script）语言，通常被用于和底层的操作系统进行沟通。这类语言的缺点是效率低，不能生成可独立执行的可执行文件，应用程序不能脱离其解释器，源代码外露，所以不适合用来开发软件产品，一般用于网页服务器。但解释型语言比较灵活，可以动态调整、修改应用程序。

（3）编译型语言（Compiling Language）。

编译是指在应用源程序执行之前，就将程序源代码"翻译"成目标代码（机器语言），因此其目标程序可以脱离其语言环境独立执行，使用比较方便、效率较高。但应用程序一旦需要修改，必须先修改源代码，再重新编译生成新的目标文件（*.obj，也就是 OBJ 文件）才能执行，只有目标文件而没有源代码，修改很不方便。C 语言、C++ 和 Java 都是编译型语言。

（4）混合型语言（Hybrid Language）。

混合型语言介于解释型和编译型之间，其代表语言是 C# 和 Java。

（5）网页脚本语言（Web Page Script Language）。

就是网页代码，如 HTML、JavaScript、CSS、ASP、PHP、XML 等。

1.3.2 黑客常用术语

1. 肉鸡

"肉鸡"也称为傀儡机，是一种很形象的比喻，是指那些被黑客远程控制的机器。对方可以是 Windows 系统，也可以是 UNIX/Linux 系统；可以是普通的个人计算机，也可以是大型的服务器。比如用"灰鸽子"等诱导用户单击或计算机被黑客攻破或用户计算机有漏洞被种植了木马，黑客可以随意操纵它并利用它做任何事情，而且不会被用户察觉。

2. 木马

木马就是那些表面上伪装成正常的程序，但是当这些程序运行时，就会获取系统的整个控制权限。有很多黑客热衷于使用木马程序来控制别人的计算机，如灰鸽子、黑洞、PcShare 等。

3. 网页木马

网页木马就是表面上伪装成普通的网页文件或将恶意的代码直接插入正常的网页文件中，当有人访问时，网页文件就会利用对方系统或浏览器的漏洞，自动将配置好的木马程序端下载到访问者的计算机上自动执行。

4. 挂马

挂马就是黑客通过各种手段，包括 SQL 注入、网站敏感文件扫描、服务器漏洞、网站程序等各种方法获得网站管理员账号，然后登录网站后台，通过数据库"备份/恢复"或上传漏洞获得一个 WebShell。利用获得的 WebShell 修改网站页面的内容，向页面中加入恶意转向代码，也可以直接通过弱口令获得服务器或网站 FTP，然后对网站页面直接进行修改。当访问被加入恶意代码的页面时，就会自动访问被转向的地址或下载木马病毒，以使浏览器中马。

5. 后门

这是一种形象的比喻，黑客在利用某种方法成功控制目标主机后，可以在对方的系统中植入特定的程序，或修改某些设置。这些改动表面上很难被察觉，但是黑客却可以使用相应的程序或方法来轻易地与这台计算机建立连接，重新控制这台计算机，就好像是客人偷偷配了一把主人的钥匙，可以随时进入主人的房间而不被主人发现一样。通常大多数的特洛伊木马程序都可以被黑客用于制作后门。后门最主要的目的就是方便以后再次秘密进入或控制计算机。

6. Rootkit

Rootkit 是一种特殊的恶意软件，它的功能是在安装目标上隐藏自身及指定的文件、进程和网络链接等信息。比较常见的是 Rootkit 和木马、后门等其他恶意程序结合使用。Rootkit 是一种奇特的程序，它具有隐身功能：无论静止时（作为文件存在）还是活动时（作为进程存在），都不会被察觉。攻击者使用 Rootkit 中的相关程序替代系统原来的 ps、ls、netstat 和 df 等程序，使系统管理员无法通过这些工具发现自己的踪迹。为了隐藏入侵者的行踪，Linux Rootkit IV 的作者可谓煞费心机，编写了许多系统命令的替代程序，使用这些程序代替原有的系统命令来隐藏入侵者的行踪。

Rootkit 与前边提到的木马和后门类似，但远比它们要隐蔽，黑客防守者就是很典型的 Rootkit。

7. IPC$

IPC$ 是共享"命名管道"的资源，它是为了让进程间通信而开放的命名管道，可以通过验证用户名和密码获得相应的权限，在远程管理计算机和查看计算机的共享资源时使用。

8. Shell

Shell 指的是一种命令执行环境，比如按"Windows+R"组合键时会出现"运行"对话框，在里面输入"cmd"命令，单击"确定"按钮，就会出现一个用于执行命令的黑窗口，这就是 Windows 的 Shell 执行环境。通常使用远程溢出程序成功溢出远程计算机后得到的用于执行系统命令的环境就是对方的 Shell。

9. WebShell

WebShell 就是以 ASP、PHP、JSP、CGI 等网页文件形式存在的一种命令执行环境，也可以将其称为一种网页后门。黑客在入侵了一个网站后，通常会将 ASP 或 PHP 后门文件与网站服务器 Web 目录下正常的网页文件混在一起，然后就可以使用浏览器来访问 ASP 或 PHP 后门，得到一个命令执行环境，以达到控制网站服务器的目的。顾名思义，"Web"的含义是需要服务器开放 Web 服务，"Shell"的含义是取得对服务器某种程度上的操作权限。WebShell 常常被称为入侵者通过网站端口对网站服务器的某种程度上操作的权限。由于WebShell 大多是以动态脚本的形式出现，也有人称之为网站的后门工具。利用 WebShell 可以上传下载文件、查看数据库、执行任意程序命令等。国内常用的 WebShell 有海阳 ASP 木马、

Phpspy、c99shell 等。

10. 溢出

溢出，确切地讲，应该是"缓冲区溢出"，简单的解释就是程序对接收的输入数据没有执行有效检测而导致错误，后果可能造成程序崩溃或执行攻击者的命令。大致可以分为堆溢出、栈溢出两类。

11. 注入

随着 B/S（Browser/Server）模式应用开发的发展，使用这种模式编写程序的程序员越来越多，但是由于程序员的水平参差不齐，相当一部分应用程序存在安全隐患。用户可以提交一段数据库查询代码，根据程序返回的结果获得某些他想要的数据，这就是所谓的 SQL injection 即 SQL 注入。简单来说，就是利用 SQL 语句在外部对 SQL 数据库进行查询、更新等动作。

12. 注入点

注入点是指可以实行注入的地方，通常是一个访问数据库的连接。根据注入点数据库运行账号的权限不同，所得到的权限也不同。

13. 内网

通俗地讲，内网就是局域网，如网吧、校园网、公司内部网等都属于此类。查看 IP 地址时，如果是在以下 3 个范围内，就说明你是处于内网之中，即 10.0.0.0 ~ 10.255.255.255、172.16.0.0 ~ 172.31.255.255、192.168.0.0 ~ 192.168.255.255。

14. 外网

外网就是直接连入 Internet 的网络，互联网上的任意一台计算机可以直接互相访问，IP 地址不能是内网地址。

15. 端口

端口（Port）相当于一种数据的传输通道，用于接收某些数据，然后传输给相应的服务，而计算机将这些数据处理后，再将相应的回复通过开启的端口传给对方。一般每个端口对应相应的服务，要关闭这些端口只需将对应的服务关闭即可。

16. 免杀

免杀可以看作是一种能使病毒木马避免被杀毒软件查杀的技术，通过加壳、加密、修改特征码、加花指令等技术来修改程序，使其逃过杀毒软件的查杀。

17. 加壳

加壳其实是利用特殊的算法，对 .exe 可执行文件或 DLL 动态链接库文件里的资源进行压缩，而且这个压缩之后的文件可以独立运行，解压过程完全隐蔽，都在内存中完成。它们附加在原始程序上通过加载器载入内存后，先于原始程序执行，得到控制权，执行过程中对原始程序进行解密、还原，还原完成后再把控制权交还给原始程序，执行原来的代码部分。加上外壳后，原始程序代码在磁盘文件中一般是以加密后的形式存在的，只在执行时在内存中还原，这样就可以比较有效地防止破解者对程序文件的非法修改，同时也可以防止程序被静态反编译。目前较常用的壳有 UPX、ASPack、PePack、PECompact、UPack、免疫 007、木马彩衣等。

18. 花指令

它是指几句汇编指令，可让汇编语句进行一些跳转，使杀毒软件不能正常地判断病毒文件的构造。通俗地讲，就是杀毒软件是从头到脚按顺序来查找病毒，如果把病毒的头和脚颠倒位置，杀毒软件就找不到病毒了。

19. 软件加壳

"壳"是一段专门负责保护软件不被非法修改或反编译的程序。它们一般先于程序运行，拿到控制权后完成它们保护软件的任务。经过加壳的软件在跟踪时只能看到其真实的十六进制代码，因此可以起到保护软件的目的。

20. 软件脱壳

顾名思义，是对软件加壳的逆操作，就是利用相应的工具把软件上存在的"壳"去掉，还原文件的本来面目，这样再修改文件内容就比较容易了。

21. 蠕虫病毒

蠕虫病毒是一种常见的计算机病毒，利用网络和电子邮件进行复制和传播。蠕虫病毒类似于脚本程序，它利用了 Windows 的开放性特点，即一个脚本程序能调用功能更大的组件来完成自己的功能。以 VB 脚本病毒为例，是把 VBS 脚本文件加在附件中，使用 *.htm、VBS 等欺骗性文件名来破坏系统。蠕虫病毒的主要特征有自我复制能力、很强的传播性、潜伏性、特定的触发性及很大的破坏性。

22. CMD

CMD 命令提示符是在操作系统中提示进行命令输入的一种工作提示符。在不同的操作系统环境下，命令提示符各不相同。在 Windows 环境下，命令行程序为 cmd.exe，是一个 32 位的命令行程序，微软 Windows 系统基于 Windows 上的命令解释程序，类似于微软的 DOS 操作系统。同时按 "Windows+R" 组合键打开 "运行" 对话框，在文本框中输入 "cmd" 命令，单击 "确定" 按钮即可打开。

23. 嗅探器

嗅探器（Snifffer）是一种监视网络数据运行、捕获网络报文的软件设备。嗅探器的正当用途在于分析网络流量以便找出所关心的网络中潜在的问题。而非法嗅探器严重威胁着网络的安全，这是因为它实质上不能进行探测行为且容易随处插入，所以网络黑客常将它作为攻击武器。

24. 蜜罐

蜜罐（Honeypot）是一个包含漏洞的系统，它模拟一个或多个易受攻击的主机，给黑客提供一个容易攻击的目标。蜜罐就好比是一个情报收集系统，是故意让人攻击的目标，引诱黑客前来攻击。由于蜜罐没有其他任务需要完成，因此所有连接的尝试都被视为是可疑的。蜜罐的另一个用途是拖延攻击者对真正目标的攻击，让攻击者在蜜罐上浪费时间。与此同时，最初的攻击目标受到了保护，真正有价值的内容将不受侵犯。

25. 弱口令

弱口令（Weak Password）没有严格和准确的定义，通常认为容易被别人猜到或被破解工具破解的口令均为弱口令。如"123""abc"等仅包含简单数字和字母的口令，容易被别人破解，从而使用户的计算机面临风险，因此不推荐用户使用。

第 2 章

操作系统的安装、配置与修复

随着科学技术的不断发展和进步，计算机应该可以称得上是人们日常生活、学习和工作中必不可少的一分子了。要想很好地使用计算机，就必须提前安装好操作系统，接下来本章将会从操作系统的安装、配置和修复 3 个方面进行讲解。相信大家通过阅读本章内容就可以了解操作系统的基础知识，并且学会安装、配置及修复操作系统了（本书将以 Windows 10 操作系统为例进行讲解）。

案例：操作系统的安装

有段时间，老李头喜欢上了玩游戏，还经常下载一些外挂软件来辅助，而这些外挂软件经常又会被绑定很多木马、病毒之类的东西，所以老李头屡次中招，但又屡教不改。这天老李头家的计算机又出问题了，还非常严重，据说感染了病毒，计算机完全无法使用了。

然后老李头就找维修人员来帮忙，经过检查，维修人员发现老李头的计算机是中了一种恶性病毒，该病毒基本上摧毁了计算机的操作系统，要想继续使用，需要全盘查杀病毒，并且重新安装操作系统。

老李头告诉维修人员他经常遇到这种情况，然后维修人员就耐心地向老李头讲解了操作系统的修复等，并教会了老李头如何安装操作系统。老李头以后再遇到这样的情况就不用害怕了。

就像上述案例所说的一样，在日常生活中浏览网页、下载工具时，可能会遇到一些病毒、木马夹带在其中，导致某些数据文件遭到破坏影响工作，甚至造成系统漏洞而无法正常使用。所以，学会操作系统的安装、配置、修复等还是相当有用的。

2.1　认识操作系统

简单来讲，操作系统（Operating System，OS）是用户和计算机进行交互的接口，同时也是计算机硬件和其他软件进行交互的接口。操作系统是管理和控制计算机硬件与软件资源的程序，是直接运行在"裸机"上最基本的系统软件，是对硬件系统的首次扩充，任何其他软件都必须在操作系统的支持下才能运行。

2.1.1　操作系统的目标和作用

不同类型的操作系统，所侧重的目标也略有差异。通常，操作系统的目标有以下几个。

（1）方便性。

（2）有效性。

（3）可扩充性。

（4）开发性。

但是操作系统却有着以下相同的作用。

（1）操作系统作为用户与计算机硬件系统之间的接口。

操作系统位于用户与计算机硬件系统之间，用户都是通过操作系统来使计算机完成相应工作的。简单地说，用户只有在操作系统的帮助下，才可以方便、快捷地操纵计算机硬件并运行自己的程序。

（2）操作系统是计算机系统资源的管理者。

每一个计算机系统基本上都含有各种各样的硬件和软件资源。经过分类归纳，可以将资源分为处理机、存储器、输入输出设备及信息 4 类，而操作系统的主要功能就是对这 4 类资源进行有效地分配管理，包括分配和控制处理机、分配和回收内存、分配和操纵输入输出设备及存取和保护文件等。由此可见，操作系统是计算机资源的管理者。

（3）操作系统可以用来做扩充机器，也就是虚拟机。

一台没有任何软件的计算机（即"裸机"），无论配置多优秀，也无法使用。这时就需要在裸机上覆盖层层的管理软件，逐步形成功能强大的虚拟机，进而实现用户对计算机的使用。

2.1.2　操作系统的主要功能

操作系统的主要功能是资源管理、程序控制及人机交互等。操作系统位于用户和底层硬件之间，是两者沟通的桥梁。用户可以通过操作系统的用户界面输入命令，操作系统可以对命令进行解释，驱动硬件设备，从而满足用户的需求。目前，一个计算机的操作系统应具备以下功能。

1. 资源管理

计算机的所有资源都是操作系统根据用户需求按一定的策略来进行分配和调度的。操作系统的资源管理功能包括以下 4 个方面。

（1）处理机管理。计算机系统中最重要的资源是中央处理机，任何工作都必须在 CPU 上运行。其中最核心的问题是合理分配 CPU 的时间。

（2）存储器管理。计算机系统中另一个重要的资源是主存，任何程序的执行都必须从主存中获取数据和信息。

（3）设备管理。操作系统的设备管理主要用来解决设备无关性（即程序要完成某项工作需要使用某项设备时不必指明具体使用哪一个设备，只需指明用哪一类设备就可以）、设备分配和设备的传输控制。

（4）文件管理。文件系统要解决的问题是为用户提供一种简便、统一的存取和管理信息的方法，并且能够解决信息的共享、数据的存取控制和保密等问题。

2. 程序控制

一个用户程序的执行自始至终都是在操作系统的控制下完成的。操作系统控制用户程序的执行时，会调入相应的编译程序，将某种程序设计语言的源代码编译成可执行的目标程序，分配资源后将程序调入内存并启动，按用户指定的要求处理各种事件。

3. 人机交互

人机交互主要是靠输入输出设备和相应的软件来完成的。可供人机交互使用的设备有键盘、鼠标及各种识别设备等，而与这些设备相应的软件就是操作系统提供人机交互功能的部分。人机交互就是控制有关设备的运行和理解来执行人机交互设备传来的各种命令和要求。

2.1.3　操作系统的发展过程

1946 年，世界上第一台电子计算机诞生，接下来的每次进步都是以减少成本、缩小体积、降低功耗、增大容量和提高性能为目标，随着计算机硬件的发展，操作系统的形成和发展也随之加速。

1. 早期的操作系统

最原始的计算机没有操作系统，人们只能通过操作各种按钮来控制计算机。后来慢慢地出现了汇编语言，操作人员可以通过有孔的纸带将程序输入计算机进行编译，但是不利于设备和程序的共享。为了解决这种问题，操作系统应运而生，用来实现程序的共享和对计算机硬件资源的管理。

2. DOS 和 Windows 操作系统

操作系统的发展经历了两个重要的阶段。

第一个阶段是单用户、单任务的操作系统，虽然从 1981 年问世以来，DOS 系统在不断地改进和完善，但是 DOS 系统的单用户、单任务、字符界面等没有变化，所以它对内存的管理也仍然局限在 640KB 的范围内。

计算机操作系统发展的第二个阶段是多用户、多道作业和分时系统。

Windows 是 Microsoft 公司在 1985 年 11 月发布的第一代窗口式多任务操作系统，它使计算机进入了图形用户界面时代。随后，Microsoft 公司又陆续推出了 Windows 系列操作系统，到现在，Windows 10 已被广泛使用。

2.2　安装的常识

随着时代的发展，操作系统的安装变得越来越简单、越来越智能化，需要用户干预的地方越来越少了。但是对于初学者来说，自行安装操作系统之前，有一些基础知识是必须要掌握的。如果没有做好准备就自行安装，则很有可能安装失败。下面介绍一下安装操作系统之前需要掌握的基本知识。

1. BIOS

基本输入输出系统（Basic Input Output System，BIOS）是计算机中最重要的组成部分之一，它是一组固化到计算机内主板上一个 ROM 芯片上的程序，它保存着计算机最重要的基本输入输出程序、开机后自检程序和系统自启动程序，它可以从 CMOS 中读写系统设置的具体信息。其主要功能是为计算机提供最底层、最直接的硬件设置和控制。使用 BIOS 设置程序还可以排除系统故障或诊断系统问题。

BIOS 应该说是连接操作系统与硬件设备的一座"桥梁"，负责满足硬件的即时要求。

BIOS 设置程序是储存在 BIOS 芯片中的，BIOS 芯片是主板上一块长方形或正方形芯片。早期的芯片有只读存储器（ROM）、可擦除可编程只读存储器（EPROM）、电可擦除可编程只读存储器（EEPROM）等。随着科技的进步和操作系统对硬件更高的响应要求，现在的 BIOS 程序一般存储在非易失闪存（NORFlash）芯片中，NORFlash 除了容量比 EEPROM 更大外，主要是 NORFlash 具有写入功能，运行计算机通过软件的方式进行 BIOS 的更新，而无须额外的硬件支持（通常 EEPROM 的擦写需要不同的电压和条件），且写入速度快。

2. BIOS 的主要功能

- 中断服务程序。中断服务程序是计算机系统软、硬件之间的一个可编程接口，用于程序软件功能与计算机硬件实现的衔接。操作系统对外围设备的管理既建立在中断服务程序的基础上，也可以通过对 INT 5、INT 13 等中断的访问直接调用 BIOS。

- 系统设置程序。计算机部件配置信息是放在一块可读写的 CMOS 芯片中的，它保存着系统 CPU、硬盘驱动器、显示器、键盘等部件的信息。关机后，系统通过一块后备电池向 CMOS 供电以保持其中的信息。如果 CMOS 中关于计算机的配置信息不正确，会导致系统性能降低、硬件不能识别，并由此引发一系列的软硬件故障。在 BIOS ROM 芯片中装有系统设置程序，用来设置 CMOS 中的参数。这个程序一般在开机时按下一个或一组键即可进入，它提供了良好的界面供用户使用。这个设置 CMOS 参数的过程，也称为 BIOS 设置。新购计算机或新增了部件的系统，都需进行 BIOS 设置。

- 上电自检（Power On Self Test，POST）。计算机接通电源后，系统将有一个对内部各个设备进行检查的过程，这是由 POST 程序来完成的。这也是 BIOS 的一个功能。POST 自检通过读取存储在 CMOS 中的硬件信息识别硬件配置，同时对其进行检测和初始化。自检中若发现问题，系统将给出提示信息或鸣笛警告。

3. 进入 BIOS

有时候需要修改 BIOS 的信息来进行操作系统的安装，那么如何进入 BIOS 界面呢？当打开计算机时，屏幕上一般会出现品牌机启动画面或主板 Logo 画面，在屏幕的左下角一般都有一行字提示如何进入 BIOS 设置。按照提示按键盘上相应的键即可。

下面列出了部分品牌主板和计算机进入 BIOS 设置界面的快捷键。同一品牌的计算机由于生产时间不同，进入 BIOS 的方式也不相同，如果按照提供的快捷键无法进入，可参考主板或计算机的说明书、帮助文档等。

DIY 组装机主板类：

华硕主板	F8
技嘉主板	F12
微星主板	F11
映泰主板	F9
梅捷主板	Esc 或 F12
七彩虹主板	Esc 或 F11
华擎主板	F11
斯巴达卡主板	ESC
昂达主板	F11
双敏主板	Esc
翔升主板	F10
精英主板	Esc 或 F11

品牌笔记本：

联想笔记本	F12
宏碁笔记本	F12
华硕笔记本	Esc
惠普笔记本	F9
戴尔笔记本	F12
神舟笔记本	F12
东芝笔记本	F12
三星笔记本	F12

品牌台式机：

联想台式机	F12
惠普台式机	F12
宏碁台式机	F12
戴尔台式机	Esc

神舟台式机　　　　F12

华硕台式机　　　　F8

方正台式机　　　　F12

清华同方台式机　　F12

海尔台式机　　　　F12

明基台式机　　　　F8

由于生产 BIOS 的厂商很多，而且品牌机会对 BIOS 进行自己的个性化定制，所以 BIOS 的界面各式各样。下面以某品牌计算机为例介绍 BIOS 选项，其他品牌计算机可能在设置上有不一样的地方，但是大部分设置都是通用的。

- Main 标签。主要用来设置时间和日期。显示计算机的硬件相关信息，如序列号、CPU 型号、CPU 速度、内存大小等。
- Advanced 标签。主要用来设置 BIOS 的高级选项。如启动方式、开机显示、USB 选项及硬盘工作模式等。
- Security 标签。主要用来进行与安全相关的设置。可以设置 BIOS 管理员密码、开机密码、硬盘密码。
- Boot 标签。用来设置计算机使用启动设备的顺序。
- Exit 标签。退出 BIOS 设置。在这里可以选择保存当前的修改，或者放弃修改直接退出。如果 BIOS 设置出现问题，还可以在这个界面载入初始设置。

4. 主引导记录

计算机开机后，BIOS 首先进行自检和初始化，然后开始准备操作系统数据。这时就需要访问硬盘上的主引导记录（Main Boot Record，MBR）了。

主引导记录是位于磁盘最前边的一段引导代码。它负责磁盘操作系统对磁盘进行读写时分区合法性的判别、分区引导信息的定位，它是由磁盘操作系统在对硬盘进行初始化时产生的。

通常，将包含 MBR 引导代码的扇区称为主引导扇区。在这一扇区中，引导代码占有绝大部分的空间，故将该扇区称为 MBR 扇区（简称 MBR）。由于这一扇区是管理整个磁盘空间的一个特殊空间，它不属于磁盘上的任何分区，因而分区空间内的格式化命令不能清除主引导记录的任何信息。

5. 主引导记录的组成

- 启动代码。主引导记录最开头是第一阶段引导代码。其中的硬盘引导程序的主要作用是检查分区表是否正确，并且在系统硬件完成自检以后将控制权交给硬盘上的引导程序（如 GNU GRUB）。它不依赖任何操作系统，而且启动代码也是可以改变的，从而能够实现多系统引导。

- 硬盘分区表。硬盘分区表占据主引导扇区的 64B（偏移 01BEH ~ 01FDH），可以对 4 个分区的信息进行描述，其中每个分区的信息占据 16B。具体每个字节的定义可以参见硬盘分区结构信息。

- 结束标志。结束标志字 55 AA（偏移 1FEH ~ 1FFH）的最后两个字节，是检验主引导记录是否有效的标志。

6. 分区表

分区表是存储磁盘分区信息的一段区域。

传统的分区方案（称为 MBR 分区方案）是将分区信息保存到磁盘的第一个扇区（MBR 扇区）中的 64B，每个分区项占用 16B，这 16B 中存有活动状态标志、文件系统标识、起止柱面号、磁头号、扇区号、隐含扇区数目（4B）、分区总扇区数目（4B）等内容。由于 MBR 扇区只有 64B 用于分区表，所以只能记录 4 个分区的信息。这就是硬盘主分区数目不能超过 4 个的原因。后来为了支持更多的分区，引入了扩展分区及逻辑分区的概念。但每个分区项仍用 16 个字节存储。

7. 磁盘分区

计算机中存放信息的主要存储设备就是硬盘，但是硬盘不能直接使用，必须对硬盘进行分割，分割成的一块一块的硬盘区域就是磁盘分区。在传统的磁盘管理中，将一个硬盘分为两大类分区，即主分区和扩展分区。

- 主分区：主分区通常位于硬盘的最前面一块区域中，构成逻辑 C 磁盘。其中的主引导程序是它的一部分，此段程序主要用于检测硬盘分区的正确性，并确定活动分区，负责把引导权移交给活动分区的操作系统。如果这个分区的数据损坏将无法从硬盘启动操作系统。

- 扩展分区：除主分区外的其他用于存储的磁盘区域，称为扩展分区。扩展分区不可以直接进行存储数据，它需要分成逻辑磁盘才可以用来读写数据。

8. UEFI——新的计算机硬件接口

统一的可扩展固件接口（Unified Extensible Firmware Interface，UEFI）是一种详细描述接口类型的标准。这种接口用于操作系统自动从预启动的操作环境，加载到一种操作系统上。

UEFI 是以 EFI1.10 为基础发展起来的。EFI 中文名为可扩展固件接口，是 Intel 为 PC 固件的体系结构、接口和服务提出的建议标准。其主要目的是为了提供一组在 OS 加载之前（启动前）在所有平台上一致的、正确指定的启动服务，被看作是有近 20 多年历史的 BIOS 的继任者。

与传统的 BIOS 相比，UEFI 有以下优点。

- 纠错特性。与 BIOS 显著不同的是，UEFI 是用模块化、C 语言风格的参数堆栈传递方式、动态链接的形式构建系统，它比 BIOS 更易于实现，容错和纠错特性也更强，从而缩短了系统研发的时间。更加重要的是，它运行于 32bit 或 64bit 模式，突破了传统 16bit 代码的寻址能力，达到处理器的最大寻址，从而克服了 BIOS 代码运行缓慢的弊端。

- 兼容性。与 BIOS 不同的是，UEFI 体系的驱动并不是由直接运行在 CPU 上的代码组成的，而是用 EFI Byte Code（EFI 字节代码）编写而成的。Java 是以 "Byte Code" 形式存在的，正是这种没有一步到位的中间性机制，使 Java 可以在多种平台上运行。UEFI 也借鉴了类似的做法。EFI Byte Code 是一组用于 UEFI 驱动的虚拟机指令，必须在 UEFI 驱动运行环境下解释运行，由此保证了充分的向下兼容性。一个带有 UEFI 驱动的扩展设备既可以安装在使用安卓的系统中，也可以安装在支持 UEFI 的新 PC 系统中，它的 UEFI 驱动不必重新编写，这样就无须考虑系统升级后的兼容性问题。基于解释引擎的执行机制，还大大降低了 UEFI 驱动编写的复杂门槛，所有的 PC 部件提供商都可以参与。

- 鼠标操作。UEFI 内置图形驱动功能，可以提供一个高分辨率的彩色图形环境，用户进入后能用鼠标单击调整配置，一切就像操作 Windows 系统下的应用软件一样简便。

- 可扩展性。UEFI 使用模块化设计，它在逻辑上分为硬件控制与操作系统（OS）软件管理两部分，硬件控制为所有 UEFI 版本所共有，而 OS 软件管理其实是一个可编程的开放接口。借助这个接口，主板厂商可以实现各种丰富的功能。比如各种备份及诊断功能可通过 UEFI 加以实现，主板或固件厂商可以将它们作为自身产品的一大卖点。UEFI 也提供了强大的联网功能，其他用户可以对你的主机进行远程故障诊断，而这一切并不需要进入操作系统。

因为 UEFI 标准出现得比较晚，所以如果启用了 UEFI，则只能安装特定版本的 Windows。Windows 支持 UEFI 的情况如图 2-1 所示。

9. MBR 分区表和 GPT 分区表

由于磁盘容量越来越大，传统的 MBR 分区表（主引导记录）已经不能满足大容量磁盘的需求。传统的 MBR 分区表只能识别磁盘前面的 2.2TB 左右的空间，对于后面的多余空间只能浪费掉了，而对于单盘 4TB 的磁盘，只能利用一半的容量。基于此，就有了全局唯一标识分区表（GPT）。

平台	操作系统	系统盘		系统启动方式	数据盘
		GPT	UEFI		GPT
Windows	Windows XP 32bit	不支持	不支持	1	不支持
	Windows XP 64bit	不支持	不支持	1	支持
	Windows Vista/7 32bit	不支持	不支持	1	支持
	Windows Vista/7 64bit	GPT 需要 UEFI		1、2	支持
	Windows 8/8.1 32bit	不支持	支持	1	支持
	Windows 8/8.1 64bit	GPT 需要 UEFI		1、2	支持
	Windows 10 32bit	不支持	支持	1	支持
	Windows 10 64bit	GPT 需要 UEFI		1、2	支持

图 2-1

此外，MBR 分区表只能支持 4 个主分区或者 3 个主分区 +1 个扩展分区（包含随意数目的逻辑分区），而 GPT 分区表在 Windows 下可以支持多达 128 个主分区。

下面给大家介绍一下 MBR 和 GPT 的详细区别。

（1）MBR 分区表。

在传统硬盘分区模式中，引导扇区是每个分区（Partition）的第一扇区，而主引导扇区是硬盘的第一扇区。它由 3 部分组成，即主引导记录 MBR、硬盘分区表 DPT 和硬盘有效标志。在总共 512B 的主引导扇区里 MBR 占 446B，第二部分是 Partition table 区（分区表），即 DPT，占 64B，硬盘中有多少分区及每一分区的大小都记在其中。第三部分是 Magic number，占 2B，固定为 55AA。

一个扇区的硬盘主引导记录 MBR 由 3 部分组成。

- 主引导程序（偏移地址 0000H ～ 0088H），它负责从活动分区中装载，并运行系统引导程序。
- 分区表（Disk Partition Table，DPT）含 4 个分区项，偏移地址 01BEH ～ 01FDH，每个分区表项长 16B，共 64B，为分区项 1、分区项 2、分区项 3 和分区项 4。
- 结束标志字，偏移地址 01FE ～ 01FF 的 2B 值为结束标志 55AA，如果该标志错误，系统就不能启动。

（2）GPT 分区表。

GPT 的分区信息是在 GPT 分区表中，而不像 MBR 那样在主引导扇区，为保护 GPT 不受 MBR 类磁盘管理软件的危害，GPT 在主引导扇区建立了一个保护分区（Protective MBR）的 MBR 分区表（此分区并不必要）。这种分区的类型标识为 0xEE，这个保护分区的大小在

Windows 下为 128MB，Mac OS X 下为 200MB，在 Windows 磁盘管理器里名为 GPT 保护分区，可让 MBR 类磁盘管理软件把 GPT 看成一个未知格式的分区，而不是错误地当成一个未分区的磁盘。

另外，为了保护分区表，GPT 的分区信息在每个分区的头部和尾部各保存了一份，以便分区表丢失后用于恢复。

对基于 x86/64 的 Windows 想要从 GPT 磁盘启动，主板的芯片组必须支持 UEFI（这是强制性的，但是如果仅把 GPT 用作数据盘则无此限制）。例如，Windows 8/Windows 8.1 原生支持从 UEFI 引导的 GPT 分区表上启动，大多数预装 Windows 8 系统的计算机也逐渐采用了 GPT 分区表。至于如何判断主板芯片组是否支持 UEFI，一般可以查阅主板说明书或厂商的网址，也可以通过查看 BIOS 设置里面是否有 UEFI 字样。

10．配置基于 UEFI/GPT 的硬盘驱动器分区

当在基于 UEFI 的计算机上安装 Windows 时，必须使用 GUID 分区表（GPT）文件系统对包括 Windows 分区的硬盘驱动器进行格式化。其他驱动器可以使用 GPT 或主启动记录（MBR）文件格式。接下来为大家介绍 Windows 的工具分区及系统分区。

（1）Windows RE 工具分区。

- 该分区必须至少为 300MB。
- 该分区必须为 Windows RE 工具映像（winre.wim，至少为 250MB）分配空间，此外，还要有足够的可用空间以便备份实用程序捕获到该分区。
- 如果该分区小于 500MB，则必须至少具有 50MB 的可用空间。
- 如果该分区等于或大于 500MB，则必须至少具有 320MB 的可用空间。
- 如果该分区大于 1GB，建议应至少具有 1GB 的可用空间。
- 该分区必须使用 Type ID：DE94BBA4-06D1-4D40-A16A-BFD50179D6AC。
- Windows RE 工具应处于独立分区（而非 Windows 分区），以便为自动故障转移和启动 Windows BitLocker 驱动器加密的分区提供支持。

（2）系统分区。

- 计算机应含有一个系统分区。在可扩展固件接口（EFI）和 UEFI 系统上，这也可称为 EFI 系统分区或 ESP。该分区通常存储在主硬盘驱动器上。计算机启动到该分区。
- 该分区的最小规格为 100MB，必须使用 FAT32 文件格式进行格式化。
- 该分区由操作系统加以管理，不应含有任何其他文件，包括 Windows RE 工具。
- 对于 Advanced Format 4K Native（4-KB-per-sector）驱动器，由于 FAT32 文件格式的限制，大小最小为 260MB。FAT32 驱动器的最小分区大小可按以下方式计算：扇区

大小（4KB）× 65527=256MB。

- Advanced Format 512e 驱动器不受此限制的影响，因为其模拟扇区大小为 512B。512B × 65527=32MB，比该分区的最小大小 100MB 要小。

下面介绍默认分区配置和建议分区配置。

默认配置：Windows RE 工具、系统、MSR 和 Windows 分区。

Windows 安装程序默认配置包含 Windows 恢复环境（Windows RE）工具分区、系统分区、MSR 和 Windows 分区。该配置可让 BitLocker Drive Encryption 投入使用，并将 Windows RE 存储在隐藏的系统分区中。通过使用该配置，可以将系统工具（如 Windows BitLocker 驱动器加密和 Windows RE）添加到自定义 Windows 安装。

建议配置包括 Windows RE 工具分区、系统分区、MSR、Windows 分区和恢复映像分区。

在添加 Windows 分区之前添加 Windows RE 工具分区和系统分区。最后添加包含恢复映像的分区。在诸如删除恢复映像分区或更改 Windows 分区大小的此类操作期间，这一分区顺序有助于维护系统和 Windows RE 工具分区的安全。

11. 检测计算机是使用 UEFI 固件还是传统 BIOS 固件

要查看计算机固件的设置，进入开机设置界面是最好的方法，如果进入操作系统后还想查看固件信息，通过以下步骤实现。

（1）同时按键盘上的"Windows"键和字母"R"键，打开"运行"对话框，输入 msinfo32 并按回车键，如图 2-2 所示。

（2）在弹出的"系统信息"窗口中可以看到 BIOS 模式。如果值为"传统"，则为 BIOS 固件；如果值是"UEFI"，则使用的是 UEFI 固件，如图 2-3 所示。

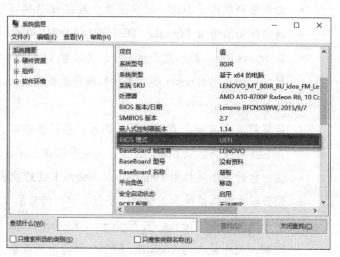

图 2-2   图 2-3

12. Windows 的启动过程

掌握 Windows 的启动过程会对以后计算机问题的分析有很大的帮助，下面就简要介绍分别从 BIOS 和 UEFI 启动 Windows 的过程及 Windows 10 的安全启动过程。

从 BIOS 启动的过程

（1）打开电源后，BIOS 首先执行加电自检（POST）过程，如果自检出现问题，此时无法启动计算机，并且系统会报警。自检完成后，BIOS 开始读取启动设备启动数据。如果是从硬盘启动，BIOS 会读取硬盘中的主引导记录（MBR），然后由主引导记录进行下一步操作。

（2）主引导记录（MBR）搜索分区表并找到活动分区，然后读取活动分区的启动管理器（bootmgr），并把它写入内存执行，这一步之后，主引导记录的操作完成，下一步由 bootmgr 进行以后的操作。

（3）启动管理器执行活动分区 boot 目录下的启动配置数据（BCD），启动配置数据中存储了操作系统启动时需要的各种配置。如果有多个操作系统，则启动管理器会让用户选择要启动的操作系统。如果只有一个操作系统，则启动管理器直接启动这个操作系统。

（4）启动管理器运行 Windows\system32 目录下的 winload.exe 程序，然后启动管理器的任务就结束了。Winload 程序会完成后续的启动过程。

从 UEFI 启动 Windows 的过程

（1）打开电源后，UEFI 模块会读取启动分区内的 bootmgfw.efi 文件并执行它，然后由 bootmgfw 执行后续的操作。

（2）bootmgfw 程序读取分区内的 BCD 文件（启动配置数据）。此时和 BIOS 启动一样，如果有多个操作系统，会提示用户选择要启动的操作系统，如果只有一个，则默认启动当前操作系统。

（3）然后 bootmgfw 读取 winload.efi 文件并启动 winload 程序，由 winload 程序完成后续的启动过程。

Windows 10 的安全启动

安全启动是在 UEFI 2.3.1 中引入的，安全启动定义了平台固件如何管理安全证书、如何进行固件验证及定义固件与操作系统之间的接口（协议）。

Microsoft 的平台完整性体系结构利用 UEFI 安全启动及固件中存储的证书与平台固件之间创建一个信任根。随着恶意软件的快速演变，恶意软件正在将启动路径作为首选攻击目标。

此类攻击很难防范，因为恶意软件可以禁用反恶意软件产品，彻底阻止加载反恶意软件。借助 Windows 10 的安全启动体系结构及其建立的信任根，通过确保在加载操作系统之前，仅能够执行已签名并获得认证的"已知安全"代码和启动加载程序，可以防止用户在根路径中执行恶意代码。

2.3　操作系统的安装

通过前面两节的内容，相信大家对操作系统及其安装常识有了一定的了解，学以致用，接下来就向大家介绍操作系统的安装过程。

2.3.1　常规安装

说起操作系统的安装，最传统的安装方法应该就是使用光盘安装了。本节就来学习如何用常规安装方式安装操作系统及如何对磁盘进行分区。

由于大部分计算机默认都是从本地硬盘启动的，因此在安装操作系统之前，需要先在 BIOS 中将计算机第一启动项修改为从光驱启动计算机。修改计算机启动顺序，必须要进入 BIOS 模式（修改 BIOS 有风险，请谨慎操作）。设置好之后就可以打开计算机电源，将光盘放入光驱。

（1）启动计算机后，计算机会读取光盘内容运行 Windows 10 的安装程序，首先进入安装环境设置阶段，设置好语言、时间和货币格式、键盘和输入方法后，单击"下一步"按钮继续，如图 2-4 所示。

（2）在弹出的窗口中单击"现在安装"按钮，如图 2-5 所示。

图 2-4

图 2-5

（3）如果安装的 Windows 10 操作系统是零售版的，则需要输入序列号进行验证，输入完成后单击"下一步"按钮继续,如图2-6所示。

(4)勾选"我接受许可条款"复选框,然后单击"下一步"按钮,如图2-7所示。

图2-6

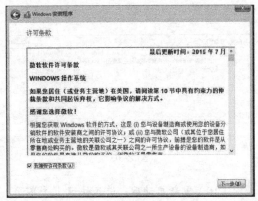

图2-7

(5)选择安装方式。在弹出的"你想执行哪种类型的安装"对话框中,选择"自定义:
    仅安装Windows(高级)(C)"选项,如图2-8所示。

(6)在弹出的对话框中,单击右下方的"新建"按钮,然后设置空间的大小,单击"应
    用"按钮,如图2-9所示。

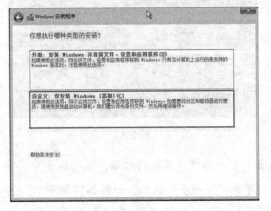

图2-8

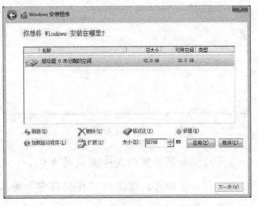

图2-9

(7)此时会弹出对话框,提示"若要确保Windows的所有功能都能正常使用,
    Windows可能要为系统文件创建额外的分区",单击"确定"按钮,如图2-10所示。

(8)选择要安装的分区,然后单击"下一步"按钮,如图2-11所示。

(9)接下来就进入安装过程了,期间可能要重新启动几次,需要耐心等待即可,如
    图2-12所示。

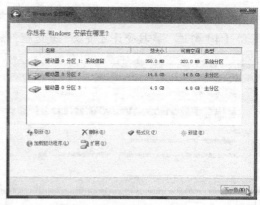

图 2-10

图 2-11

（10）重新启动后，进入快速上手界面，从中可以设置 Windows 的联系人和日历、位置
信息等，可以自定义设置，也可以使用快速设置。建议使用快速设置，如图 2-13
所示，单击"使用快速设置"按钮。

图 2-12

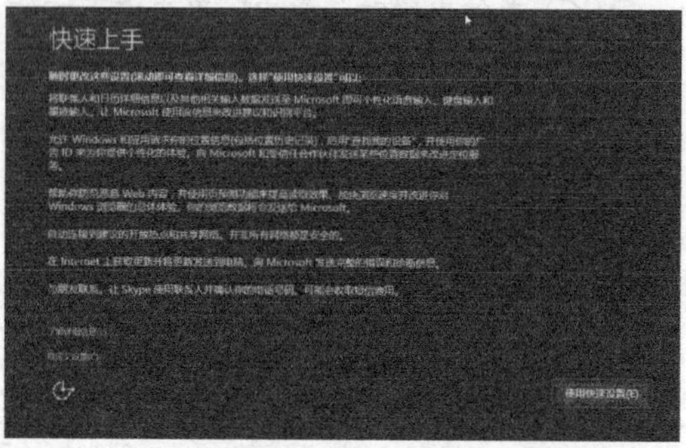

图 2-13

（11）如果安装的是专业版的系统，此时会让用户选择计算机的归属，选择后进入下一
步即可。这里以"我拥有它"为名，单击"下一步"按钮，如图 2-14 所示。

（12）个性化设置界面。如果拥有 Microsoft 账户，则现在就可以登录；如果没有
Microsoft 账户，可以在此页面进行创建。如果不想使用 Microsoft 账户，可以选
择跳过此步骤，如图 2-15 所示。

（13）创建账户。输入使用这台计算机的用户名，然后输入密码和密码提示，单击"下
一步"按钮，如图 2-16 所示。

（14）经过一段时间的等待之后，Windows 10 完成了最终的安装，现在可以开始使用了，
如图 2-17 所示。

图 2-14 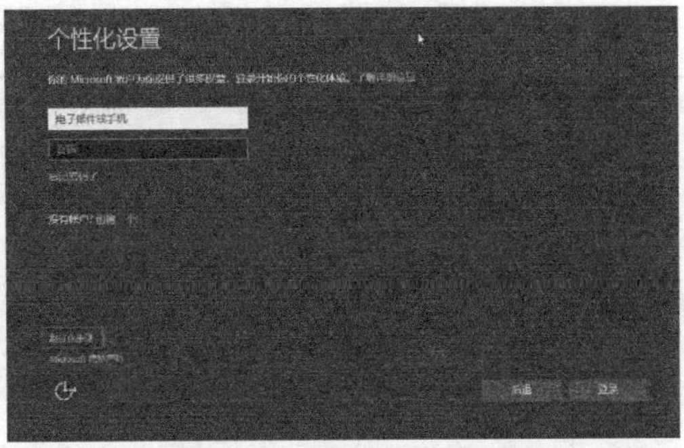　　　　　　　　　　　　　　图 2-15

图 2-16　　　　　　　　　　　　　　图 2-17

2.3.2　升级安装

安装完操作系统后，还需要安装工作所需要的软件，并且原来的计算机也要重新设置。现在有了更好的方法，那就是升级安装 Windows 10，这也是如今用户更方便的选择。

1. 适合升级为 Windows 10 的系统

那么哪些系统可以升级到 Windows 10 系统呢？Windows 7 和 Windows 8 的部分版本可以免费升级到 Windows 10，具体 Windows 系统免费升级的情况如图 2-18 和图 2-19 所示。

Windows 7	
升级之前的版本	升级之后的版本
Windows 7 简易版	
Windows 7 家庭普通版	Windows 10 家庭版
Windows 7 家庭高级版	
Windows 7 专业版	Windows 10 专业版
Windows 7 旗舰版	

图 2-18

Windows 8	
升级之前的版本	升级之后的版本
Windows Phone 8.1	Windows 10 移动版
Windows 8.1	Windows 10 家庭版
Windows 8.1 专业版	Windows 10 专业版
Windows 8.1 专业版（面向学生）	

图 2-19

2. 升级安装 Windows 10

下面以 Windows 7 升级安装作为示例，来向大家介绍安装 Windows 10 的方法。

（1）将光盘放入光驱中，在弹出的"自动播放"窗口中单击"运行 setup.exe"选项，如图 2-20 所示。

（2）在弹出的"用户账户控制"对话框中，单击"是"按钮，如图 2-21 所示。

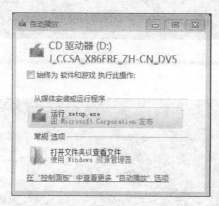

图 2-20　　　　　　　　　　　　　　　图 2-21

（3）在弹出的"获取重要更新"窗口中，不更改默认设置，直接单击"下一步"按钮，如图 2-22 所示。安装程序此时会检查计算机是否符合安装 Windows 10 的要求。

（4）完成检查后，就会要求输入密钥，输入正确的密钥后，单击"下一步"按钮，如图 2-23 所示。

图 2-22　　　　　　　　　　　　　　　图 2-23

（5）此时弹出软件许可条款，单击"接受"按钮，进入下一步，如图 2-24 所示。

（6）经过一段时间的等待之后，Windows 会提示准备就绪，可以安装，此时可以选择保留个人文件和应用，然后单击"安装"按钮，如图 2-25 所示。

 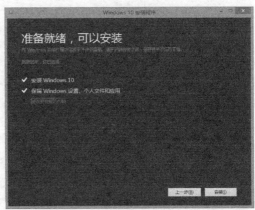

图 2-24   图 2-25

（7）耐心等待 Windows 10 进行安装即可，此时 Windows 可能要重新启动几次，如图 2-26 所示。

图 2-26

（8）之后的过程和全新安装 Windows 10 的过程一样，这里就不再赘述了。

3. 删除旧 Windows 系统的文件夹

如果使用升级安装的方式来安装 Windows 10，在系统盘目录下会出现一个名为 Windows.old 的文件夹，如图 2-27 所示。这个文件夹一般占用 5GB 以上的空间，主要是用来保存旧 Windows 系统的分区数据。

图 2-27

如果系统分区空间不是很大，那么我们清理这个文件夹以释放磁盘空间给其他程序或文件使用。因为里面存储了一些系统文件，所以是无法直接删除这个文件夹的。可以使用Windows 系统自带的磁盘清理工具来删除这个文件夹。下面介绍具体的操作步骤。

（1）打开文件资源管理器，右键单击"本地磁盘 C"，在弹出的快捷菜单中选择"属性"命令，如图 2-28 所示。

（2）在打开的"属性"对话框中，单击"磁盘清理"按钮，如图 2-29 所示。

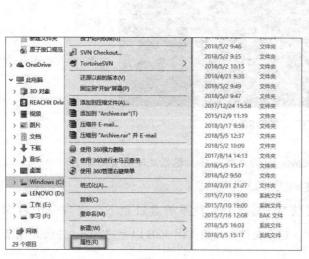

图 2-28

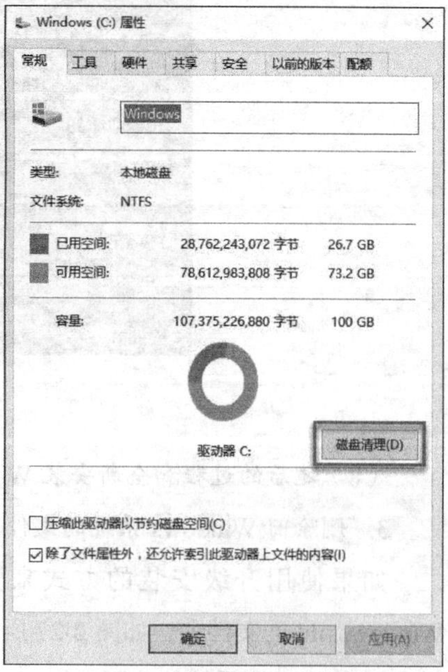

图 2-29

（3）然后系统就会弹出"磁盘清理"对话框，在该对话框中可以看到 Windows 正在计算可以清理的空间，如图 2-30 所示。

（4）稍后在弹出的"Windows（C：）的磁盘清理"对话框中，就会显示可以清理的文件，但是 Windows.old 文件夹并不在里面，这就需要单击下面的"清理系统文件"按钮，如图 2-31 所示。

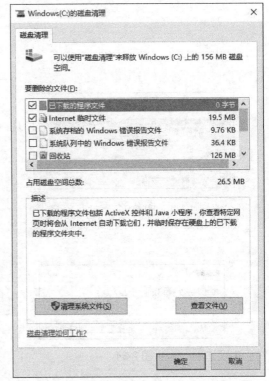

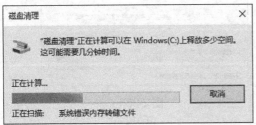

图 2-30　　　　　　　　　　　　　　　　图 2-31

（5）这时系统会重新计算可以清理的空间，如图 2-32 所示。

（6）等待一段时间后，在弹出的磁盘清理对话框中可以看到多了一个名为"Windows Defender"（这对应的就是 Windows.old 文件夹）的新选项，勾选该复选框，然后单击"确定"按钮，如图 2-33 所示。

（7）系统会弹出对话框，提示用户是否要永久删除这些文件，单击"删除文件"按钮，如图 2-34 所示。

（8）然后系统会弹出"磁盘清理"对话框，如图 2-35 所示。稍等片刻，文件删除后，对话框会自动关闭。由于 Windows.old 文件夹比较大，清理需要较长时间，需要等待。

图 2-33

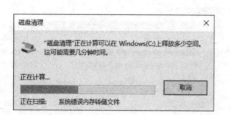

图 2-32

图 2-35

图 2-34

2.4　双系统的安装与管理

虽然 Windows 10 有很多优点和新特性，但是有些旧的程序没有为新的系统做优化，这些程序有时无法在 Windows 10 操作系统中运行，但是有时又需要运行它们，怎么可以兼顾 Windows 10 的优点又可以使用旧的程序呢？可以在计算机上安装两个操作系统，这样在需要的时候，只要切换不同的操作系统即可。

2.4.1　双系统安装

下面以 Windows 7 系统为例，介绍如何安装 Windows 7 和 Windows 10 双系统。双系统的安装一般需要先安装低版本的系统，所以需要先安装 Windows 7 操作系统，安装过程和

Windows 10系统类似，这里就不做介绍了。此处主要介绍一下安装 Windows 10 之前的准备工作。

（1）Windows 10 的安装介质，这里以光盘安装为例，用户可以自行从微软官方网站上下载光盘镜像，然后刻录到光盘上。

（2）需要在 Windows 7 的系统中准备一个空白的主分区，步骤如下。

* 按键盘上的"Windows"+"R"组合键，打开"运行"对话框，在文本框中输入"diskmgmt.msc"，然后单击"确定"按钮，如图 2-36 所示。

* 在打开的"磁盘管理"窗口中，可以创建需要安装的分区。以未分配的空间为例，未分配的区域显示为黑色，在这个地方单击右键，在弹出的快捷菜单中选择"新建简单卷"命令，如图 2-37 所示，然后一直单击"下一步"按钮确认即可。

图 2-36   图 2-37

* 创建完成的分区如图 2-38 所示。

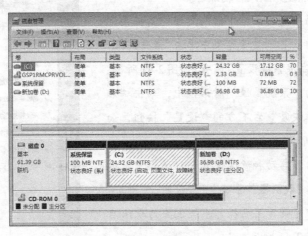

图 2-38

（3）BIOS 内设置由光盘启动计算机。

做好准备工作后，首先将光盘放入光驱，然后重新启动计算机，此时就可以进行 Windows 10 系统的安装了。安装过程和全新安装一样，只是在选择安装位置的时候，选择当时设置好的安装位置即可，如图 2-39 所示。

稍后的过程和之前介绍的一样，要耐心等待。安装完成后，系统会自动重新启动计算机，Windows 10 会自动识别并保留 Windows 7 的启动项。这时启动项就会多出一个"Windows 10"，如图 2-40 所示。

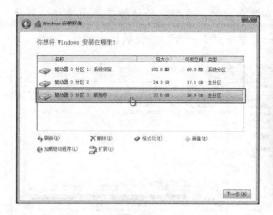

图 2-39   图 2-40

2.4.2   双系统管理

当安装了两个操作系统之后，系统每次启动时都会让我们选择。因为平时常用的只是其中一个，所以可将常用的操作系统设为默认启动即可。

（1）在小娜助手的搜索框中输入文字"高级系统设置"，在弹出的搜索结果中单击"最佳匹配"的"查看高级系统设置"选项，如图 2-41 所示。

（2）在弹出的"系统属性"对话框中，单击"启动和故障恢复"右下方的"设置"按钮，如图 2-42 所示。

（3）在弹出的"启动和故障恢复"对话框中，选择所需的"默认操作系统"，然后单击"确定"按钮，即可将常用的操作系统设置为默认启动，如图 2-43 所示。

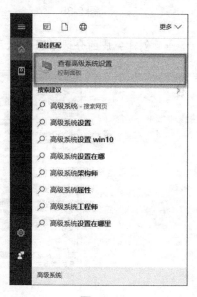

图 2-41

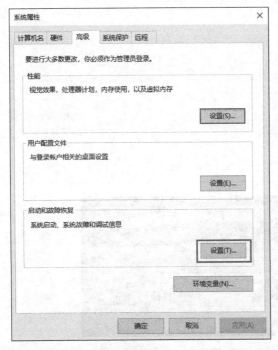

图 2-42

图 2-43

2.5　修复

Windows 操作系统是普通计算机用户使用最多的系统，那么日复一日的使用必然会造成系统内某些文件、程序等各方面的损坏，从而导致系统无法正常运行，影响用户的使用。本节就向大家来介绍如何修复 Windows 系统。

2.5.1　系统自带工具修复

伴随着计算机各种损坏的层出不穷，操作系统也随之不断发展和完善，Windows 10 操作系统就带有很多用来修复系统自身的工具。接下来就以使用"sfc"命令修复系统损坏文件为例来学习如何用系统自带的工具修复系统。

（1）按键盘上的"Windows"+"X"组合键，在打开的菜单中选择"命令提示符（管理员）"命令，如图 2-44 所示。

（2）这时系统会弹出"用户账户控制"窗口，提示用户是否允许进行更改，这里单击"是"按钮，如图 2-45 所示。

（3）在打开的命令提示符窗口中，输入"sfc"命令后按回车键，就可以看到系统文件修复工具 sfc 的相关帮助信息，如图 2-46 所示。

图 2-44   图 2-45

（4）从上面的帮助信息中，就可以找到需要的系统工具"sfc /SCANNOW"了，从显示的信息可知，该语句的功能是：扫描所有保护的系统文件的完整性，并尽可能修复有问题的文件，如图 2-47 所示。

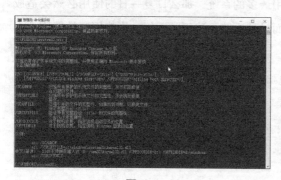

图 2-46   图 2-47

（5）输入"sfc /scannow"命令并按回车键，稍等几秒钟就可以看到系统开始扫描，如图 2-48 所示。

（6）当扫描全部完成后，会出现"Windows 资源保护未找到任何完整性冲突"或"Windows 资源保护找到了损坏文件并成功修复了它们"，就表示扫描和修复操作全部完成，如图 2-49 所示，然后正常关闭 cmd 命令窗口即可。

图 2-48

图 2-49

2.5.2 第三方软件修复

由于每个人的工作性质不同，对计算机的了解程度也就不同，可能大部分用户对计算机自身的一些功能并不十分了解，这时就要发挥第三方系统修复软件的作用了。现在有很多软件可以用来修复系统，360 安全卫士就是其中之一。接下来就以 360 的系统修复为例讲解如何使用软件来修复系统。

（1）打开 360 安全卫士，可以看到 360 提供的功能里就有系统修复，如图 2-50 所示。

（2）单击"系统修复"图标，在打开的界面中就可以看到 360 为用户提供了全面修复和单项修复两种方式，单项修复又分为常规修复、漏洞修复、软件修复、驱动修复和系统升级，然后就可以选择相应的修复方式，例如"常规修复"，如图 2-51 所示。

图 2-50

图 2-51

（3）之后就可以看到开始扫描系统了，如图 2-52 所示。扫描完成后，可以勾选需要修复的项目，然后单击"修复可选项"按钮就可以了，如图 2-53 所示。

图 2-52

图 2-53

（4）这时软件就开始进行系统修复了，如图 2-54 所示。稍等片刻，软件就会提示系统
修复已完成，如图 2-55 所示。

图 2-54

图 2-55

2.5.3 其他系统修复方法

除了前两小节介绍的系统自带工具修复和系统修复软件修复之外，还有很多用来修复系
统的好方法，当 Windows 系统一旦遇到无法启动或运行出错等故障时，不妨使用系统修复光
盘来进行修复。接下来就一起学习一下吧！

1. 创建系统修复光盘

（1）打开"控制面板"窗口，单击"备份和还原（Windows 7）"选项，如图 2-56 所示。

（2）在打开的"备份和还原（Windows 7）"窗口中，单击窗口左侧的"创建系统修复
光盘"选项，如图 2-57 所示。

（3）此时系统会检测计算机是否有光盘刻录设备，如果有光盘刻录设备，会提示将空
白光盘放入计算机光盘刻录设备内，然后单击"创建光盘"按钮，如图 2-58 所示。

（4）在光盘刻录完成时，系统会弹出提示对话框，提示使用"修复光盘 Windows 10 32 位"
来标注光盘，以便以后查找。单击"关闭"按钮关闭此对话框，如图 2-59 所示。

图 2-56

图 2-57

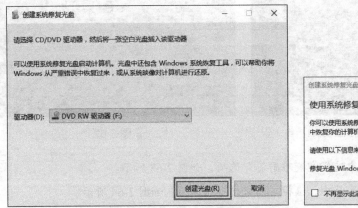

图 2-58

图 2-59

此时系统修复光盘已经创建完成，单击"确定"按钮，关闭对话框即可，如图 2-60 所示。

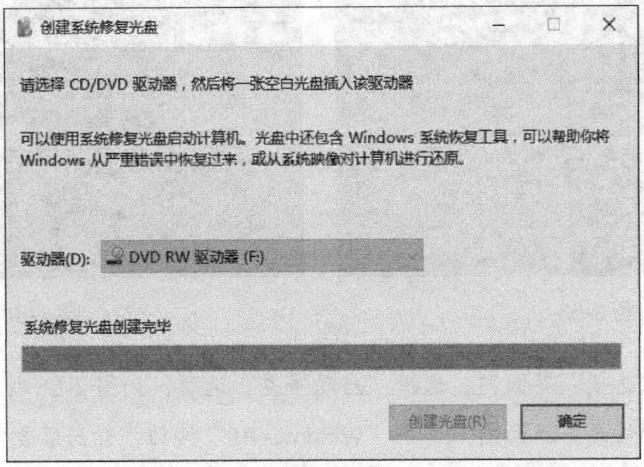

图 2-60

2. 修复启动故障

创建好修复光盘之后，当系统启动出现问题时，就可以用创建的系统修复光盘来修复启动故障了，下面介绍具体的操作步骤。

（1）将系统修复光盘放入计算机光驱内，然后选择从光盘启动计算机，当系统出现"Press any key to boot from CD or DVD"字样时，按键盘上任意键即可，如图2-61所示。

（2）稍后系统会提示选择键盘布局，这里选择"微软拼音"选项，如图2-62所示。

图 2-61

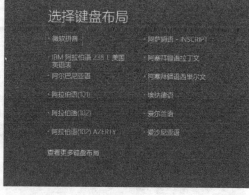
图 2-62

（3）在打开的新界面中选择"疑难解答"选项，如图2-63所示。

（4）在"疑难解答"界面中，选择"高级选项"选项，如图2-64所示。

图 2-63

图 2-64

（5）在"高级选项"界面内，选择"启动修复"选项，如图2-65所示。

（6）在"启动修复"界面内，单击"Windows 10"按钮，开始修复Windows 10的启动故障，如图2-66所示。

图 2-65

图 2-66

稍后 Windows 修复光盘就会诊断计算机故障，耐心等待至修复完成即可，如图 2-67 所示。

图 2-67

第3章

防火墙与 Windows Defender

防火墙位于计算机和外界网络之间，Windows Defender 是 Windows 自带的一款杀毒软件，这两者都是保护计算机免受恶意软件和病毒伤害的有效屏障。

案例：计算机流氓软件与间谍软件

如果你看过韩国电影《社交恐惧症》，就一定会对其中一个场景印象深刻，一个网络黑客通过在计算机中植入间谍软件，遥控计算机上的摄像头录制别人的隐私。不要以为这种情况只会出现在电影中，现实中在你不经意的情况下也会出现相同的事情，因此一定要引起我们的警觉。先来看一个案例。

2014 年的暑假期间，某大学女生周红在家中上网，突然有一个陌生的 QQ 号加她为好友。随后对方向她发送了几张照片，竟然是周红自己的照片，这些照片有些是晚上睡觉时候拍的，有些是周红在换衣服时被拍下来的。对方自称是黑客，让她不要多问，并限三天内汇款 1 万元摆平此事。如果她不照办，就会将周红的照片传到网上。

这些隐私照片对方是怎么拍到的呢？经过仔细回忆和观察家里的环境，她发现计算机上的摄像头正好对着床铺的方向，并且视角较大，能够照下满屋子的全景，但她并没有启动视频聊天，对方怎么能拍到自己呢？

通过周红提供的不法分子的 QQ 号，警方很快就锁定并抓获了嫌疑人，经审讯后得知，不法分子是从网上购买到一款间谍软件，可以远程控制一些被间谍软件侵入的计算机，由此控制并开启了周红计算机的摄像头，拍摄了那些照片。

最终，警方根据嫌疑人提供的线索，顺藤摸瓜，将售卖间谍软件的陈某和范某抓获，这二人通过网络出售了大量计算机和手机流氓软件，其中包括一些商用的广告弹窗软件、间谍软件以及一些流氓软件。这些软件侵入用户计算机后，可以记录用户的 QQ 账号和密码、网银账号和密码，以及其他一些重要信息。

由上面的案例可以看到，不法分子一般会利用计算机用户安全意识不够或是计算机自身存在的一些漏洞进行攻击。经验不足的网民稍有不慎，就有可能泄露大量的个人隐私，甚至损失财产。

由此可见，在当下网络威胁泛滥的环境下，通过专业可靠的工具来帮助自己保护计算机的信息安全是十分重要的。要想保护计算机的网络安全，防火墙和杀毒软件是保护计算机免受恶意软件和病毒伤害的有效屏障，而 Windows 10 自带的防火墙和 Windows Defender 就是不错的选择，而且还是免费的。本章就来介绍一下防火墙和 Windows Defender 的相关知识及如何通过设置防火墙和 Windows Defender 来保护个人计算机的网络信息安全。

3.1 防火墙

防火墙是一种位于内部网络与外部网络之间的网络安全系统，是信息安全的防护系统，会依照特定的规则，允许或限制传输的数据通过。简单来说，防火墙就是一个位于计算机和它所连接的网络之间的软件，该计算机流入流出的所有网络通信均要经过此防火墙。Windows 防火墙（见图 3-1），顾名思义，就是 Windows 操作系统自带的软件防火墙。防火墙对于每一个计算机用户的重要性不言而喻，本节主要为大家介绍如何用 Windows 10 自带防火墙来保护计算机的安全。

图 3-1

3.1.1 启用或关闭防火墙

下面就来讲解如何启用或关闭防火墙。

（1）单击桌面左下方"小娜助手"快速访问，如图 3-2 所示。然后在打开的窗口中，在左下方的搜索框内输入"控制面板"，就可以看到"最佳匹配"下面出现了所要查找的目标"控制面板"，如图 3-3 所示。

图 3-2

图 3-3

（2）在打开的"控制面板"窗口中，单击左侧的"查看网络状态和任务"选项，如
图 3-4 所示。

（3）在打开的"网络和共享中心"窗口中，单击左侧的"Windows 防火墙"选项，打
开 Windows 防火墙设置，如图 3-5 所示。

图 3-4

图 3-5

（4）在打开的"Windows 防火墙"窗口中，单击左侧的"启用或关闭 Windows 防火墙"
选项，如图 3-6 所示。

（5）Window 防火墙默认状态下是开启的。在没有安装其他防火墙软件的情况下，不建
议关闭 Windows 防火墙。如果安装了其他防火墙软件，则可以在这个窗口内关闭
Windows 防火墙。可以分别修改专用网络和公用网络的防火墙设置，这两个网络
防火墙的设置互不影响，如图 3-7 所示。

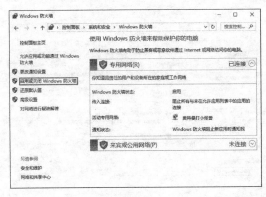

图 3-6

图 3-7

如果计算机的网络连接选择的是公用网络，并且在防火墙运行状态下，那么某些应用程
序或服务可能会要求用户允许它们通过防火墙。例如，当运行 QQ 音乐时，Windows 就会出
现安全警报弹窗，如图 3-8 所示。

图 3-8

3.1.2　管理计算机的连接

计算机里有许多程序需要连接互联网服务，系统里面有对程序进行的默认规则设置。有时需要更改计算机的默认设置，下面介绍具体方法。

（1）在打开的"控制面板"窗口中，单击左侧的"查看网络状态和任务"选项，如图 3-9 所示。

（2）在打开的"网络和共享中心"窗口中，单击左侧的"Windows 防火墙"打开Windows 防火墙设置，如图 3-10 所示。

图 3-9

图 3-10

（3）在打开的"Windows 防火墙"窗口中，单击"允许应用或功能通过 Windows 防火墙"选项，如图 3-11 所示。

（4）在打开的窗口中，可以看到程序在专用网络和公用网络下的允许设置。如果要修改设置，需要单击"更改设置"按钮，如图 3-12 所示。

图 3-11

图 3-12

（5）如果要允许程序具备"播放到设备"功能，则勾选对应的复选框；如果不允许程序具备"播放到设备"功能，则取消对应复选框的勾选，如图 3-13 所示。

（6）如果我们的程序没有出现在列表框里，还可以手动添加。单击窗口下方的"允许其他应用"按钮，如图 3-14 所示。

图 3-13

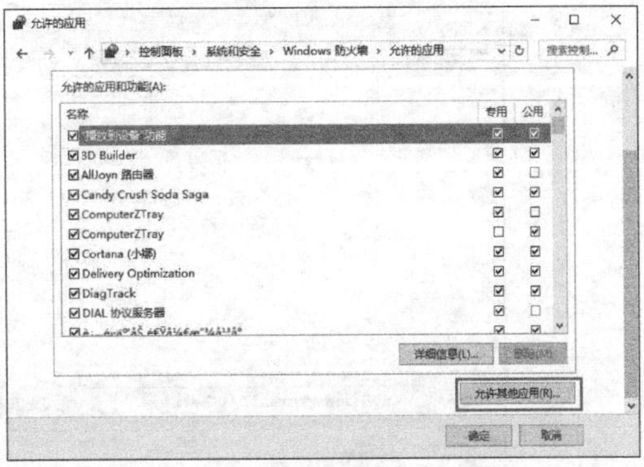

图 3-14

（7）在弹出的对话框中单击下方的"浏览"按钮，如图 3-15 所示。

（8）在弹出的对话框中，选择需要设置连接的程序，然后单击"打开"按钮，如图 3-16 所示。

（9）在返回的对话框中，单击左下角的"网络类型"按钮，可以设置不同网络类型下的连接权限，如图 3-17 所示。

（10）在弹出的对话框中，可以分别设置专用网络和公用网络下的权限。设置完成后，单击"确定"按钮，如图 3-18 所示。

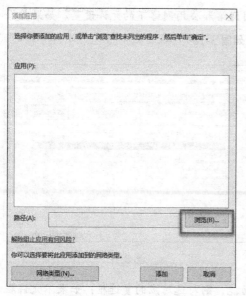

图 3-15

图 3-16

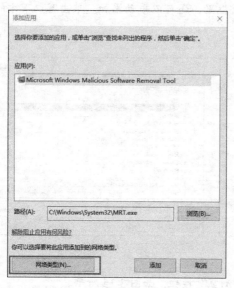

图 3-17

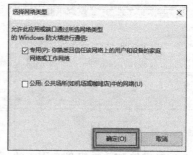

图 3-18

3.1.3 防火墙的高级设置

前面两小节讲的是 Windows 防火墙在日常使用中经常遇到的设置，作为日常应用已经没有什么问题了。其实，Windows 防火墙还提供了更加强大的管理功能，如果要对程序的外部连接进行更加细致或详细的管理，可以使用 Windows 防火墙的高级设置选项。下面详细介绍

Windows 防火墙的高级设置。

打开"控制面板",单击"查看网络状态和任务"选项,进入"网络和共享中心"窗口,然后单击"Windows 防火墙"选项,进入"Windows 防火墙"窗口,在该窗口内单击左侧的"高级设置"选项,如图 3-19 所示。"高级安全 Windows 防火墙"窗口就打开了,如图 3-20 所示。

图 3-19

图 3-20

窗口左侧的部分为快捷管理选项,单击相应的选项会进入相关的设置。常用的功能就是入站规则和出站规则。可以使用出站规则和入站规则来进行设置以满足某些特殊的需求。

Windows 防火墙虽然能够很好地保护系统,但同时也会限制某些端口,给操作带来一些不便。那些既想使用某些端口,又不愿关闭防火墙的用户,可以利用入站规则来进行设置。操作步骤如下。

（1）单击"高级安全 Windows 防火墙"窗口左侧的"入站规则"选项,然后单击右侧的"新建规则"选项,如图 3-21 所示。

（2）在弹出的"新建入站规则向导"对话框中,在右侧"要创建的规则类型"中,选中"端口"单选钮,然后单击"下一步"按钮,如图 3-22 所示。

图 3-21

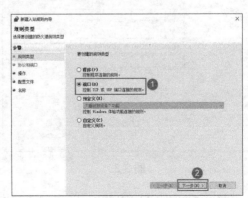

图 3-22

（3）在弹出的对话框中选择相应的协议，如添加8080端口，选中"TCP"单选钮，在"特定本地端口"处输入"8080"。单击"下一步"按钮，如图3-23所示。

（4）可以在打开的对话框中按照指定的条件进行操作。有3个选项，即允许连接、只允许安全连接、阻止连接。此处选中"允许连接"单选钮，然后单击"下一步"按钮，如图3-24所示。

图 3-23

图 3-24

（5）在弹出的界面中可以选择在不同网络中运用刚才设置的规则，可以根据自己的需求进行勾选，然后单击"下一步"按钮，如图3-25所示。

（6）最后，需要为新创建的规则输入一个名称和相关的描述。完成后单击"完成"按钮，如图3-26所示。

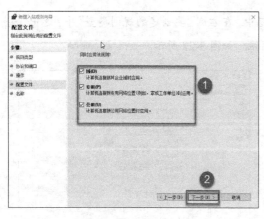

图 3-25

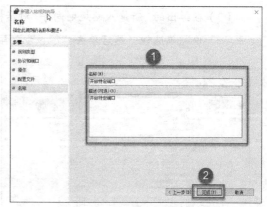

图 3-26

可以看到刚才创建的规则已经出现在规则列表中了，如图3-27所示。

图 3-27

　　关于入站规则和出站规则的设置非常多，上面只是通过一个示例来简单介绍了一下。感兴趣的用户可以尝试进行更多的设置。

　　在 Windows 防火墙高级设置界面的右侧，有关于防火墙规则的快捷操作选项，如图 3-28 所示。

图 3-28

- 导入策略：导入策略可以导入之前已经设置好的防火墙安全策略，由于防火墙高级设置比较复杂，如果有之前已经保存好的策略文件，通过导入策略选项来将之前的文件导入，就免去了复杂的设置，大大节约了时间。

- 导出策略：导出策略可以将当前的防火墙设置导出为一个文件，可以用于备份，也可以用于对其他计算机进行快捷设置。
- 还原默认策略：如果策略设置过程中出现了一些错误，但是查找错误又比较困难，可以通过还原默认策略的方法，将所有的策略重置为系统默认的策略。
- 诊断 / 修复：如果网络出现了问题，可以使用这个选项来对网络进行诊断和修复。
- 查看：可以选择要查看的内容。
- 刷新：刷新当前的防火墙设置。
- 属性：可以查看和更改当前的 Windows 防火墙的属性设置。当单击"属性"选项时，如图 3-29 所示，便可以打开"Windows 防火墙属性"对话框，如图 3-30 所示。

图 3-29

图 3-30

该属性对话框共有 4 个选项卡，分别介绍如下。

- 域配置文件：设置 Windows 防火墙在域模式下的状态和行为设置。在"状态"框内可以选择此模式下是否开启防火墙、入站连接和出站连接的默认值、受保护的网络连接的名称。"设置"框可以设置域配置文件的相关选项。"日志"栏下的设置可以是日志文件的名称及保存位置，还可以设置日志文件的大小限制，以及需要记录的数据等。
- 专用配置文件：设置 Windows 防火墙在专用网络模式下的状态和行为。选项和域配置文件一致。
- 公用配置文件：设置 Windows 防火墙在公用网络模式下的状态和行为。选项和域配置文件一致。
- IPSec 设置：用于设置 IPSec 连接的相关设置。

3.2 Windows Defender

为了保护计算机的网络安全,在打开防火墙的同时还需要安装杀毒软件。随着网络技术的不断进步和发展,免费的杀毒软件越来越多,它们的效果也相当不错。其实,Windows 10 也继承了一款微软自主研发的杀毒软件 Windows Defender。因为有微软做有力的后盾,Windows Defender 的效果还是很不错的。本节带领大家一起来认识一下 Windows Defender。

3.2.1 认识 Windows Defender

Windows Defender,起源于最初的 Microsoft Antiperspirant,是一个用来移除、隔离和预防间谍软件的杀毒程序,其定义库的更新很频繁。Windows Defender 不像其他同类免费产品一样只能扫描系统,它还可以对系统进行实时监控,移除已安装的 Active X 插件,清除大多数微软的程序和其他常用程序的历史记录。在 Windows 10 中,Windows Defender 加入了右键扫描和离线杀毒功能,根据最新的每日样本测试,查杀率已经有了较大的提升,达到国际一流水准。

Windows Defender 的界面简单明了,当 Windows Defender 正常运行时,窗口顶部的颜色条为绿色,并且计算机状态显示"受保护",如图 3-31 所示。当长时间未扫描计算机或长时间未更新病毒库时,Windows Defender 窗口顶部的颜色条就会变为黄色,并且计算机状态显示"可能不受保护",如图 3-32 所示。如果由于某些原因导致 Windows Defender 的关键服务没有运行,Windows Defender 窗口顶部的颜色条会变成红色,并且计算机状态显示"有危险",如图 3-33 所示。

图 3-31

图 3-32

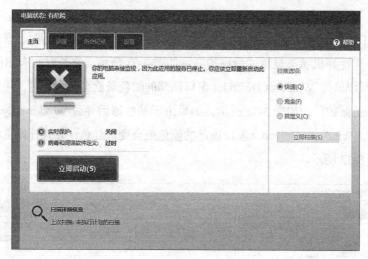

图 3-33

3.2.2 Defender 的功能

作为 Windows 10 系统自带的杀毒软件，微软对 Windows Defender 的功能进行了强化。Windows Defender 主要有以下功能。

- 实时保护计算机。Windows Defender 可以监视用户的计算机，检测到间谍软件或有害程序时会建议用户采取相关的措施。
- 自动更新病毒和间谍软件定义。这些更新由 Microsoft 分析师及自发的全球 Windows

Defender 用户网络提供，使用户能够获得最新的定义库，识别归类为间谍软件的可疑程序。通过自动更新，Windows Defender 可以更好地检测新威胁并在识别威胁后将其消除。

- 自动扫描和删除间谍和恶意软件。Windows Defender 可以自动扫描和删除间谍及恶意软件。

- 间谍软件信息共享：使用 Windows Defender 的任何人都可以加入帮助发现和报告新威胁的全球用户网络。Microsoft 分析师查看这些报告并开发新软件定义以防止新威胁，使每个用户都能更好地受到保护。

3.2.3　使用 Defender 进行手动扫描

Windows Defender 会定期扫描计算机来保护系统安全。当觉得系统出现异常时，也可以手动进行扫描。下面为大家介绍一下具体步骤。

（1）单击桌面左下方"小娜"快速访问，在打开的窗口中，在左下方的搜索框内输入"Windows Defender"，"最佳匹配"中就会出现桌面应用"Windows Defender"，如图 3-34 所示。单击并打开"Windows Defender"，如图 3-35 所示。

图 3-34

图 3-35

（2）从打开的"Windows Defender"窗口中可以看到共有 3 种扫描方式，分别是快速扫描、完全扫描、自定义扫描。快速扫描仅扫描重要的系统文件，完全扫描会扫描计算机上所有的文件，自定义扫描可以自定义扫描的对象。可以根据需要进行选择。

选择完成后，单击"立即扫描"按钮，就可以开始扫描计算机了，如图3-36所示。

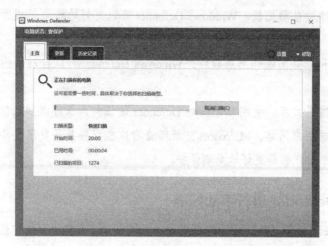

图 3-36

3.2.4 自定义配置 Defender

打开 Windows Defender 主界面，单击窗口右上方的"设置"按钮，如图3-37所示。然后会弹出 Windows Defender 的配置窗口，如图3-38所示。这里可以对 Windows Defender 进行配置。

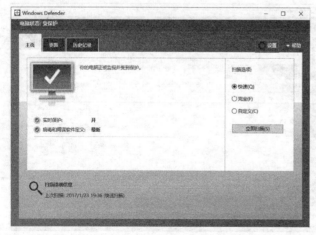

图 3-37   图 3-38

下面向大家介绍各选项的作用。

- 实时保护：实时保护功能可以实时保护计算机，可以监视恶意软件并阻止恶意软件的运行。

- 基于云的保护：可以设置是否向微软发送计算机中的 Windows Defender 发现的潜在安全问题的相关信息。
- 自动提交示例：可以设置是否自动向微软提交计算机中的恶意软件或其他病毒样本文件。如果关闭此选项，Windows Defender 在提交样本时会给出提示。
- 排除：可以在此设置不需要 Windows Defender 扫描的文件或文件夹。这时，可以单击下方的"添加排除项"按钮来添加文件或文件夹，如图 3-39 所示。

单击"添加排除项"按钮，弹出的窗口如图 3-40 所示。Windows Defender 提供了 3 种排除方式：文件和文件夹排除、文件类型排除、进程排除。可以根据需要来设定要排除的类型。

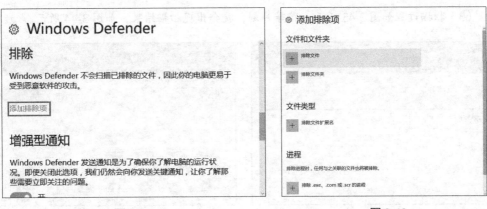

图 3-39   图 3-40

3.3 使用第三方软件实现双重保护

虽然在 Windows 防火墙、Windows Defender 及 Windows 更新的保护下，计算机已经相当安全,但是人们的需求总是五花八门,在某些情况下,Windows 10 还是无法满足我们的需求,这时就需要第三方软件来做好辅助工作,实现双重保护了。

3.3.1 清理恶意插件让 Windows 10 提速

360 安全卫士是一款比较好的第三方软件。可以使用它的清理恶意插件功能来保护计算机并为 Windows 10 系统提速,下面就来介绍一下具体的操作步骤。

（1）首先打开 360 安全卫士，然后单击"电脑清理"图标，如图 3-41 所示。

（2）在打开的"电脑清理"界面中，可以看到 360 安全卫士提供了全面清理、单项清理两种类型，单项清理又分为清理垃圾、清理插件、清理注册表、清理 Cookies、清理痕迹、清理软件 6 种，选择其中一种清理方式，如"清理插件"即可，如图 3-42 所示。

图 3-41

图 3-42

（3）扫描过程如图 3-43 所示。稍等片刻，就会出现扫描结果，如图 3-44 所示。

图 3-43

图 3-44

（4）单击"一键清理"按钮，就会看到界面上出现"正在清理"字样，如图 3-45 所示。稍后 360 安全卫士会出现提示，清理完成，如图 3-46 所示。

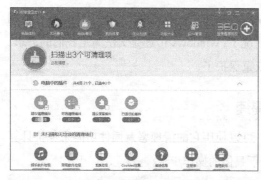
图 3-45

图 3-46

3.3.2　使用第三方软件解决疑难问题

如果计算机出现了上网异常、看不了网络视频等问题，第三方软件也可以帮助解决这些问题。下面以 360 安全卫士为例，向大家介绍其使用方法。

（1）首先打开 360 安全卫士，然后单击"系统修复"图标，可以看到 360 为用户提供了全面修复和单项修复两种，单项修复又分为常规修复、漏洞修复、软件修复、驱动修复，如选择"常规修复"，如图 3-47 所示。

（2）然后系统就会进行修复，如图 3-48 所示。

图 3-47

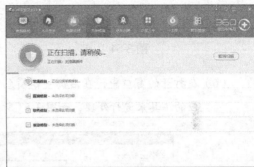

图 3-48

（3）扫描结束后，就可以看到扫描结果了，然后可以勾选需要修复的选项，并单击"修复可选项"按钮进行修复，如图 3-49 所示。修复完成后，系统会给出提示，如图 3-50 所示。

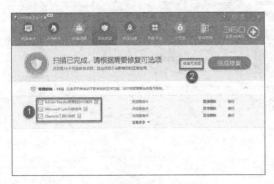

图 3-49

图 3-50

（4）修复完成后，360 安全卫士会弹出提示框，提示部分文件需要重启计算机才能彻底删除。可以选择"立即重启"计算机和"暂不重启"计算机，如图 3-51 所示，用户可以根据自己的情况进行选择。

（5）如果修复无法解决问题，可以使用 360 安全卫士提供的"人工服务"来尝试。打开 360 安全卫士，单击下方的"人工服务"，如图 3-52 所示。

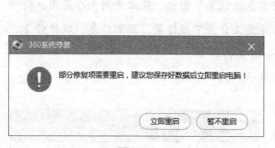

图 3-51   图 3-52

（6）在打开的窗口中，在右侧可以看到常见问题的列表，单击相应的列表，会找到相
应的工具来进行处理，如图 3-53 所示。

图 3-53

第 4 章
组策略安全

组策略是 Microsoft Windows 系统管理员为计算机和用户定义的，用来控制应用程序、系统设置和管理模板的一种机制。简单地说，组策略是介于控制面板和注册表之间的一种修改系统、设置程序的工具。

组策略高于注册表，组策略使用更完善的管理组织方法，可以对各种对象中的设置进行管理和配置，远比手工修改注册表方便、灵活，功能也更加强大。

案例：组策略的作用

小王是一名普通的白领，他在工作单位的局域网中，经常会遇到 IP 地址冲突的攻击或抢占 IP 地址的情况。

还有一次小王因为有事情暂时离开了自己的工作位置，回来后他发现自己刚写完的文档没有了，给他的工作造成了一定的损失。

小王觉得很奇怪，就上网询问了这些问题的原因，才知道是遇到 IP 地址冲突，发生这种事情，大多数情况下都是员工随意更改自己计算机的 IP 地址造成的，同时，如果员工随意修改 IP 地址还会导致越权访问公司的一些重要文件资料，从而给单位信息安全带来隐患。在"开始"菜单中有一个"最常用"命令，可以记录用户曾经访问过的文件，这个功能可以方便用户再次打开该文件，但同时，如果在公司因为有事要暂时离开自己的计算机桌，别人也可通过此命令访问用户最近打开的文档。

有网友告诉小王，他遇到的这些问题都可以通过修改计算机的组策略来解决，小王研究了一下并解决了。

然后，小王就以自己的经历为例子，向领导反映了这类问题。领导了解后，在公司内制定了相应的政策，还给予小王一定的奖励。

其实，还可以通过修改更多的组策略来提高计算机的安全。

4.1　认识组策略

组策略就是基于组的策略，它以 Windows 中的一个 MMC 管理单元的形式存在，可以帮助系统管理员针对整个计算机或是特定用户来设置多种配置，包括桌面配置和安全配置。通过使用组策略，用户可以设置各种软件、计算机和用户策略。

组策略主界面共分为左、右两个窗格，左边窗格中的【"本地计算机"策略】由"计算机配置"和"用户配置"两个子项构成，右边窗格中是针对左边某一配置可以设置的具体策略。

4.1.1　组策略的对象

组策略的基本单元是组策略对象 GPO，它是一组设置的组合，有两种类型的组策略对象，即本地组策略对象和非本地组策略对象。

组策略的作用范围由它们所链接的站点、域或组织单元启用。

4.1.2　组策略的基本配置

1. 计算机配置

计算机配置包括所有与计算机相关的策略设置，它们用来指定操作系统行为、桌面行为、安全设置、计算机开机与关机脚本、指定的计算机应用选项及应用设置。

2. 用户配置

用户配置包括所有与用户相关的策略设置，它们用来指定操作系统行为、桌面设置、安全设置、指定和发布的应用选项、应用设置、文件夹重定向选项、用户登录与注销脚本等。

3. 组策略插件扩展

（1）软件设置。

（2）Windows 设置。包括账号策略、本地策略、事件日志、受限组、系统服务、注册表、文件系统、IP 安全策略及公钥策略。

（3）管理模板。

4.1.3 使用组策略可以实现的功能

（1）账户策略的设定。

（2）本地策略的设定。

（3）脚本的设定。

（4）用户工作环境的定制。

（5）软件的安装与删除。

（6）限制软件的运行。

（7）文件夹的转移。

（8）其他系统设定。

4.1.4 计算机安全组策略的启动方法

1. 一般启动

首先来看一般启动的方法。

（1）同时按住"Windows"+"R"组合键，打开"运行"对话框，在文本框中输入"gpedit. msc"，单击"确定"按钮即可打开计算机的组策略，如图 4-1 所示。

（2）然后就可以看到打开的组策略窗口了，如图 4-2 所示。

2. MMC 管理单元启动

（1）同时按住"Windows"+"R"组合键，打开"运行"对话框，在文本框中输入"MMC"，单击"确定"按钮，如图 4-3 所示。

（2）在打开的 Microsoft 管理控制台窗口中，选择"文件"/"添加/删除管理单元"菜单命令，如图 4-4 所示。

图 4-1　　　　　　　　　　　　　　　　图 4-2

图 4-3　　　　　　　　　　　　　　　　图 4-4

（3）打开"添加或删除管理单元"对话框，在"可用的管理单元"列表框中选择"组
策略对象编辑器"选项，然后单击"添加"按钮，如图 4-5 所示。

（4）在打开的组策略向导对话框中选择要添加的组策略对象，单击"完成"按钮，如
图 4-6 所示。

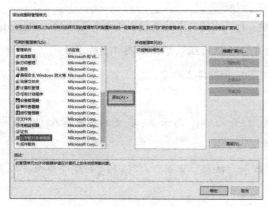

图 4-5　　　　　　　　　　　　　　　　图 4-6

（5）在返回的"添加或删除管理单元"对话框中，单击"确定"按钮，然后就可以在
控制台窗口中看到添加的组策略了，如图 4-7 所示。

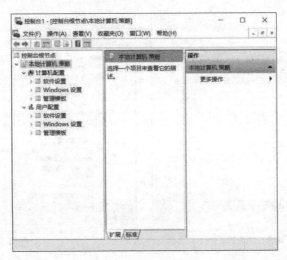

图 4-7

4.1.5　组策略的应用时机

1．计算机配置时

计算机开机时自动启用，域控制器默认每隔 5 分钟自动启用，非域控制器默认每隔
90 ~ 120 分钟自动启用。此外，不论策略是否有变动，系统每隔 16 小时自动启用一次。

2．用户配置时

用户登录时自动启用，系统默认每隔 90 分钟自动启用。此外，不论策略是否有变动，
系统每隔 16 小时自动启用一次。

4.2　计算机配置

通过组策略的计算机配置功能，可以提高系统的上网速率、管理远程桌面、设置桌面小
工具等，本节将为大家做具体介绍。

4.2.1　让 Windows 的上网速率提高 20%

具体操作步骤如下。

（1）打开"组策略编辑器"控制台，在窗口左侧单击展开"计算机配置"下的"管理模板"
选项，如图 4-8 所示。

（2）单击展开"管理模板"选项下的"网络"选项，然后单击"QoS 数据包计划程序"选项，如图 4-9 所示。

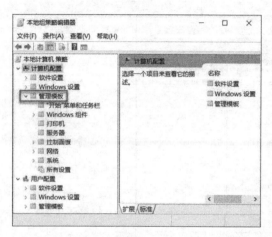

图 4-8

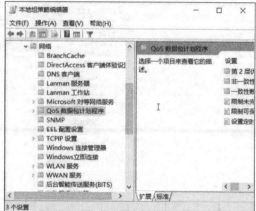

图 4-9

（3）在右侧窗口中，双击"限制可保留带宽"选项，如图 4-10 所示。

（4）在打开的"限制可保留带宽"对话框中，选中"已启用"单选钮，并将"带宽限制"值设置为 0%，然后单击"确定"按钮，如图 4-11 所示。

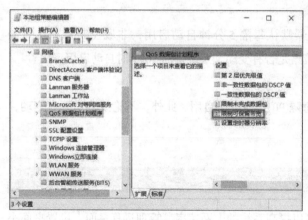

图 4-10

图 4-11

4.2.2 关闭系统还原功能

"系统还原"是 Windows 10 系统中一项很重要的功能，如果对计算机的安全性要求很高，或是计算机是一台公用的计算机，那么为了保证系统的可操作性，将"系统还原"所占用的磁盘空间设置得大一些很有必要。但是如果这个设置被人更改，就会造成以前创建的还原点中的信息丢失。

可以在"组策略"中禁止对"系统还原"的配置进行修改。具体操作步骤如下。

（1）打开"本地组策略编辑器"控制台，单击展开"计算机配置"下的"管理模板"选项，然后单击展开"管理模板"选项下的"系统"选项，如图 4-12 所示。

（2）从下拉列表中找到并单击"系统还原"选项，如图 4-13 所示。

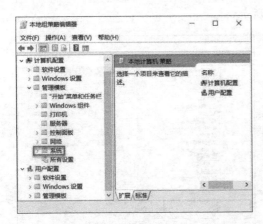
图 4-12

图 4-13

（3）双击右侧窗口中的"关闭系统还原"选项，如图 4-14 所示。

（4）在打开的"关闭系统还原"对话框中选中"已启用"单选钮，单击"确定"按钮，如图 4-15 所示。

图 4-14

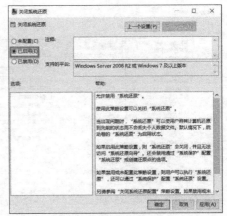
图 4-15

【注意】

该配置必须重新启动计算机才会生效。

4.2.3 管理远程桌面

1. 允许"远程桌面"连接

（1）打开"本地组策略编辑器"控制台，单击展开"计算机配置"下的"管理模板"选项，然后单击展开"管理模板"选项下的"Windows 组件"选项，如图 4-16 所示。

（2）单击展开"Windows 组件"下的"远程桌面服务"，然后单击展开"远程桌面会话主机"选项，单击"连接"选项，如图 4-17 所示。

图 4-16

图 4-17

（3）双击右侧窗口中的"允许用户通过使用远程桌面服务进行远程连接"选项，如图 4-18 所示。

（4）在打开的对话框中选中"已启用"单选钮，单击"确定"按钮，如图 4-19 所示。

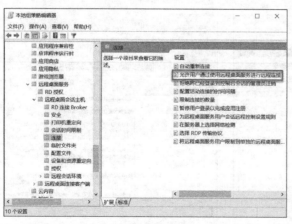

图 4-18

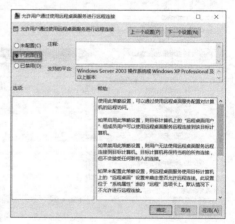
图 4-19

2. 设置空闲会话连接时间

（1）打开"本地组策略编辑器"控制台，单击展开"计算机配置"下的"管理模板"选项，然后单击展开"管理模板"选项下的"Windows 组件"选项，如图 4-20 所示。

（2）单击展开"Windows 组件"下的"远程桌面服务"，然后单击展开"远程桌面会话主机"选项，接着单击"会话时间限制"选项，如图 4-21 所示。

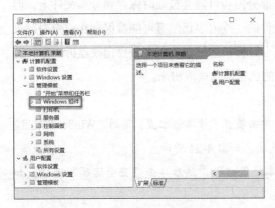

图 4-20

图 4-21

（3）双击右侧窗口中的"设置活动但空闲的远程桌面服务会话的时间限制"选项，如图 4-22 所示。

（4）在打开的对话框中选中"已启用"单选钮，单击展开"空闲会话限制"左侧的隐藏菜单选择会话限制时间，然后单击"确定"按钮，如图 4-23 所示。

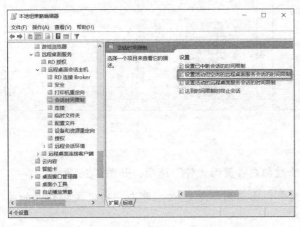

图 4-22

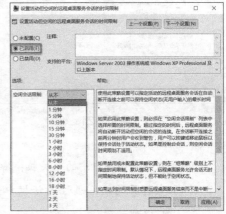

图 4-23

4.2.4 设置虚拟内存页面

对于重要文件，可以通过加密和设置权限来禁止其他无关人员访问，但是如果真的有必要，他人完全可以通过其他途径获得我们的机密信息，那就是虚拟内存页面文件。虚拟内存页面文件作为物理内存的补充，用途是在硬盘和内存之间交换数据，而虚拟内存页面文件本身就是硬盘上的一个文件，它位于系统所在硬盘分区的根目录中，文件名为 pagefile.sys。一般情况下，当用户运行程序时，这些程序的一部分内容可能会被临时保存到分页文件上，而如果编辑完这个文件后立刻关闭系统，那么文件的一些内容仍然有可能被保存在虚拟内存页面文件中。在这种情况下，如果有人得到了这台计算机的硬盘，那么只要把硬盘拆出来，利用特殊的软件，就可以将虚拟内存页面文件中的机密信息读取出来。

通过配置组策略，可以避免这种情况的发生。

（1）打开"本地组策略编辑器"控制台，单击展开"计算机配置"下的"Windows 设置"选项，然后单击展开"安全设置"选项，如图 4-24 所示。

（2）单击展开"安全设置"选项下的"本地策略"，然后单击"安全选项"选项，如图 4-25 所示。

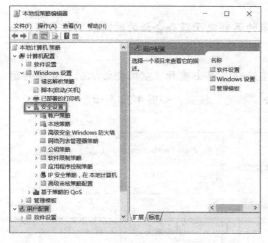

图 4-24

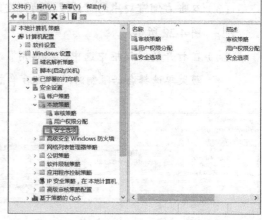

图 4-25

（3）双击右侧窗口中的"关机：清除虚拟内存页面文件"选项，如图 4-26 所示。

（4）在打开的策略属性对话框中选中"已启用"单选钮，单击"确定"按钮，如图 4-27 所示。

启用这个策略后，关机的时候系统会将分页文件中的所有内容都用"0"或"1"写满，这样所有的信息自然也都会消失。

【提示】

这样做会减慢系统的关闭速度，如果不是非常必要，不建议用户启用这个策略。

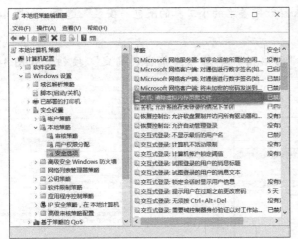

图 4-26   图 4-27

4.2.5 设置桌面小工具

现在的病毒和木马十分狡猾，它们能够利用桌面小工具（Windows Vista 中称为边栏小工具）入侵系统，虽然系统能够检测到，如"天气与生活"这款小工具没有得到微软认可的有效数字签名，但用户只要单击"安装"按钮，即可顺利完成安装进程。如何防止这些没有签证的桌面小工具给系统可能带来的潜在危险呢？

通过组策略可以拒绝使用没有签证的桌面小工具，具体操作步骤如下。

（1）打开"本地组策略编辑器"控制台，单击展开"计算机配置"下的"管理模板"选项，然后单击展开"Windows 组件"选项，如图 4-28 所示。

（2）单击"Windows 组件"选项下的"桌面小工具"选项，如图 4-29 所示。

图 4-28   图 4-29

（3）双击右侧窗口中的"限制未经数字签名的小工具的解包与安装"选项，如图 4-30
　　　所示。

（4）在打开的对话框中选中"已启用"单选钮，单击"确定"按钮，如图 4-31
　　　所示。

图 4-30

图 4-31

【提示】

默认情况下，Windows 桌面小工具是可以安装未签名工具软件的，但是如果启用上述
设置，Windows 桌面小工具将不会再允许用户安装未经签名的软件，包括一些压缩文
件，这将给用户的系统带来一定的安全保障。

4.2.6 设置 U 盘的使用

1. 完全禁止使用 U 盘

现在 U 盘已经非常普及，计算机里面的资料很容易被复制，这对计算机中的资料无疑是
一种威胁。如果你的计算机中有一些重要的资料，那就要小心了。难道要把 USB 端口给拆
下来吗？当然不是。其实运用 Windows 10 系统本身禁止使用 USB 设备的功能，就能彻底解
决这一问题。具体操作步骤如下。

（1）打开"本地组策略编辑器"控制台，单击展开"计算机配置"下的"管理模板"选项，
　　　然后单击展开"系统"选项，如图 4-32 所示。

（2）单击"系统"选项下的"可移动存储访问"选项，如图 4-33 所示。

（3）双击右侧窗口中的"禁止安装可移动设备"选项，如图 4-34 所示。

（4）在打开的对话框中选中"已启用"单选钮，单击"确定"按钮，如图 4-35 所示。

图 4-32

图 4-33

图 4-34

图 4-35

2. 禁止数据写入 U 盘

如果不准备完全禁止 USB 设备，希望能读取 U 盘的内容，只是禁止数据写入 U 盘。具体操作步骤如下。

（1）打开"本地组策略编辑器"控制台，单击展开"计算机配置"下的"管理模板"选项，然后单击展开"系统"选项，如图 4-36 所示。

（2）单击"系统"选项的"可移动存储访问"选项，如图 4-37 所示。

（3）双击右侧窗口中的"可移动磁盘：拒绝写入磁盘"选项，如图 4-38 所示。

（4）在打开的对话框中选中"已启用"单选钮，单击"确定"按钮，如图 4-39 所示。

【提示】

以上对 U 盘进行了禁止写入设置。如果要 U 盘禁止读取，而允许写入数据，那可以启用"可移动磁盘：拒绝读取权限"来实现。

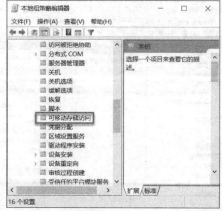

图 4-36   图 4-37

图 4-38   图 4-39

3. 允许识别指定 U 盘

以上"禁止使用 U 盘"和"禁止数据写入 U 盘"两项设置，在保护自己计算机资料的同时也给自己带来了很大的不便，如何让系统只能使用指定的 U 盘或移动硬盘呢？通过组策略"允许识别指定 U 盘"可以解决这一问题。具体操作步骤如下。

（1）打开"本地组策略编辑器"控制台，单击展开"计算机配置"下的"管理模板"选项，然后单击展开"系统"选项，如图 4-40 所示。

（2）单击展开"系统"选项的"设备安装"选项，单击"设备安装限制"选项，如图 4-41 所示。

（3）双击右侧窗口中的"禁止安装未由其他策略设置描述的设备"选项，如图 4-42 所示。

（4）在打开的对话框中选中"已启用"单选钮，单击"确定"按钮，如图 4-43 所示。

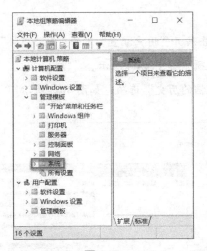

图 4-40

图 4-41

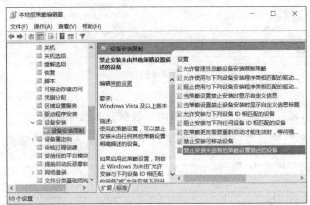

图 4-42

图 4-43

计算机设置下的组策略还有许多，由于篇幅限制，本书就不一一向大家介绍了。

4.3 用户配置

通过组策略的用户配置功能，可以防止菜单泄露隐私、禁止运行指定程序等，本节将为大家做具体介绍。

4.3.1 防止菜单泄露隐私

在"开始"菜单中有一个"最常用"命令，可以记录用户曾经访问过的文件。这个功能可以方便用户再次打开该文件，但别人也可通过此菜单访问用户最近打开的文档，为安全起

见，可屏蔽此项功能。具体操作步骤如下。

（1）打开"本地组策略编辑器"控制台，单击展开"用户配置"下的"管理模板"选项，然后单击"'开始'菜单和任务栏"选项，如图4-44所示。

（2）双击右侧窗口中的"不保留最近打开文档的历史"选项，如图4-45所示。

图 4-44

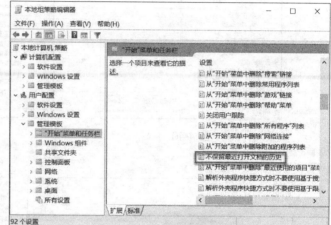

图 4-45

（3）在打开的对话框中选中"已启用"单选钮，单击"确定"按钮，如图4-46所示。

（4）在返回的"本地组策略编辑器"窗口中，双击右侧窗口中的"退出系统时清除最近打开的文档的历史"选项，如图4-47所示。

图 4-46

图 4-47

（5）在打开的对话框中选中"已启用"单选钮，单击"确定"按钮，如图4-48所示。

图 4-48

如果启用"退出系统时清除最近打开的文档的历史"设置，系统就会在用户注销时删除最近使用的文档文件的快捷方式。因此，用户登录时，"开始"菜单上的"最近的项目"命令总是空的。如果禁用或不配置此设置，系统就会保留文档快捷方式，这样当用户登录时，"最近的项目"命令中的内容与用户注销时一样。

4.3.2　禁止运行指定程序

系统启动时一些程序会在后台启动，这些程序通过"系统配置实用程序（msconfig）"的启动项无法阻止，操作起来非常不便，通过组策略则非常方便，这对减少系统资源占用非常有效。

通过启用该策略并添加相应的应用程序，就可以限制用户运行这些应用程序。具体操作步骤如下。

（1）打开"本地组策略编辑器"控制台，单击展开"用户配置"下的"管理模板"选项，然后单击"系统"选项，如图 4-49 所示。

（2）双击右侧窗口中的"不运行指定的 Windows 应用程序"选项，如图 4-50 所示。

（3）在打开的对话框中选中"已启用"单选钮，然后单击"不允许的应用程序列表"右侧的"显示…"按钮，如图 4-51 所示。

（4）在打开的"显示内容"对话框中，在"值"相应的文本框中输入禁止后台运行的应用程序，然后单击"确定"按钮，如图 4-52 所示。

图 4-49

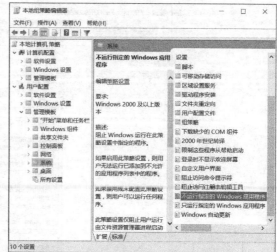
图 4-50

图 4-51

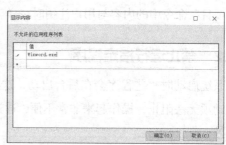
图 4-52

当用户试图运行包含在不允许运行程序列表中的应用程序时，系统会提示警告信息。把不允许运行的应用程序复制到其他的目录和分区中，仍然是不能运行的。要恢复指定的受限程序的运行能力，可以将"不要运行指定的 Windows 应用程序策略"设置为"未配置"或"已禁用"，或者将指定的应用程序从不允许运行列表中删除（这要求删除后列表不会成为空白的）。

这种方式只阻止用户运行从 Windows 资源管理器中启动的程序，对于由系统过程或其他过程启动的程序并不能禁止其运行。该方式禁止应用程序的运行，其用户对象的作用范围是所有的用户，不仅仅是受限用户，Administrators 组中的账户甚至是内建的 Administrator 账户都将受到限制，因此给管理员带来了一定的不便。当管理员需要执行一个包含在不允许运行列表中的应用程序时，需要先通过组策略编辑器将该应用程序从不运行列表中删除，在程序运行完成后，再将该程序添加到不允许运行程序列表中。需要注意的是，不要将组策略编辑器（gpedit.msc）添加到禁止运行程序列表中，否则会造成组策略的自锁，任何用户都将不能启动组策略编辑器，也就不能对设置的策略进行更改。

【提示】

> 如果没有禁止运行"命令提示符"程序的话，用户可以通过 cmd 命令，从"命令提示符"运行被禁止的程序。例如，将记事本程序（notepad.exe）添加到不运行列表中，通过桌面和菜单运行该程序是被限制的，但是在"命令提示符"下运行 notepad 命令，可以顺利地启动记事本程序。因此，要彻底地禁止某个程序的运行，首先要将 cmd.exe 添加到不允许运行列表中。

如果禁止程序后组策略无法使用，可以通过以下方法来恢复设置：重新启动计算机，在启动菜单出现时按"F8"键，在 Windows 高级选项菜单中选择"带命令行提示的安全模式"选项，然后在命令提示符下运行 mmc.exe。

4.3.3 锁定注册表编辑器和命令提示符

1. 注册表编辑器

注册表编辑器是系统设置的重要工具，为了保证系统安全，防止非法用户利用注册表编辑器来篡改系统设置，首先必须将注册表编辑器禁用。具体操作步骤如下。

（1）打开"本地组策略编辑器"控制台，单击展开"用户配置"下的"管理模板"选项，然后单击"系统"选项，如图 4-53 所示。

（2）双击右侧窗口中的"阻止访问注册表编辑器"选项，如图 4-54 所示。

图 4-53

图 4-54

（3）在打开的对话框中选中"已启用"单选钮，然后单击"确定"按钮，如图 4-55 所示。

图 4-55

此策略被启用后，用户试图启动注册表编辑器（regedit.exe 及 regedt32.exe）的时候，系统会禁止这类操作并弹出警告消息。

若要防止用户使用其他管理工具，请使用"只运行指定的 Windows 应用程序"设置。

【提示】

解除注册表锁定与禁用注册表编辑器方法步骤相同，双击右侧窗格中的"阻止访问注册表编辑器"选项，在弹出的对话框中选中"已禁用"或"未配置"单选钮，单击"确定"按钮后退出组策略编辑器，即可为注册表解锁。

这项设置是一把双刃剑：如果设为"已禁用"，则有一些正常软件（大部分软件需要与注册表打交道）有可能不能使用，甚至无法安装；如果设置为"已启用"，则在杀毒软件的监护之外，为恶意程序留下隐患。

2. 命令提示符

命令提示符下有许多危险的操作，要阻止非法用户使用命令提示符窗口（cmd.exe），远离各种不可预料的风险。具体步骤与锁定注册表编辑器相似，只是在图 4-54 所示的窗口中双击右侧窗口中的"阻止访问命令提示符"选项，如图 4-56 所示，其他步骤均相同。

如果启用这个设置，用户试图打开命令窗口，系统会显示一个消息，解释设置阻止这种操作。这个设置还决定批处理文件（.cmd 和 .bat）是否可以在计算机上运行。

图 4-56

【提示】

如果计算机使用登录、注销、启动或关闭批文件脚本,不能防止计算机运行批处理文件,也不能防止使用终端服务的用户运行批处理文件。

第 5 章

系统和数据的备份与还原

在日常生活中浏览网页、下载工具时，可能会遇到一些病毒、木马夹带在其中，导致某些系统文件和数据遭到破坏，从而影响工作，甚至造成系统漏洞而无法正常使用。如果提前对系统和数据做好备份，就可以及时地进行恢复操作，从而避免不必要的损失。

案例：计算机备份与还原

陈晨是个中学生，从小就喜欢研究与计算机有关的知识，平时家里亲戚的计算机出了问题，一般都请他去解决，大多数情况下，陈晨都能轻松搞定。

陈晨的二叔喜欢玩游戏，还经常下载一些外挂软件来辅助，而这些外挂软件经常又会被绑定很多木马、病毒之类的软件，所以陈晨二叔屡次中招，但又屡教不改。这天陈晨二叔家的计算机又出问题了，还非常严重，据说感染了病毒，计算机完全无法使用了。

这次经过检查，陈晨发现他二叔的计算机是中了一种恶性病毒，病毒基本上摧毁了计算机的操作系统，要想继续使用，需要全盘查杀病毒，还要重新安装操作系统。经过半个多小时的忙碌，陈晨终于还是把计算机修好了。但他没有第一时间把计算机交给二叔使用，而是继续在计算机上进行了一些操作，为计算机的操作系统做了备份，设定了还原点。

最后，陈晨告诉他二叔，如果计算机以后再出问题，大多数情况下不要再找他了，直接将计算机系统还原一下就可以了，并且还原操作非常简单。果然，在后面很长的一段时间里，陈晨二叔没有再来麻烦陈晨修计算机，计算机再出问题的时候，他都是使用陈晨在设定的还原点对计算机进行还原操作，从而轻松解决了问题。

从上述案例可以看到，通过还原点就可以将系统还原到没出问题时的系统，操作简单快捷，避免了重装操作系统的麻烦。本章就一起来学习系统和数据的备份与还原。

5.1 系统的备份与还原

5.1.1 使用还原点进行系统备份与还原

"还原点"是指 Windows 系统内置的一个系统备份和还原模块。有时误装了某个含有病毒或木马的软件，手动删除无法解决，或者不小心修改了系统文件，使计算机的某些功能不能正常使用，又不想重装系统时，就可以使用还原点将系统还原到系统未出问题的时间点。

1. 创建还原点

要想使用这个功能，需要先创建还原点，这样才可以使用还原点来还原系统。如果启用了系统保护，可以在对系统进行改动的时候自动创建还原点。由于系统创建还原点的操作不受控制，这时就需要手动创建一个还原点，下面介绍如何手动创建还原点。

（1）右键单击桌面上的"此电脑"图标，在弹出的快捷菜单中选择"属性"命令，如图 5-1 所示。

（2）在打开的"系统"对话框中，单击窗口左侧的"系统保护"选项，如图 5-2 所示。

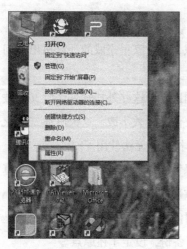

图 5-1   图 5-2

（3）在弹出的"系统属性"对话框中，切换到"系统保护"选项卡，单击下方的"创建"
　　按钮，如图 5-3 所示。

（4）在弹出的"系统保护"对话框中，在文本框中输入还原点的名字，然后单击"创建"
　　按钮，如图 5-4 所示。

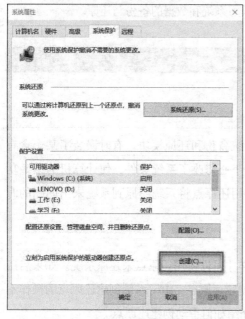

图 5-3   图 5-4

（5）然后 Windows 就开始创建还原点了，如图 5-5 所示。

（6）等待一段时间后，系统会弹出提示"已成功创建还原点"，如图 5-6 所示。表示还原点已经创建成功，单击"关闭"按钮即可。

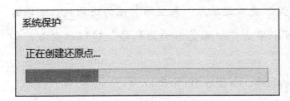

图 5-5 　　　　　　　　　　　　　　　　　　图 5-6

【注意】

在 Windows 系统中，还原点虽然默认只备份系统安装所在盘的数据，但用户也可通过设置来备份非系统盘中的数据。只是由于非系统盘中的数据太过繁多，使用还原点备份时要保证计算机有足够的磁盘空间。

2. 使用还原点还原系统

还原点创建完成之后，当系统出现问题时，就可以使用还原点把系统还原到之前的状态了。这个还原点可以是系统自动创建的，也可以是手动创建的。下面介绍使用还原点还原系统的具体步骤。

（1）在进行系统还原之前，要关闭所有打开的文档和程序。右键单击桌面上的"此电脑"图标，在弹出的快捷菜单中选择"属性"命令，打开"系统"对话框，单击左侧的"系统保护"选项，打开"系统属性"对话框。切换到"系统保护"选项卡，单击"系统还原"按钮，如图 5-7 所示。

（2）在弹出的"系统还原"对话框中，单击"下一步"按钮，如图 5-8 所示。

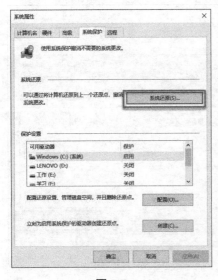

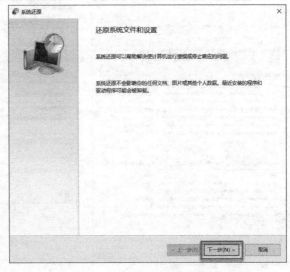

图 5-7 　　　　　　　　　　　　　　　　　图 5-8

（3）在弹出的"系统还原"对话框中，可以选择要还原的还原点。如果系统有多个还原点的话，还可以勾选下方的"显示更多还原点"来显示其他的还原点。如果需要查看哪些程序受到了影响，可以单击"扫描受影响的程序"按钮来查看，如图5-9所示。

（4）系统开始扫描受影响的程序和驱动程序，如图5-10所示。

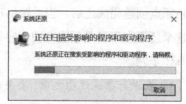

图 5-9　　　　　　　　　　　　　　　　图 5-10

（5）等待一段时间后，可以看到哪些程序受到了影响，如图5-11所示。

（6）在"系统还原"对话框中选择一个还原点，然后单击"下一步"按钮，如图5-12所示。

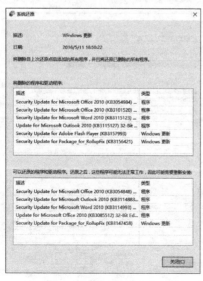

图 5-11　　　　　　　　　　　　　　　　图 5-12

（7）然后 Windows 会弹出"确认还原点"对话框，确认无误后，单击"完成"按钮，如图 5-13 所示，等待系统重启完成即可。

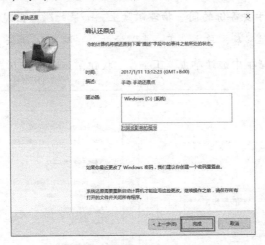

图 5-13

5.1.2 使用系统映像进行系统备份与还原

使用还原点仅能够还原部分系统文件。系统文件破坏比较严重的时候，还原点是无法完全恢复的。如果创建过完整的系统映像，就可以很好地解决这个问题了。

1. 创建系统映像

下面介绍如何创建系统映像。

（1）在小娜助手中打开"控制面板"窗口，然后单击左侧的"备份和还原（Windows 7）"选项，如图 5-14 所示。

（2）在弹出的窗口中，单击左侧的"创建系统映像"选项，如图 5-15 所示。

图 5-14

图 5-15

（3）在弹出的"创建系统映像"对话框中，系统提供了3种备份的存放位置，建议用户存放在硬盘或光盘上。如果选择计算机上的硬盘驱动器，系统会发出警告"选定驱动器位于要备份的同一物理磁盘上，如果此磁盘出现故障，将丢失备份"，选择好存放位置后，单击"下一步"按钮，如图5-16所示。

（4）在弹出的对话框中继续单击"下一步"按钮，如图5-17所示。

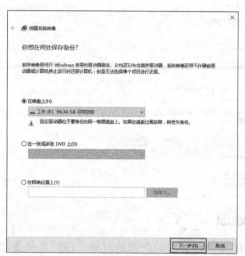
图 5-16

图 5-17

（5）然后系统会弹出确认备份设置对话框，确认没有问题后，单击"开始备份"按钮，进行备份就可以了，如图5-18所示。

（6）稍后Windows会进行备份的创建并显示备份进度，如图5-19所示。

图 5-18

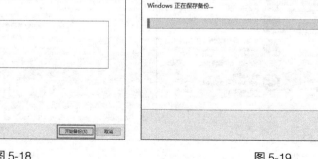
图 5-19

（7）备份完成后，系统会提示是否要创建系统修复光盘，如果需要，单击"是"按钮即可，如图 5-20 所示。

（8）接下来系统会提示备份完成，单击"关闭"按钮即可，如图 5-21 所示。

图 5-20

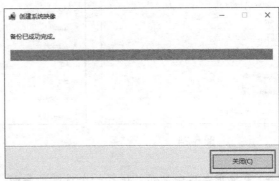

图 5-21

2. 使用系统映像还原系统

系统映像创建完成之后，在以后的使用过程中，如果系统出了问题，就可以通过创建的系统映像进行系统恢复了，接下来一起学习如何利用系统映像来恢复系统。

（1）单击"开始"图标，在打开的快捷菜单中选择"设置"命令，如图 5-22 所示。

（2）打开"设置"窗口，单击窗口内的"更新和安全"选项，如图 5-23 所示。

图 5-22

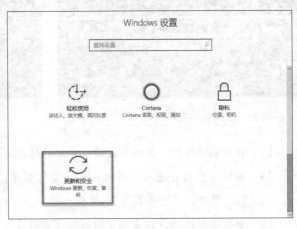

图 5-23

（3）在弹出的"更新和安全"窗口中，单击左侧的"恢复"选项，如图 5-24 所示。

（4）在打开的"恢复"窗口中，单击右侧"高级启动"下的"立即重启"按钮，如图 5-25 所示。

图 5-24   图 5-25

（5）系统重启后会显示"选择一个选项"界面，选择"疑难解答"选项，如图 5-26
所示。

（6）然后在"疑难解答"界面中选择"高级选项"选项，如图 5-27 所示。

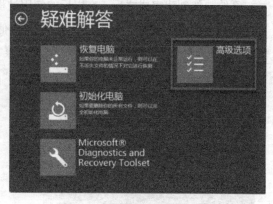

图 5-26   图 5-27

（7）在"高级选项"界面中选择"系统映像恢复"选项，如图 5-28 所示。

（8）系统会重启并进入"系统映像恢复"程序，要求选择一个账户，单击其中的一个
账户就可以了，如图 5-29 所示。

（9）要求输入此账户的密码，输入用户密码后，单击"继续"按钮，如图 5-30 所示。

（10）在弹出的对话框中选择一个可用的系统映像，然后单击"下一步"按钮，如
图 5-31 所示。

（11）在弹出的对话框中，继续单击"下一步"按钮，如图 5-32 所示。

（12）再次确认要恢复的映像信息无误后，单击"完成"按钮，如图 5-33 所示。

图 5-28

图 5-29

图 5-30

图 5-31

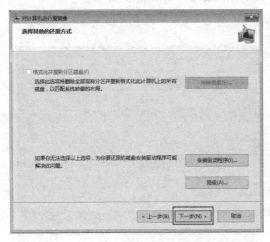

图 5-32

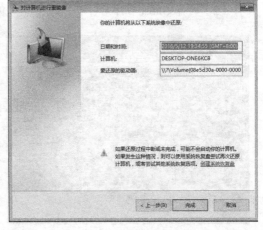

图 5-33

（13）在弹出的警告对话框中单击"是"按钮，如图5-34所示。计算机就开始进行系统映像的恢复了，如图5-35所示。等待一段时间后，系统恢复完成就可以继续使用了。

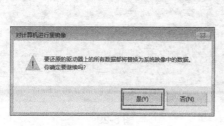

图5-34   图5-35

5.1.3　使用 Ghost 进行系统备份与还原

除了使用 Windows 10 系统自带的备份还原工具外，也可以使用第三方工具来备份和还原系统，Ghost 就是其中之一。Ghost 即 Norton Ghost（诺顿克隆精灵，Symantec General Hardware Oriented System Transfer），是美国赛门铁克公司开发的一款硬盘备份还原工具。Ghost 可以实现 FAT16、FAT32、NTFS、OS2 等多种硬盘分区格式的分区及硬盘的备份还原。在这些功能中，数据备份和备份恢复的使用频率非常高，也是用户非常热衷的备份还原工具。

下面介绍如何使用 Ghost 来备份和还原系统。首先需要准备一个第三方的系统维护光盘，可以从网上下载。

1.　使用 Ghost 备份系统

（1）首先以光盘方式启动系统，然后选择运行 Ghost 程序，如图5-36所示。

（2）打开 Ghost 程序后，会出现一个信息提示，单击"OK"按钮，如图5-37所示。

图5-36   图5-37

（3）在菜单中选择"Local"/"Partition"/"To Image"命令，并按回车键，如图5-38
　　　　所示。

（4）在弹出的对话框中选择要备份的磁盘，然后单击"OK"按钮，如图5-39所示。

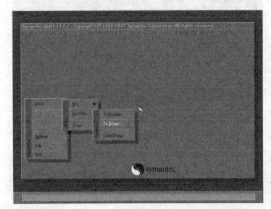

图 5-38

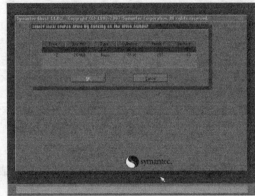

图 5-39

（5）在弹出的对话框中选择操作系统所在的分区，然后单击"OK"按钮，如图5-40所示。

（6）在弹出的对话框中，选择备份文件的保存位置，然后输入备份文件的名称，单击
　　　　"Save"按钮，如图5-41所示。

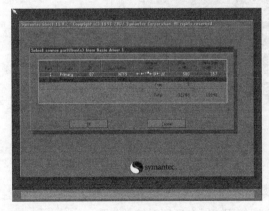

图 5-40

图 5-41

（7）之后Ghost程序会提示是否压缩备份文件，如果备份磁盘空间足够而且对备份速
　　　　度有要求，可以单击"No"按钮；如果要求进行压缩，而且要求备份速度不要很慢，
　　　　则可以单击"Fast"按钮；如果对备份文件大小要求很高，但是对备份时间没有要
　　　　求，可以单击"High"按钮，如图5-42所示。

（8）之后程序会提示是否继续，这里单击"Yes"按钮，如图5-43所示。

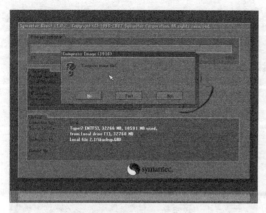
图 5-42

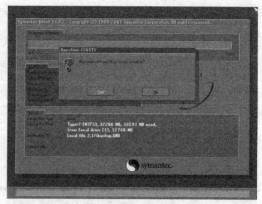
图 5-43

等待大约 10 分钟后，程序弹出提示完成备份对话框。这时备份就完成了，如图 5-44 所示。

图 5-44

2. 使用 Ghost 还原系统

使用 Ghost 备份好系统之后，当遇到分区数据被破坏或数据丢失等情况时，就可以通过 Ghost 和镜像文件快速地将分区还原了。下面介绍使用 Ghost 还原系统的步骤。

（1）使用工具光盘启动计算机，然后运行 Ghost 程序。选择菜单中的 "Local" / "Partition" / "From Image" 命令，如图 5-45 所示。

（2）在弹出的对话框中，选择要恢复的镜像文件的位置，然后单击 "Open" 按钮，如图 5-46 所示。

（3）在弹出的对话框中，单击 "OK" 按钮，如图 5-47 所示。

（4）在弹出的对话框中，选择要恢复的磁盘，然后单击 "OK" 按钮，如图 5-48 所示。

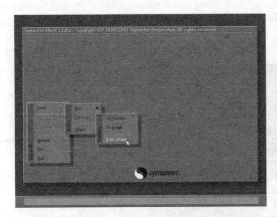

图 5-45

图 5-46

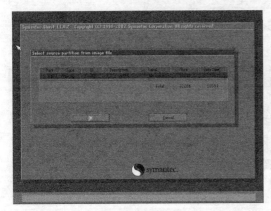

图 5-47

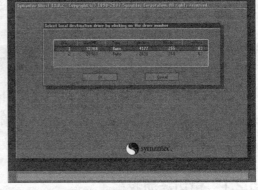

图 5-48

（5）在弹出的对话框中，选择要恢复的分区，单击"OK"按钮，如图 5-49 所示。

（6）稍后，程序会弹出确认对话框，单击"Yes"按钮继续，如图 5-50 所示。

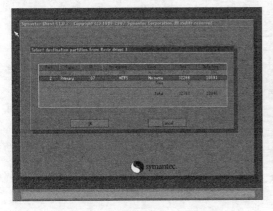

图 5-49

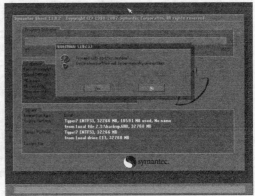

图 5-50

等待 10 分钟左右，程序提示恢复完成，单击"Reset Computer"按钮，就可以重启计算机进入修复后的系统了，如图 5-51 所示。

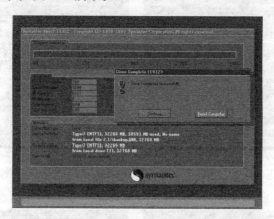

图 5-51

5.2 注册表的备份和还原

注册表是操作系统中必不可少的平台，计算机中应用程序和硬件的相关参数都保存在注册表中，其重要性不言而喻。若注册表文件损坏，将导致系统和设备都无法正常运行，因此用户应当及时备份注册表，这样在系统出现故障时也能够及时恢复。

5.2.1 备份注册表

首先向大家介绍如何备份注册表。

（1）同时按键盘上的"Windows"+"R"组合键，然后在弹出的"运行"对话框中输入"regedit"，单击"确定"按钮，如图 5-52 所示。

（2）在弹出的"注册表编辑器"窗口中，选择"文件"/"导出"命令，如图 5-53 所示。

图 5-52

图 5-53

（3）在弹出的"导出注册表文件"对话框中，选择备份注册表要保存的位置，输入备份文件的名字，单击"保存"按钮，如图5-54所示。

（4）然后就可以看到保存完成的注册表了，如图5-55所示。

图 5-54

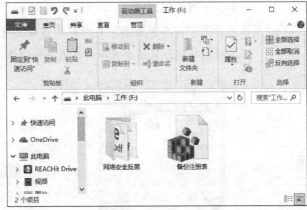

图 5-55

5.2.2 还原注册表

还原注册表的操作比较简单。只需双击备份好的注册表文件，然后在弹出的"注册表编辑器"内单击"是"按钮就可以了，如图5-56所示。

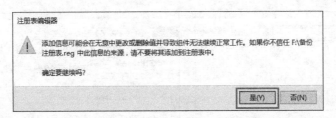

图 5-56

5.3 QQ 聊天记录的备份和还原

除了系统和注册表容易损坏外，计算机内很多日常软件的数据也容易遭到破坏。说起日常生活中经常使用的软件，非 QQ 聊天软件莫属了。在使用 QQ 聊天软件进行聊天时，会产生大量的聊天记录。虽然 QQ 软件自带了在线备份和随时查阅全部消息记录的功能，但这需要用户购买 QQ 会员才能实现。其实用户在不购买 QQ 会员的情况下依然可以对聊天记录进行备份与还原。接下来就以 QQ 数据的备份和还原为例，讲解如何实现软件数据的备份和还原。

5.3.1 备份和还原 QQ 聊天记录

接下来就向大家详细介绍备份 QQ 聊天记录的具体操作方法和步骤。

（1）单击在 QQ 主界面下方的"主菜单"，然后在弹出的下拉菜单中选择"消息管理器"
命令，如图 5-57 所示。

（2）在打开的"消息管理器"界面中单击右上角的三角形按钮，即"工具"按钮，然
后在弹出的下拉菜单中选择"导出全部消息记录"命令，如图 5-58 所示。

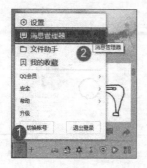

图 5-57

图 5-58

（3）在弹出的"另存为"对话框中，选择要备份聊天记录的保存位置，然后输入文件名，
单击"保存"按钮，如图 5-59 所示。

（4）稍等片刻，备份完成后，就可以在文件夹内看到相应的备份文件了，如图 5-60 所示。

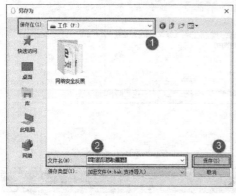

图 5-59

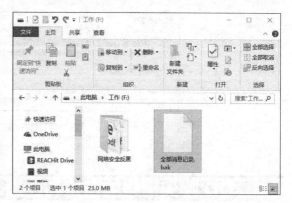

图 5-60

5.3.2 还原 QQ 聊天记录

既然 QQ 聊天记录可以从 QQ 聊天软件中备份出来，那么同样地，也可以把 QQ 聊天记
录还原到 QQ 聊天软件中。接下来就为大家介绍还原 QQ 聊天记录的具体操作方法和步骤。

（1）按照上一小节的方法打开"消息管理器"，然后单击消息管理器窗口右上方的三角形按钮，即"工具"按钮，在弹出的下拉菜单中选择"导入消息记录"命令，如图 5-61 所示。

（2）在弹出的数据导入工具界面中选择要导入的内容，然后单击"下一步"按钮，如图 5-62 所示。

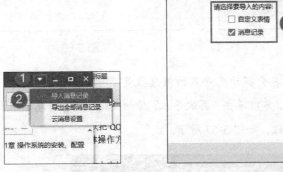

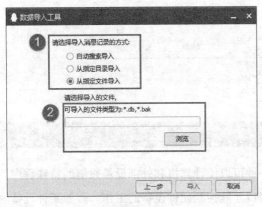

图 5-61　　　　　　　　　　　　　　　　图 5-62

（3）在弹出的对话框中选中"从指定文件导入"单选钮，然后单击下方的"浏览"按钮来选择要导入文件的位置，如图 5-63 所示。

（4）在打开的文件位置对话框中，找到文件的位置并选择要导入的文件，然后单击下方的"打开"按钮，如图 5-64 所示。

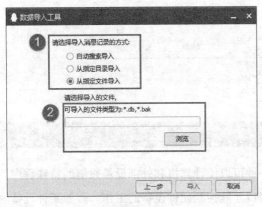

图 5-63　　　　　　　　　　　　　　　　图 5-64

（5）这时可以看到所选择的文件显示在对话框内，单击"导入"按钮，如图 5-65 所示。

（6）然后就可以看到系统正在导入消息记录，如图 5-66 所示。

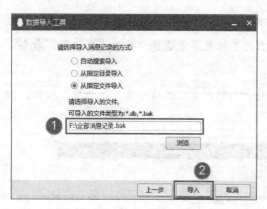

图 5-65

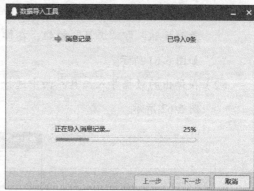

图 5-66

（7）稍等片刻，数据导入工具会提示已导入的消息数量，并显示导入成功。如果还想
继续导入其他消息记录，可以单击"再次导入"按钮；如果没有消息记录要导入了，
则可以单击"完成"按钮，如图 5-67 所示。

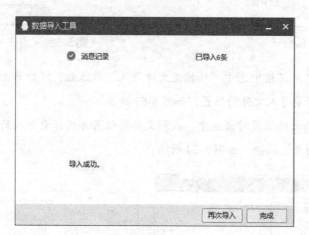

图 5-67

5.4 驱动程序的备份和还原

驱动程序一般指的是设备驱动程序，是一种可以使计算机和外部设备通信的特殊程序。
相当于硬件的接口，操作系统只有通过这个接口才能控制硬件设备的工作。假如某种设备的
驱动程序未能正确安装，便不能正常工作。因此，驱动程序被比作"硬件的灵魂""硬件的
主宰"和"硬件和系统之间的桥梁"等。

本节就向大家介绍如何实现备份和还原驱动程序。

5.4.1 使用360安全卫士备份和还原驱动程序

360安全卫士是一款多功能软件，不仅可以用来查杀木马、清理计算机、修复系统等，也可以用来备份和还原驱动程序。

1. 备份驱动程序

以第三方的驱动程序管理工具来进行说明如何备份驱动程序。

（1）首先打开360安全卫士，然后单击主界面右下角的"更多"按钮，如图5-68所示。

（2）在弹出的界面中单击"驱动大师"按钮，软件会自动进行下载和安装，如图5-69所示。

图 5-68

图 5-69

（3）打开驱动大师程序后，单击"驱动管理"进入驱动管理选项卡，程序会提示有驱动程序没有备份，建议立即备份，单击右侧的"开始备份"按钮，如图5-70所示。然后就可以看到程序开始备份驱动程序了，如图5-71所示。

图 5-70

图 5-71

（4）等待一段时间后，程序会提示驱动已经备份完毕，如图5-72所示。

2. 还原驱动程序

（1）打开驱动大师，单击"驱动管理"进入驱动管理选项卡，然后单击上部的"驱动还原"，
选择要还原的驱动，单击右侧的"还原"按钮，如图 5-73 所示。

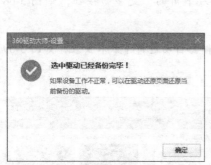

图 5-72

图 5-73

（2）此时程序会弹出提示，还原驱动有可能造成设备无法正常使用，确认后单击"确定"
按钮，如图 5-74 所示。

稍等一会儿，程序会提示驱动已经还原成功，如图 5-75 所示。

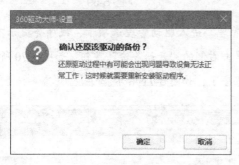

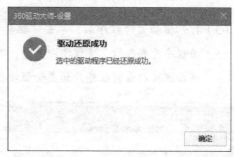

图 5-74

图 5-75

5.4.2   使用驱动人生备份与还原驱动程序

驱动人生是一款免费的驱动管理软件，能够实现智能检测硬件并自动查找安装驱动，为
用户提供最新驱动更新，本机驱动备份、还原和卸载等功能。软件具有界面清晰、操作简单、
设置人性化等优点，大大方便了计算机用户对计算机驱动程序的管理。接下来，本小节为大
家介绍如何使用驱动人生完成对驱动程序的备份与还原。

1. 使用驱动人生备份驱动程序

首先介绍如何使用驱动人生对驱动程序进行备份。

（1）打开软件驱动人生的主界面，单击上方的"驱动管理"，程序就会自动检测未备份的驱动，如图 5-76 所示。

（2）稍等片刻，程序检测完成后就会提示检测到有多少驱动可以备份，这时勾选好需要备份的驱动，单击右上方的"开始"按钮，如图 5-77 所示。

图 5-76

图 5-77

（3）然后就可以看到程序开始备份驱动了。对于备份好的驱动，程序会在相应的程序状态中提示备份成功，如图 5-78 所示。

（4）稍等片刻，需要备份的驱动都备份完成后，程序就会提示备份成功。如果想要了解备份文件的位置，单击"查看备份目录"即可，如图 5-79 所示。

图 5-78

图 5-79

2. 使用驱动人生还原驱动程序

在计算机的使用过程中，可能由于失误删除了某些驱动程序，从而影响计算机的正常使

用。这时，就可以使用之前备份好的驱动程序进行还原了。接下来介绍一下详细操作步骤。

（1）打开驱动人生，单击上方的"驱动管理"，选择该界面中的"驱动还原"，程序就会自动开始检测驱动程序了，如图 5-80 所示。

（2）程序检测完成后，勾选好要还原的驱动，单击"开始还原"按钮，如图 5-81 所示。

图 5-80

图 5-81

（3）然后就可以看到程序开始还原驱动了，如图 5-82 所示。还原完成后，程序会提示还原完成，如图 5-83 所示。

图 5-82

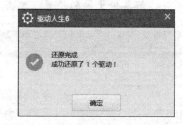
图 5-83

第6章

端口扫描与网络嗅探

黑客在入侵他人计算机之前，往往会做好准备。一般的准备工作主要是指通过嗅探和扫描来搜索信息，从而确定目标计算机。

嗅探和扫描操作可以利用专业的软件工具来实现，用户了解扫描和嗅探的原理后，可以及时采取合理的措施来保护自己的计算机和信息安全。

案例：网络嗅探

计算机网络科技的飞速发展使全球的信息共享成为现实，人们在各个领域对计算机网络的依赖也日益严重，但由于网络的无界性、连接的自由性及信息的可复制性也使网络安全成为人们关注的一个热点，信息泄露现象越来越多，病毒泛滥、黑客攻击，通过网络嗅探，大量捕获网上有用的用户账号和密码，为下一步攻击打下基础。

检察员 A 某从小就有写日记的习惯，毕业后走上工作岗位也不曾改变，无论工作多忙多累，每天晚上临近睡觉前她总会把今日发生的事情记录进日记本里，如一些工作问题、心情想法、同事和上级的事情等，她使用的是一个网站提供的网络日记本服务，她很喜欢那个宁静简洁的文字界面,偶尔没有任务要忙或心情不好的时候，她就会用院里的网络上去看自己以前写的日记。

这天 A 某和往常一样来到办公室，却发现气氛不同往常了：同事们面对她的时候笑容很不自然，有几个女同事还偷偷对她指指点点的，A 某看过去的时候她们却又不说话了，她只好竖起耳朵偷听，隐隐约约听到一句"……连别人还欠着 50 元没还她都写上去，这个人真……"，A 某的脸瞬间变得煞白：这不是她某天的日记内容吗？……

究竟是谁偷看了 A 某的日记呢？你正在使用的局域网，又真的很安全吗？ A 某不知道，大院的局域网里，有一双耳朵正在悄悄地记录着她的计算机上发送和接收的一切信息……

这双耳朵被称为"网络嗅探"（Network Sniffing）或"网络监听"（Network Listening），它并不是最近才出现的技术，也并非专门用在黑客上的技术，监听技术作为一种辅助手段，在协助网络管理员监测网络传输数据、排除网络故障等方面具有不可替代的作用，因此一直备受网络管理员的青睐并逐渐发展完善。"监听"技术就是在互相通信的两台计算机之间通过技术手段插入一台可以接收并记录通信内容的设备，最终实现对通信双方的数据记录。一般都要求用作监听途径的设备不能造成通信双方的行为异常或连接中断等，即是说，监听方不能参与通信中任何一方的通信行为，仅仅是"被动"地接收记录通信数据而不能对其进行篡改，一旦监听方违反这个要求，这次行为就不是"监听"，而是"劫持"（Hijacking）了。

6.1 认识扫描器

扫描器是进行信息收集的必要工具，它可以完成大量的重复性工作，用于收集与系统相关的必要信息。对黑客来讲，扫描器是攻击系统时的有力助手；而对于管理员，扫描器同样具备检查漏洞、提高安全性的重要作用。

6.1.1 扫描器

扫描器是一类自动检测本地或远程主机安全弱点的程序，它能够快速、准确地发现扫描目标存在的漏洞，并提供给使用者扫描结果。扫描器的工作原理是扫描器向目标计算机发送数据包，然后根据对方反馈的信息来判断对方的操作系统类型、开发端口、提供的服务等敏感信息，这就能让黑客或管理员间接或直观地了解远程主机所存在的安全问题。

扫描器通过选用远程 TCP/IP 不同端口的服务，记录目标给予的回答，通过这种方法，可以搜集到很多关于目标计算机的各种有用信息。需要强调的是，扫描器并不直接攻击网络漏洞，它仅仅能帮助黑客发现目标计算机的某些内在弱点。好的扫描器能对它得到的数据进行分析，帮助攻击者查找目标计算机的漏洞，但它不会提供一个系统的详细步骤。

扫描器应具有以下 3 个功能。

- 发现一个主机或网络。
- 一旦发现一台主机，可以发现该主机上运行的服务。
- 通过测试这些服务，发现漏洞。

6.1.2　扫描器的类型

能够进行扫描的软件称为扫描器，不同的扫描器所采用的技术、算法、效果各不相同。根据扫描过程和结果不同，可以把扫描器分成以下几个类别。

根据使用对象的不同，可以分为本地扫描器和远程扫描器。对于黑客来说，经常使用的是远程扫描器，因为也可以用它来扫描本地主机。

根据扫描软件运行环境不同，可以分为 UNIX/Linux 系列扫描器、Windows 系列扫描器、其他操作系统扫描器。其中 UNIX/Linux 由于操作系统本身与网络联系紧密，使得此系统下的扫描器非常多，编制、修改容易，运行效率高，但由于 UNIX/Linux 图形化操作较为复杂，故其普及度不高，只有部分人会使用。Windows 系统普及度高，使用方便，极易学习使用，但由于其编写、移植困难而数量不太多。其他操作系统下的扫描器因为这些操作系统不普及而使得这类扫描器难以普及。

根据扫描端口的数量不同，可以分为多端口扫描器和专一端口扫描器。多端口扫描器一般可以扫描一段端口，有的甚至能把 6 万多个端口都扫描一遍，这种扫描器的优点是显而易见的，它可以找到多个端口从而找到更多的漏洞，也可以找到许多网管刻意更换的端口。而专一端口扫描器则只对某一个特定端口进行扫描，并给出这一端口非常具体的内容，一般特定端口都是非常常见的端口，如 21、23、80、139。

根据向用户提供的扫描结果可以分为只扫开关状态和扫描漏洞两种扫描器。前者一般只能扫描出对方指定的端口是"开"还是"关"，没有别的信息。这种扫描器一般作用不是太大，比如，非熟知端口即使知道开或关，但由于不知道提供什么服务而没太大的用途。而扫描漏洞扫描器一般除了告诉用户某一端口状态外，还可以得出对方服务器版本、用户、漏洞。

根据所采用的技术可以分为一般扫描器和特殊扫描器。一般扫描器在编制过程中通过常规的系统调用完成对系统扫描，这种扫描器只是网络管理员使用，因为这种扫描器在扫描过程中会花费很长时间，无法通过防火墙，在被扫描机器的日志上留下大量被扫描的信息。而特殊扫描器则通过一些未公开的函数、系统设计漏洞或非正常调用产生一些特殊信息，这些信息使系统某些功能无法生效，但最后却使扫描程序得到正常的结果，这种系统一般主要是黑客编制的。

如果按照扫描目的来分类，那么端口扫描器和漏洞扫描器就是不同的两种了。端口只是单纯地用来扫描目标计算机开放的服务端口及与端口有关的信息。常见的端口扫描器有NMAP、PORTSCAN等。这类扫描器并不能给出直接可以利用的漏洞，而是给出与突破系统相关的信息，这些信息对于普通人来说可能丝毫不会对安全造成威胁，但是一旦被高手利用，就可能成为突破系统所必需的关键信息了。

与端口扫描器相比，漏洞扫描器更为直接，它检查扫描目标中可能包含大量已知的漏洞，如果发现潜在的漏洞可能性，就报告给扫描者。这种扫描器的威胁性极大，因为黑客可以利用扫描到的结果直接进行攻击。当然，它也并不能直接告知如何利用这些漏洞，还需要使用者根据自己的经验和具体情况进行分析。

许多初学者认为，既然漏洞扫描器可以直接给出漏洞，那它的作用一定比端口扫描器大得多。其实不然，漏洞扫描器虽然可以给出潜在的漏洞，但这些漏洞一般用手工方法也可以检测到，使用漏洞扫描器只是为了提高效率。而端口扫描器能够给出系统的基本信息，一个有经验的攻击者或管理员只要看到端口扫描信息，就可以马上判断出潜在的漏洞，无需再使用漏洞扫描器进行扫描。

6.1.3　端口扫描技术

1. TCP connect() 扫描

TCP connect() 也称为"TCP 全连接扫描"，是最基本的 TCP 扫描，操作系统提供的connect() 系统调用可以用来与每一个感兴趣的目标计算机的端口进行连接。如果端口处于侦听状态，那么 connect() 就能成功；否则，这个端口是不能用的，即没有提供服务。这一技术的最大优点是，不需要任何权限。系统中的任何用户都有权利使用这个调用。另一个好处就是速度，如果对每个目标端口以线性的方式，使用单独的 connect() 调用，那么将会花费相当长的时间，使用者可以通过同时打开多个套接字来加速扫描。使用非阻塞 I/O 允许设置一个低的时间用尽周期，同时观察多个套接字。但这种方法的缺点是很容易被察觉，并且被防火墙将扫描信息包过滤掉。目标计算机的 logs 文件会显示一连串的连接和连接出错消息，并且能很快使它关闭。

2. TCP SYN 扫描

这种技术通常认为是"半开放"扫描，这是因为扫描程序不必打开一个完全的 TCP 连接。

扫描程序发送的是一个 SYN 数据包，好像准备打开一个实际的连接并等待反应一样（参考 TCP 的三次握手建立一个 TCP 连接的过程）。一个 SYN|ACK 的返回信息表示端口处于侦听状态：返回 RST 表示端口没有处于侦听状态。如果收到一个 SYN|ACK，则扫描程序必须再发送一个 RST 信号，来关闭这个连接过程。这种扫描技术的优点在于一般不会在目标计算机上留下记录，但这种方法的缺点是必须要有 root 权限才能建立自己的 SYN 数据包。

3．TCP FIN 扫描

SYN 扫描虽然是"半开放"式扫描，但在某些时候也不能完全隐藏扫描者的动作，防火墙和包过滤器会对管理员指定的端口进行监视，有的程序能检测到这些扫描。相反，FIN 数据包在扫描过程中却不会遇到过多问题，这种扫描方法的思想是关闭的端口会用适当的 RST 来回复 FIN 数据包。另外，打开的端口会忽略对 FIN 数据包的回复。这种方法和系统的实现有一定的关系，有的系统不管端口是否打开都会回复 RST，在这种情况下此种扫描就不适用了。另外，这种扫描方法可以非常容易地区分服务器是运行 UNIX 系统还是 NT 系统。

4．IP 段扫描

这种扫描方式并不是新技术，它并不是直接发送 TCP 探测数据包，而是将数据包分成两个较小的 IP 段。这样就将一个 TCP 头分成好几个数据包，从而过滤器就很难探测到。但必须小心，一些程序在处理这些小数据包时会有些麻烦。

5．TCP 反向 IDENT 扫描

IDENT 协议允许（RFC 1413）看到通过 TCP 连接的任何进程的拥有者的用户名，即使这个连接不是由这个进程开始的。例如，扫描者可以连接到 HTTP 端口，然后用 IDENT 来发现服务器是否正在以 root 权限运行。这种方法只能在和目标端口建立了一个完整的 TCP 连接后才能看到。

6．FTP 返回攻击

FTP 协议的一个特点是它支持代理（Proxy）FTP 连接，即入侵者可以从自己的计算机 self.com 和目标主机 target.com 的 FTP Server-PI（协议解释器）连接，建立一个控制通信连接。然后请求这个 Server-PI 激活一个有效的 Server-DTP（数据传输进程）来给 Internet 上任何地方发送文件。对于一个 User-DTP，尽管 RFC 明确地定义请求一个服务器发送文件到另一个服务器是可以的，但现在这个方法并不是非常有效。这个协议的缺点是能用来发送不能跟踪的邮件和新闻，给许多服务器造成打击，用尽磁盘，企图越过防火墙。

7．UDP ICMP 端口不能到达扫描

这种方法与上面几种方法的不同之处在于使用的是 UDP 协议，而非 TCP/IP 协议。由于 UDP 协议很简单，所以扫描变得相对比较困难。这是由于打开的端口对扫描探测并不发送确

认信息，关闭的端口也并不需要发送一个错误数据包。幸运的是，许多主机在向一个未打开的 UDP 端口发送数据包时，会返回一个 ICMP_PORT_UNREACH 错误，这样扫描者就能知道哪个端口是关闭的。UDP 和 ICMP 错误都不保证能到达，因此这种扫描器必须还实现在一个包看上去是丢失的时候能重新传输。这种扫描方法是很慢的，因为 RFC 对 ICMP 错误消息的产生速率做了规定。同样，这种扫描方法也需要具有 root 权限。

8. UDP recvfrom() 和 write() 扫描

当非 root 用户不能直接读到端口不能到达错误时，Linux 能间接地在它们到达时通知用户。比如，对一个关闭的端口的第二个 write() 调用将失败。在非阻塞的 UDP 套接字上调用 recvfrom() 时，如果 ICMP 出错还没有到达时会返回 EAGAIN- 重试。如果 ICMP 到达时，返回 ECONNREFUSED- 连接被拒绝。这就是用来查看端口是否打开的技术。

9. ICMP echo 扫描

其实这并不是真正意义上的扫描，但有时的确可以通过支持 Ping 命令，判断在一个网络上主机是否开机。Ping 是最常用的，也是最简单的探测手段，用来判断目标是否活动。实际上 Ping 是向目标发送一个回显（Type = 8）的 ICMP 数据包，当主机得到请求后，再返回一个回显（Type = 0）的数据包。而且 Ping 程序一般是直接实现在系统内核中的，而不是一个用户进程，更加不易被发现。

10. 高级 ICMP 扫描技术

Ping 是利用 ICMP 协议实现的，高级的 ICMP 扫描技术主要利用 ICMP 协议最基本的用途——报错。根据网络协议，如果接收到的数据包协议项出现了错误，那么接收端将产生一个 Destination Unreachable（目标主机不可达）ICMP 的错误报文。这些错误报文不是主动发送的，而是由于错误根据协议自动产生的。

当 IP 数据包出现 Checksum（校验和）和版本错误的时候，目标主机将抛弃这个数据包；如果是 Checksum 出现错误，那么路由器就直接丢弃这个数据包。有些主机如 AIX、HP/UX 等，是不会发送 ICMP 的 Unreachable 数据包的。

例如，可以向目标主机发送一个只有 IP 头的 IP 数据包，此时目标主机将返回 "Destination Unreachable" 的 ICMP 错误报文。如果向目标主机发送一个坏 IP 数据包，比如不正确的 IP 头长度，目标主机将返回 "Parameter Problem"（参数有问题）的 ICMP 错误报文。

【注意】

如果是在目标主机前有一个防火墙或一个其他的过滤装置，可能过滤掉提出的要求，从而接收不到任何回应。这时可以使用一个非常大的协议数字作为 IP 头部的协议内容，而且这个协议数字至少在今天还没有被使用，主机一定会返回 Unreachable；如果没有 Unreachable 的 ICMP 数据包则返回错误提示。

6.2 常用扫描器

黑客扫描工具用来扫描网络中可能存在漏洞的计算机,为黑客攻击做好铺垫。常见的网络扫描工具有 X-Scan 扫描器、Superscan 扫描器、Namp、NetBrute 等。下面就对扫描器进行简单介绍。

6.2.1 X-Scan 扫描器

X-Scan 是一款可对局域网中目标计算机的端口状态、操作系统相关信息等进行扫描的软件。它采用多线程方式对指定 IP 地址段(或单机)进行安全漏洞检测,支持插件功能,提供了图形界面和命令行两种操作方式,扫描内容包括:远程操作系统类型及版本,标准端口状态及端口 BANNER 信息,CGI 漏洞,IIS 漏洞,RPC 漏洞,SQL-Server、FTP-Server、SMTP-Server、POP3-Server、NT-Server 弱口令用户,NT 服务器 NETBIOS 信息等。使用 X-Scan 扫描器可将扫描报告和安全焦点网站项连接,对扫描到的每个漏洞进行"风险等级"评估,并提供漏洞描述、漏洞溢出程序,方便用户进行网管测试、修补漏洞。

使用 X-Scan 扫描器扫描目标计算机的漏洞,具体操作步骤如下。

(1)启动 X-Scan 程序,在窗口上方的菜单栏中选择"设置"/"扫描参数"命令,如图 6-1 所示。

(2)打开"扫描参数"对话框,在左侧窗格中选择"检查范围"选项,在右侧窗格的"指定 IP 范围"下的文本框内输入要扫描的 IP 地址范围,如图 6-2 所示。如果不知道输入格式,可以单击"示例"按钮。

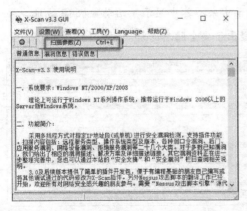

图 6-1

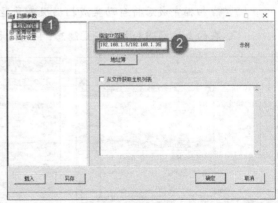

图 6-2

(3)查看示例格式,了解有效输入格式后单击"确定"按钮,如图 6-3 所示。

(4)返回"扫描参数"对话框,还可通过勾选"从文件获取主机列表"复选框,从存储有 IP 地址的文本文件中读取待检测的主机地址，如图 6-4 所示。

【提示】

读取 IP 地址的文本文件中，每一行可包含独立 IP 或域名 37，也可以包含以 "-" 和 ","
分隔的 IP 范围。

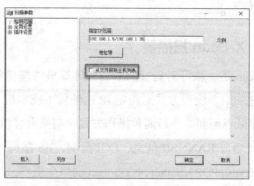

图 6-3   图 6-4

（5）在 IP 地址输入完毕后，可以发现扫描结束后自动生成的"报告文件"项中的文件
名也在发生相应的变化。通常这个文件名不必手工修改，只需记住这个文件将会保
存在 X-Scan 目录的 LOG 目录下。设置完毕后单击"确定"按钮，即可关闭对话框。

（6）设置好扫描参数之后，就可以开始扫描了。单击 X-Scan 工具栏上的"开始扫描"
按钮 ，即可按设置条件进行扫描，同时显示扫描进程和扫描所得到的信息（可
通过单击右下方窗格中的"普通信息""漏洞信息"及"错误信息"选项卡，查
看所得到的相关信息），如图 6-5 所示。

（7）在扫描完成后将自动生成扫描报告并显示出来，其中显示了活动主机 IP 地址、存
在的系统漏洞和其他安全隐患，同时还提出了安全隐患的解决方案，如图 6-6 所示。

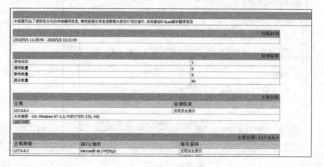

图 6-5   图 6-6

（8）X-Scan 扫描工具不仅可扫描目标计算机的开放端口及存在的安全隐患，而且还具
有目标计算机物理地址查询、检测本地计算机网络信息和 Ping 目标计算机等功能，

单击窗口中的"工具"菜单项,可以在打开的下拉菜单中看到 X-Scan 的其他功能,如图 6-7 所示。

(9)当所有选项都设置完毕之后,如果想将来还使用相同的设置进行扫描,则可以对这次的设置进行保存。在"扫描参数"对话框中单击"另存"按钮,可将自己的设置保存到系统中。当再次使用时只需单击"载入"按钮,选择已保存的文件即可,如图 6-8 所示。

图 6-7

图 6-8

X-Scan 在默认状态下效果往往不会发挥到最佳状态,这时就需要进行一些高级设置来让 X-Scan 变得强大起来。高级设置需要根据实际情况来做出相应的设定;否则 X-Scan 也许会因为一些"高级设置"而变得脆弱不堪。

(10)单击展开左侧窗格中的"全局设置"选项,在打开的隐藏菜单中选择"扫描模块"选项,然后在右侧窗格中勾选要进行扫描选项前的复选框,如图 6-9 所示。

(11)在左侧窗格中选择"并发扫描"选项,在右侧窗格中将"最大并发主机数量"和"最大并发线程数量"分别设置为"10"和"100",如图 6-10 所示。

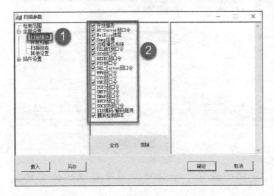

图 6-9

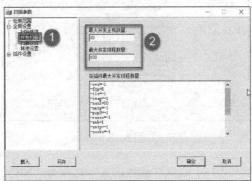

图 6-10

（12）在左侧窗格中选择"扫描报告"选项，在右侧窗格中单击"报告文件"类型的下拉列表框，将报告文件类型设置为"TXT"，然后勾选"保存主机列表"和"扫描完成后自动生成并显示报告"复选框，如图6-11所示。

（13）在左侧窗格中选择"其他设置"选项，在右侧窗格中选中"跳过没有响应的主机"单选钮，然后勾选"跳过没有检测到开放端口的主机""使用NMAP判断远程操作系统"和"显示详细进度"复选框，单击"确定"按钮，如图6-12所示。

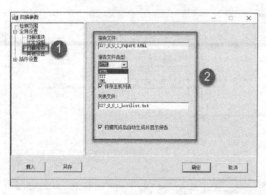
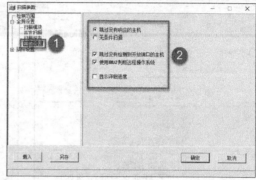

图6-11　　　　　　　　　　　　　　　　图6-12

（14）单击展开"插件设置"选项并选取"端口相关设置"子选项，即可扫描端口范围及检测方式。若要扫描某主机的所有端口，可在"待检测端口"文本框中输入"1 ~ 65535"，如图6-13所示。

（15）在"插件设置"选项中选取"SNMP相关设置"子选项，用户可以选取在扫描时获取SNMP信息的内容，如图6-14所示。

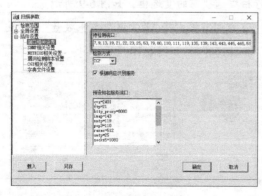
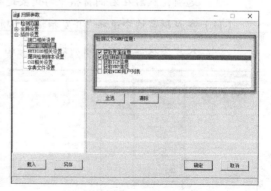

图6-13　　　　　　　　　　　　　　　　图6-14

（16）选取"插件设置"选项的"NETBIOS相关设置"子选项，用户可以选择需要获取的NETBIOS信息，如图6-15所示。

（17）选取"插件设置"选项下的"漏洞检测脚本设置"子选项，在显示窗口中取消勾选"全选"复选框，单击"选择脚本"按钮，即可选择扫描时需要加载的漏洞检测脚本，如图 6-16 所示。

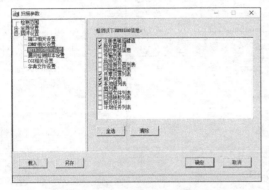 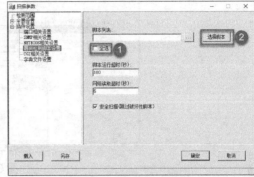

图 6-15   图 6-16

（18）在"插件设置"选项下选择"CGI 相关设置"子选项，即可选择扫描时需要使用的 CGI 选项，如图 6-17 所示。

（19）在"字典文件设置"选项中可选择需要的破解字典文件，双击即可打开文件列表。在设置好所有选项之后，单击"确定"按钮，即可完成扫描参数的设置，如图 6-18 所示。

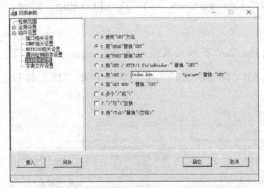 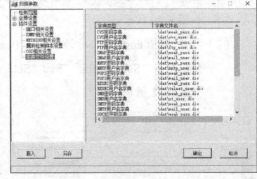

图 6-17   图 6-18

（20）返回 X-Scan 扫描器的主界面，在工具栏中单击"开始扫描"按钮，软件将加载设置的检测脚本，完成后将对目标主机进行检测，并显示检测的信息和检测进度，如图 6-19 所示。

（21）检测完成后，软件会自动打开生成的 TXT 文件，在其中可查看开放的端口列表、风险程度及解决方案等信息，黑客可根据生成的报告对相应的主机进行针对性攻击。

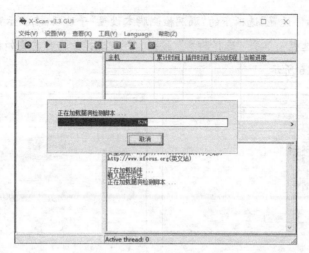

图 6-19

6.2.2　SupersScan 扫描器

SuperScan 扫描器是一款功能强大的端口扫描工具，使用它可以通过 Ping 来检测 IP 是否在线，实现 IP 和域名相互转换，检测目标计算机提供的服务类别，检验一定范围内目标计算机是否在线和端口情况，自定义要检测的端口，并可以保存为端口列表文件等。

使用 SuperScan 扫描器扫描目标计算机的具体操作步骤如下。

（1）启动 SuperScan 程序，单击窗口右上方 Configuration 下的 "Port list setup" 按钮，如图 6-20 所示。

（2）打开 "Edit Port List" 对话框，在 "Port list file" 下拉列表框中选择 "scanner.lst" 选项，然后单击 "Select ports" 下的 "Select All" 按钮，选择所有端口，单击 "OK" 按钮，如图 6-21 所示。

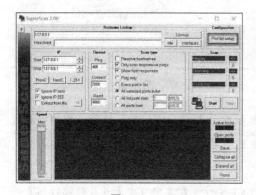

图 6-20

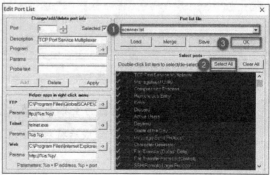

图 6-21

（3）然后软件会弹出一个对话框，单击"否"按钮，不保存对端口列表的修改，如图 6-22 所示。

（4）返回 SuperScan 的主界面，在 IP 栏的起始数值框中输入要扫描的 IP 范围，如在"Start"文本框中输入"192.168.1.1"，在"Stop"文本框中输入"192.168.1.30"，在"Scan type"选项组中选中"All selected ports in list"单选钮，单击"Start"按钮，如图 6-23 所示。

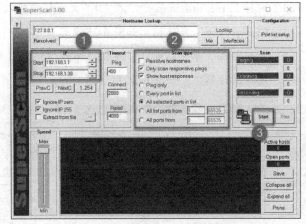

图 6-22   图 6-23

（5）软件开始进行扫描，并在下方的蓝色文本框中显示扫描到的活动主机及解析后的域名，在右侧的"Active hosts"和"Open ports"中将显示扫描到的数量，单击"Expand all"按钮即可查看端口的详细信息，如图 6-24 所示。

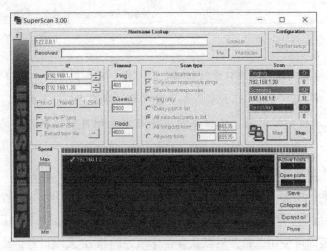

图 6-24

6.2.3 FreePortScanner 与 ScanPort

1. FreePortScanner（自由端口扫描器）

FreePortScanner 是一款小巧、高速、使用简单的免费端口扫描工具，用户可以快速扫描全部端口，也可以指定扫描范围。自由端口扫描器使用 TCP 数据包来确定可用的主机和打开的端口、与端口相关的服务和其他重要特性。该工具设计有一个友好的用户界面，易于使用。使用 FreePortScanner 进行端口扫描的具体操作步骤如下。

（1）运行"FreePortScanner"，在"IP"文本框中输入目标主机的 IP 地址，再勾选"Show Closed Ports"复选框，如图 6-25 所示。

（2）开始扫描，单击"Scan"按钮，即可扫描到目标主机的全部端口，其中绿色标记是开放的端口，如图 6-26 所示。

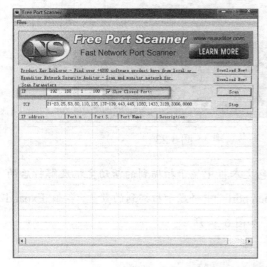

图 6-25

图 6-26

（3）只对目标主机开启的端口进行扫描，在"IP"文本框中输入要扫描的"IP"地址之后，取消勾选"Show Closed Ports"复选框，单击"Scan"按钮，在扫描完毕之后，即可显示出扫描结果，从扫描结果中可以看到目标主机开启的端口，如图 6-27 所示。

2. ScanPort（扫描端口）

ScanPort 软件不但可以用于网络扫描，同时还可以探测指定 IP 及端口，速度比传统软件快，且支持用户自设 IP 端口又增加了其灵活性。它是一个小巧的网络端口扫描工具，并且是绿色版不用安装即可使用，打开后默认会帮你填好起始 IP 及端口号，结束 IP 可以自己根据需求填写，然后扫描即可。具体的使用方法如下。

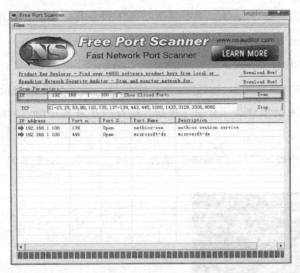

图 6-27

（1）打开"ScanPort"主窗口，设置起始 IP 地址、结束 IP 地址及要扫描的端口号。单击"扫描"按钮，如图 6-28 所示。

（2）查看扫描结果，开始进行扫描，从扫描结果中可以看出 IP 地址段中计算机开启的端口，如图 6-29 所示。

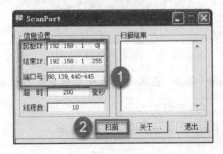

图 6-28

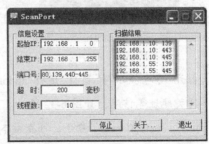

图 6-29

6.3 扫描器确定目标

通过踩点与侦察，可以锁定一些大致的目标范围，要想具体到某台远程主机，还需要经过一番操作才能确定扫描目标。

6.3.1 确定目标主机 IP 地址

只有设置好网关的 IP 地址，TCP/IP 协议才能实现不同网络之间的相互通信。网关 IP 地址是具有路由功能的设备 IP 地址，具有路由功能的设备有路由器、启用了路由协议的服务器（实质上相当于一台路由器）、代理服务器（也相当于一台路由器）。

1. 获取本机 IP 地址

只要计算机连接到互联网上，就会有一个 IP 地址，查询本机 IP 地址的方法如下。

（1）在计算机左下角右击"开始"按钮，选择快捷菜单中的"运行"命令，如图 6-30 所示。

（2）在文本框中输入"cmd"命令，单击"确定"按钮，如图 6-31 所示。

图 6-30

图 6-31

（3）打开"命令提示符"窗口，运行"ipconfig"命令，在运行结果中可以看到本机 IP 地址、网关地址等信息，如图 6-32 所示。

（4）运行"netstat –n"命令，可查看本机的 IP 地址，如图 6-33 所示。

图 6-32   图 6-33

（5）使用 ping 命令查看网站的 IP 地址信息。在"命令提示符"窗口中运行"ping www.baidu.com"命令，即可查看百度网站对应的 IP 地址，如图 6-34 所示。

（6）使用 nslookup 命令查看网站的详细信息。在"命令提示符"窗口中运行"nslookup www.qq.com"命令，即可查看腾讯网详细信息，如图 6-35 所示。

图 6-34

图 6-35

【提示】

用"nslookup"命令查看网站的详细信息时，第 1 个 Address 中 IP 地址是本机所在域的 DNS 服务器，第 2 个 Address 是 www.qq.com 所使用的 Web 服务器群的 IP 地址。

2. 获取 Internet 中其他计算机的 IP 地址

若要获取 Internet 中其他计算机的 IP 地址，则首先需要与目标计算机建立通信，然后再利用 netstat -n 命令查看目标计算机的 IP 地址。这里以 QQ 为例介绍获取 Internet 中其他计算机 IP 地址的操作方法。

（1）启动 QQ 程序，输入账号和密码，单击"登录"按钮，如图 6-36 所示。

（2）打开 QQ 主界面，选择要聊天的好友，双击其头像图标，如图 6-37 所示。

图 6-36

图 6-37

（3）在聊天窗口中与对方进行通信交流，直到对方回复消息即可，如图 6-38 所示。

【提示】

　　对方必须在计算机上登录 QQ（在使用 QQ 与对方通话时，最好选择利用计算机登录的 QQ，尽量不要选择利用手机或平板电脑来登录的 QQ，以便于入侵攻击）。

（4）在计算机左下角右击"开始"按钮，选择快捷菜单中的"运行"命令，在文本框中输入"cmd"命令，单击"确定"按钮，如图 6-39 所示。

图 6-38

图 6-39

（5）输入"netstat–n"命令后按回车键，可查看 ESTABLISHED 状态对应的外部 IP 地址，该地址为目标主机的 IP 地址，如图 6-40 所示。

图 6-40

【提示】

　　当计算机中拥有多个处于 ESTABLISHED 状态的连接时，则需要学会利用端口查看目标主机的 IP 地址，由于 QQ 通信通常是采用 80 或 8080 号端口进行通信，当"外部地址"一栏中显示了 80 或 8080 字样时，则该地址就是查找的目标 IP 地址。

3. 获取指定网站的 IP 地址

获取指定网站 IP 地址的方法比较简单，只需使用"PING+ 网站网址"命令即可实现，但是在使用该命令之前，必须确保计算机已成功连接 Internet，这里以人民邮电出版社网站（www.ptpress.com.cn）为例，介绍获取该网站 IP 地址的操作方法。

（1）在计算机左下角右击"开始"按钮，在弹出的快捷菜单中选择"运行"命令，在文本框中输入"cmd"命令，单击"确定"按钮，如图 6-41 所示。

（2）输入 ping www.ptpress.com.cn 后按回车键，则可看见该网站的 IP 地址——59.110.9.128，如图 6-42 所示。

图 6-41

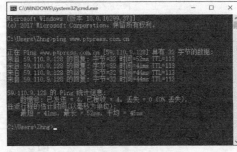

图 6-42

6.3.2 了解网站备案信息

在 Internet 中，任何一个网站在正式发布之前都需要向有关机构申请域名，申请到的域名信息将会保存在域名管理机构的数据库服务器中，并且域名信息常常是公开的，任何人都可以对其进行查询，这些信息统称为网站的备案信息，这些信息对于黑客来说就是有用的信息，利用这些信息可以了解该网站的相关信息，以确定入侵攻击的方式和入侵点。

（1）启动浏览器，在地址栏中输入 http://www.sina.com.cn/ 后按回车键，打开新浪首页，如图 6-43 所示。

（2）在页面最底部单击"经营性网站备案信息"链接，如图 6-44 所示。

图 6-43

图 6-44

（3）跳转至新的页面，此时可看见新浪网站的基本情况和网站所有者信息，如图6-45所示。

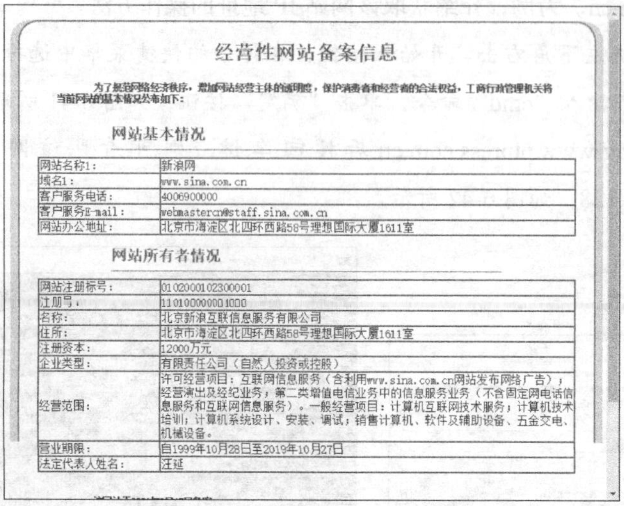

经营性网站备案信息

为了规范网络经济秩序，增加网站经营主体的透明度，保护消费者和经营者的合法权益，工商行政管理机关将当前网站的基本情况公布如下：

网站基本情况

网站名称1：	新浪网
域名1：	www.sina.com.cn
客户服务电话：	4006900000
客户服务E-mail：	webmastercn@staff.sina.com.cn
网站办公地址：	北京市海淀区北四环西路58号理想国际大厦1611室

网站所有者情况

网站注册标号：	0102000102300001
注册号：	110100000001000
名称：	北京新浪互联信息服务有限公司
住所：	北京市海淀区北四环西路58号理想国际大厦1611室
注册资本：	12000万元
企业类型：	有限责任公司（自然人投资或控股）
经营范围：	许可经营项目：互联网信息服务（含利用www.sina.com.cn网站发布网络广告）；经营演出及经纪业务；第二类增值电信业务中的信息服务业务（不含固定网电话信息服务和互联网信息服务）。一般经营项目：计算机互联网技术服务；计算机技术培训；计算机系统设计、安装、调试；销售计算机、软件及辅助设备、五金交电、机械设备。
营业期限：	自1999年10月28日至2019年10月27日
法定代表人姓名：	汪延

图6-45

【提示】

网站所有者信息：在新浪网所有者信息中，除注册标号、注册号、名称和住所外，还包括注册资本、企业类型、经营范围、营业期限和法定代表人姓名。

6.3.3 确定可能开放的端口和服务

在默认情况下，有很多不安全或没有作用的端口是开启的，如Telnet服务的23端口、FTP服务的21端口、SMTP服务的25端口等。攻击者可以使用扫描工具对目标主机进行扫描，可以获得目标计算机打开的端口情况，还可了解目标计算机提供了哪些服务。

在“命令提示符”窗口中输入“netstat -a -n”命令，即可查看本机开启的端口，在运行结果中可以看到以数字形式显示的TCP（见图6-46）和UDP（见图6-47）连接的端口号及其状态。

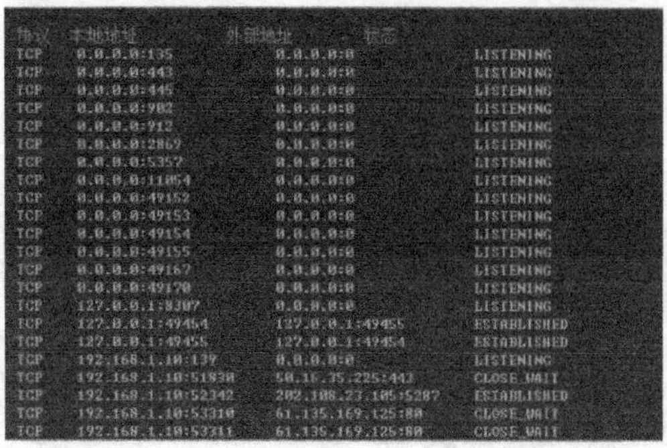

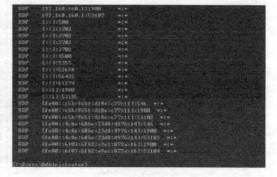

图6-46

图6-47

6.4 认识嗅探器

在向内网入侵渗透时，经常会用到嗅探手法，也就是利用嗅探器（Sniffer）来截获网络上传输的密码。嗅探器是一种威胁性极大的被动攻击工具。使用这种工具，可以监视网络的状态、数据流动情况及网络上传输的信息。当信息以明文的形式在网络上传输时，便可以用网络监听的方式来进行攻击、截取信息包。

6.4.1 嗅探器的定义

嗅探器，英文名为 Sniffer。多数黑客入侵成功并植入后门后的第一件事情就是选择一个适合当前网络的嗅探器，以获得更多的受侵者信息。嗅探器是一种基于被动侦听原理的网络分类方式，使用这种技术方式，可以监视网络的状态、数据流动情况及网络上传输的信息。Sniffer 软件是 NAI 公司推出的一款一流的便携式网管和应用故障诊断分析软件，不管是在有线网络还是在无线网络中，它都具有实时的网络监视、数据包捕获及故障诊断分析的能力。对于在现场进行快速的网络和应用问题故障诊断，基于便携式软件的解决方案具备最高的性价比，能够让用户获得强大的网管和应用故障诊断功能。ISS 为 Sniffer 这样定义：Sniffer 是利用计算机的网络接口截获其他计算机的数据报文的一种工具。

嗅探器是一把双面刀，如果到了黑客的手里，嗅探器能够捕获计算机用户因为疏忽而带来的漏洞，成为一个危险的网络间谍。但如果到了系统管理员的手里，则能帮助用户监控异常网络流量，从而更好地管理网络。

6.4.2 嗅探器的环境配置

硬件环境：Sniffer Pro 4.75 仅支持 10M、100M、10/100M 网卡，对于千兆网卡，需要安装 SP5 补丁或 4.8 及更高的版本。

软件环境：操作系统 Windows 2003 Server 企业标准版（Sniffer Pro 4.5 及以上版本均支持 Windows 2000、Windows XP、Windows 2003）。

如果需要监控全网流量，安装有 Sniffer Portable 4.7.5 的终端计算机，网卡接入端需要位于主交换镜像端口位置。

6.4.3 嗅探器的组成

嗅探器通常由以下 4 部分组成。

（1）网络硬件设备。

（2）监听驱动程序。截获数据流，进行过滤并把数据存入缓冲区。

（3）实时分析程序。实时分析数据帧中所包含的数据，目的是发现网络性能问题和故障。与入侵检测系统不同之处在于，它侧重网络性能和故障方面的问题，而不是侧重发现黑客行为。

（4）解码程序。将接收到的加密数据进行解密，构造自己的加密数据包，并把它发送到网络中。

6.4.4　嗅探器的特点

（1）可以解码至少 450 种协议。除了 IP、IPX 和其他一些"标准"协议外，Sniffer Pro 还可以解码分析很多由厂商自己开发或使用的专门协议。

（2）支持主要的局域网（LAN）、城域网（WAN）等网络技术。

（3）提供在位和字节水平上过滤数据包的能力。

（4）提供对网络问题的高级分析和诊断，并推荐应该采取的正确措施。

（5）可以离线捕获数据，如捕获帧。因为帧通常都是用 8 位的分界数组来校准，所以 Sniffer Pro 只能以字节为单位捕获数据。但过滤器在位或字节水平都可以定义。

6.4.5　嗅探器的功能

嗅探器的正当用处主要是分析网络的流量，以便找出所关心的网络中潜在的问题。例如，假设网络的某一段运行得不是很好，报文的发送比较慢，而又不知道问题出在什么地方，这时就可以用嗅探器来作出精确的问题判断。此外，还有其他一些功能：利用专家分析系统诊断问题、实时监控网络活动、收集网络利用率和错误等。在进行流量捕获之前首先选择网络适配器，确定从计算机的哪个网络适配器上接收数据。

6.4.6　嗅探器的危害

最普通的安全威胁来自内部，同时这些威胁通常都是致命的，其破坏性也远大于外部威胁。网络嗅探对于安全防护一般的网络来说，操作简单的同时威胁巨大，很多黑客也使用嗅探器进行网络入侵的渗透。网络嗅探器对信息安全的威胁来自其被动性和非干扰性，使得网络嗅探具有很强的隐蔽性，往往让网络信息泄密变得不容易被发现。但是嗅探器与一般的键盘捕获程序不同，键盘捕获程序捕获在终端上输入的键值，而嗅探器捕获的则是真实的网络报文。

6.4.7　嗅探器的工作原理

计算机网络与电话电路不同，计算机网络是共享通信通道的。共享意味着计算机能够接收到发送给其他计算机的信息。以太网数据是以广播方式发送的，意即局域网内的每台计算机都在监听网内传输的数据。以太网硬件将监听到的数据帧所包含的 MAC 地址与自己的 MAC 地址比较，如果相同，则接收该帧，否则忽略它，这就是以太网的"过滤"规则。但是，如果把以太网硬件设置为"混杂模式"（Promiscuous Mode），那么它就可以接收网内的所有数据帧。嗅探器就是依据这种原理来监测网络中流动着的数据的。

6.5　嗅探器的威胁

一分为二地看嗅探器，虽然它可以用于维护网络，但也是黑客窃取信息的有效手段。而且由于嗅探器程序一般处于被动接收状态，很少向外发送数据，所以很难被发觉。使用 Telnet、rloging、HTTP、SNMP、NNTP、POP 等协议时很容易被嗅探器捕获敏感数据。它不仅可以截获用户 ID 和口令，还可以截获敏感的经济数据（如信用卡号）、私有信息（如电子邮件）和其他感兴趣的信息，而且基于入侵者可以利用的资源，一个嗅探器程序可以截获网络上所有的信息。通过直接进入通信主机或中介 ISP 并安装嗅探器软件，入侵者可以很容易地获得对线路的访问，从而监听网络数据。此外，入侵者可以实现对两台机器之间传输流的重定向（Redirect），使传输流经过自己的机器。有很多实现重定向从而嗅探数据的方法，举例如下。

1. ARP 重定向

假设主机 A 要向主机 B 发送数据，则 A 发送 ARP 请求给 B，以获得 B 的 MAC 地址。A 发送的 ARP 包不仅包含 B 的 IP 与 MAC 地址绑定，也包含 A 自身的绑定。而且这个 ARP 包是以广播方式发送的，所以局域网内所有机器都可以看到这个绑定。那么入侵者可以发送一个 ARP 包，宣称自己是路由器，或者假冒其他人，从而实现重定向。

2. ICMP 重定向

很多操作系统支持 ICMP 重定向。一个典型的例子就是同一物理网段包括两个逻辑子网 L1 和 L2。L1 内的主机 A 与 L2 内的主机 B 通信，但是双方都不知道对方和自己位于同一网段。当 A 发送一个包给 B，那么这个包首先被发送到路由器。路由器发送 ICMP 重定向消息，告诉 A 可以直接与 B 通信。那么入侵者 C 就可以向 A 发送一个重定向包，让 A 把传递给 B 的包传给 C。

3. ICMP 路由广播

这种包通知主机路由器信息，那么入侵者可以构造特殊的包，声称自己是路由器，从而达到重定向的目的。

6.6　常用嗅探器

嗅探工具是指能够嗅探局域网中数据包的工具，嗅探就是窃听局域网中流经的所有数据包。通过窃听并分析这些数据包，从而偷窥局域网中他人的隐私信息。常见的嗅探工具有网络嗅探器、Iris 嗅探器、Sniffer Pro、艾菲尔网页侦探等。

6.6.1　网络嗅探器

网络嗅探器又称影音嗅探器，它不仅是影音嗅探专家，而且还是一款优秀的网络抓包工具。它使用 Winpcap 开放包读取流过网卡的数据，并对其进行智能分析和过滤，快速找到需要的网络信息，软件智能化程度高，使用起来方便快捷。

使用网络嗅探器嗅探网络信息的具体操作步骤如下。

（1）启动网络嗅探器，首次运行会弹出"Information"对话框，提示设置网络适配器，单击"OK"按钮，如图 6-48 所示。

（2）打开"设置"对话框，系统会测试网络配置是否可用，如图 6-49 所示。

图 6-48

图 6-49

（3）如果本机的网络适配器符合测试要求，即可看到该提示信息，单击"OK"按钮，如图 6-50 所示。

（4）返回"设置"对话框，可以看到可用的网络适配器被选中，单击"确定"按钮，即可完成对网络适配器的设置，如图 6-51 所示。

（5）返回程序主界面，单击"开始嗅探"按钮，如图 6-52 所示。

图 6-50   图 6-51

（6）程序开始嗅探，然后可以在主界面中查看嗅探到的信息。在"文件类型"列表中右击要下载的文件，从弹出的快捷菜单中选择"复制地址"命令，即可复制选中文件的下载地址，选择"列表"下的"用网际快车下载"选项，如图 6-53所示。

图 6-52   图 6-53

（7）新建任务。设置保存路径与文件名，并将刚复制的地址粘贴到"地址"栏中，单击"确定"按钮，如图 6-54 所示。

（8）用网际快车下载。开始进行下载，待下载完成后可在"文件名"后面看到有个对号，如图 6-55 所示。

【提示】

如果选择"影音传送带下载"选项或"网际快车"选项，则先要安装"影音传送带"或"网际快车"软件，才能使用软件中对应的操作方法。

（9）返回程序主界面，选择"设置"／"综合设置"命令，如图 6-56 所示。

（10）根据需要在"常规设置"选项卡中勾选相应的复选框，如图 6-57 所示。

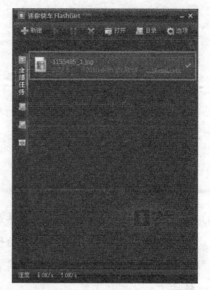

图 6-54

图 6-55

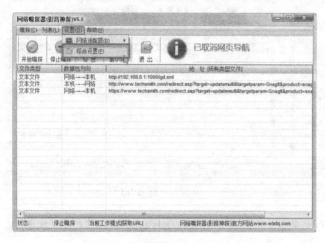

图 6-56

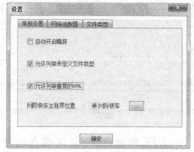

图 6-57

（11）切换至"文件类型"选项卡，设置要下载文件的类型，这里勾选所有的复选框，如图 6-58 所示。

（12）返回程序主界面，选择"列表"/"增加备注"菜单命令，如图 6-59 所示。

（13）打开"编辑备注"对话框，输入备注的名称，单击"OK"按钮，如图 6-60 所示。

（14）返回程序主窗口，在"备注"栏中就可以看到添加的备注了，如图 6-61 所示。

图 6-58

图 6-59

图 6-60   图 6-61

（15）在"数据包"列表中单击右键，在弹出的快捷菜单中选择"分类查看"/"图片文件"
命令，即可显示图片形式的数据包；如果选择"分类查看"/"文本文件"命令，
即可显示文本文件形式的数据包，如图 6-62 所示。

（16）返回程序主窗口，选择"列表"/"保存列表"命令，如图 6-63 所示。

（17）在打开的"Save file"对话框中，选择保存位置，输入文件名称，然后单击"Save"
按钮，如图 6-64 所示。

（18）选择保存文件方式，单击"Yes"按钮保存全部的地址，如图 6-65 所示。

图 6-62

图 6-63

图 6-64

图 6-65

（19）保存完毕，单击"OK"按钮，如图 6-66 所示。

图 6-66

6.6.2 IRIS 嗅探器

网络通信分析工具 IRIS 可以帮助系统管理员轻易地捕获和查看进出网络的数据包，进行分析和解码并生成多种形式的统计图表，还可以探测本机端口和网络设备的使用情况，有效地管理网络通信。尽管 IRIS 嗅探器功能强大，但它也有一个致命的弱点，黑客必须入侵一台主机才可以使用嗅探工具，因为只有在网段内部才可以有广播数据，而网络之间是不会有广播数据的，所以 Iris 嗅探器的局限性就在于只能使用在目标网段上。

使用 IRIS 对 QQ 登录密码进行嗅探的具体操作步骤如下。

（1）启动 IRIS，选择绑定网卡，然后单击"确定"按钮，如图 6-67 所示。

（2）打开 IRIS 主窗口，单击工具栏上的"开始捕获"按钮▶，如图 6-68 所示。

图 6-67

图 6-68

（3）开始捕捉所有流经的数据帧，查看捕捉结果，单击主窗口左边的"过滤器"图标，如图 6-69 所示。

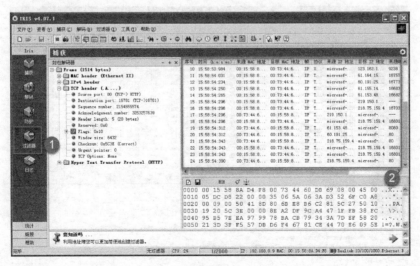

图 6-69

- 左侧的"解码"窗格用树型结构显示每个数据包的详细结构（所找到的数据包会被分解为容易理解的部分），以及数据包的每个部分所包含的数据。

- 右上角的"数据包列表"窗格显示所有流经的数据包列表（新产生的数据包自动添加到列表里）。在选中特定的数据包之后，其详细信息将会呈树型显示在"解码"窗格中。每一行数据包信息所包含的属性有数据包流经时间、源和目的 MAC 地址、帧形式、所用传输协议、源和目的 IP 地址、所用端口、确认标志及大小等。

- 右下角的"编辑数据包"窗格分左右两部分，左边显示数据包十六进制信息，右边则显示对应 ASCII 值；可以在这里编辑、修改数据包并发送出去（会自动添加到数据包列表中）。

（4）编辑过滤器设置。在没有开启 Filter 功能之前，可能捕获的是所有进出网卡的流量，为了方便查找目标，需要进行简单的过滤，包括硬件、层、关键字、端口、MAC 地址、IP 地址等的过滤，如图 6-70 所示。

（5）运行 QQ 的客户端软件，这里要捕获其登录密码，所以运行 QQ 程序进行登录。

图 6-70

QQ 登录成功后单击 IRIS 工具栏上的停止抓包按钮■，停止对数据的捕获。密码就藏在捕获的数据包中，只需单击左侧的"解码"按钮，即可对捕获的数据包进行分析和查找，如图 6-71 所示。

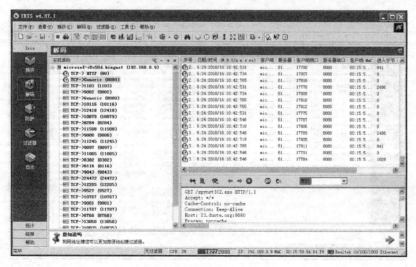

图 6-71

在左边的"主机活动"窗格中，选择按照服务类型显示的树型结构的主机传输信息。

- 在选中某个服务之后，客户机和服务器之间的会话信息就会显示在"会话列表视图"窗格中。

- 在选中某个会话记录之后，就可以在"会话数据视图"窗格里显示解码后的信息。

- 在"会话列表视图"窗格中每个会话的属性有服务器、客户机、服务器端口、客户机端口、客户机物理地址，还有服务器到客户机的数据量、客户机到服务器的数据量及总的数据量。右下角的"会话数据视图"窗格显示解码后的会话信息。

（6）打开主界面，单击工具栏上的"显示主机排名统计"按钮📊，如6-72 所示。

（7）查看主机排名，以图表形式查看与本机相连的数据量最大的 10 台主机，如图 6-73 所示。

图 6-72

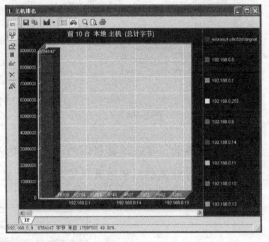

图 6-73

尽管 IRIS 嗅探器功能强大，但它也有一个致命的弱点：黑客必须侵入一台主机才可以使用该嗅探工具。因为只有在网段内部才可以有广播数据，而网络之间是不会有广播数据的，所以 IRIS 嗅探器的局限性就在于只能使用在目标网段上。

6.6.3 捕获网页内容的艾菲网页侦探

艾菲网页侦探是一个 HTTP 协议的网络嗅探器、协议捕捉器和 HTTP 文件重建工具，可以捕捉局域网内的含有 HTTP 协议的 IP 数据包并对其进行分析，找出符合过滤器的 HTTP 通信内容，可以看到网络中其他人都在浏览哪些 HTTP 协议的 IP 数据包，并对其进行分析。该工具特别适合用于企业主管对公司员工的上网情况进行监控。

使用艾菲网页侦探对网页内容进行捕获的具体操作步骤如下。

（1）运行艾菲网页侦探，选择"Sniffer"/"Filter"菜单命令，如图 6-74 所示。

（2）设置相关属性，设置缓冲区的大小、启动选项、探测文件目标、探测的计算机对象等属性，如图 6-75 所示。

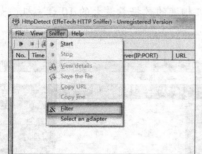

图 6-74   图 6-75

（3）返回主界面，单击工具栏上的"开始"按钮，如图 6-76 所示。

（4）捕获目标计算机浏览网页的信息，查看捕获到的信息，如图 6-77 所示。

图 6-76   图 6-77

（5）打开主界面，选中需要查看的捕获记录，则可查看其 HTTP 请求命令和应答信息，选择"Sniffer"/"View details"菜单命令，如图 6-78 所示。

（6）查看 HTTP 通信详细资料，所选记录条的详细信息，如图 6-79 所示。

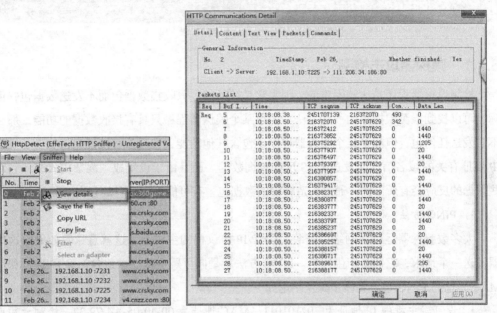

图 6-78   图 6-79

（7）查看 HTTP 请求头，查看捕获到的软件下载地址，将该地址直接添加到 FlashGet 等下载工具的网址栏中，即可下载相应程序，如图 6-80 所示。

（8）保存文件。选中需要保存的记录条，单击"保存来自选定链接的文件"按钮，可将所选记录保存到磁盘中。可通过"记事本"程序，打开该文件浏览其中的详细信息，如图 6-81 所示。

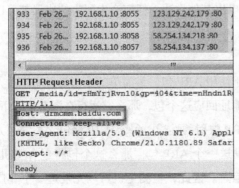

图 6-80   图 6-81

在使用艾菲网页侦探捕获下载地址时，不仅可以捕获到其引用页地址，还可以捕获到其真实的下载地址。

6.7 检测和防范嗅探器攻击

6.7.1 嗅探器攻击检测

检测嗅探器程序是比较困难的，因为它是被动的，只收集数据包而不发送数据包，但实际上可以找到检测嗅探器的一些方法。如果某个嗅探器程序只具有接收数据的功能，那么它不会发送任何包；但如果某个嗅探器程序还包含其他功能，它通常会发送包，如为了发现与IP地址有关的域名信息而发送DNS反向查询数据。而且由于设置成"混杂模式"，它对某些数据的反应会有所不同。通过构造特殊的数据包，有可能检测到它的存在。

1. PING方法

大多数嗅探器运行在网络中安装了TCP/IP协议栈的主机上。这就意味着如果向这些机器发送一个请求，它们将产生回应。PING方法就是向可疑主机发送包含正确IP地址和错误MAC地址的PING包。具体步骤及结论如下。

- 设可疑主机的IP地址为202101011，MAC地址是00-40-05-A4-79-32，检测者和可疑主机位于同一网段。
- 稍微改动可疑主机的MAC地址，假设改成00-40-05-A4-79-33。
- 向可疑主机发送一个PING包，包含它的IP和改动后的MAC地址。
- 没有运行嗅探器的主机将忽略该帧，不产生回应。如果看到回应，那么说明可疑主机确实在运行嗅探器程序。

目前针对这种检测方法，有的嗅探器程序已经增加了虚拟地址过滤功能。不过，这仍然不失为一种好的方法。而且从这种方法可以引申出其他方法：任何产生回应的协议都可以利用，如TCP、UDP等。

2. ARP方法

这种方法和PING方法类似，不同之处在于使用ARP包。最简单的方法是以非广播方式发送一个ARP包。如果某台主机以自己的IP地址回应这个包，那么它运行在混杂模式下。

这种方法的一个变体就是利用机器缓存ARP映射的性质。每个ARP都包含了发送方和目标方的完整映射信息。即主机以广播方式发送一个ARP包，那么这个包将包含主机IP-MAC地址的映射信息，其他主机将缓存这个信息。因此，检测主机可以先发送一个非广播的ARP包，再发送一个广播的PING包。那么，对检测者的PING包作出响应，而没有向检测者实施 ARP 操作的主机就是在运行嗅探器程序。为了双重保险，可以在 PING 包里使用一个不同的源 MAC 地址。

3. DNS 方法

如前所述，嗅探器程序会发送 DNS 反向查询数据，因此，可以通过检测它产生的 DNS 传输流进行判断。检测者需要监听 DNS 服务器接收到的反向域名查询数据。只要 PING 网内所有并不存在的主机，那么对这些地址进行反向查询的机器就是在查询包中所包含的 IP 地址，也就是说在运行嗅探器程序。

4. 源路径方法

这种方法在 IP 头中配置源路由信息，可以用于其他邻近网段，具体操作步骤如下。

① A 为可疑主机，B 为检测主机，C 为同一网段的另一台主机，C 不具有转发功能。

② B 发送数据给 A，设置为必须经过 C。

③ 如果能接收到数据的响应信息，那么查看 TTL 值域，如果不变，说明 A 运行嗅探器程序。

分析 B 发送给 A 的数据事实上发给 C，由于 C 不具有转发功能，所以数据不能到达 A，但是因为 A 运行了嗅探器程序，所以才能接收到数据。

5. 诱骗方法

这种方法除了用于局域网内部，还可以用于其他场合。很多协议允许明文口令，黑客可以运行嗅探器程序来窃取口令。这种方法在网络上建立一个客户端和一个服务端。客户端运行一个脚本程序，使用 Telnet、POP、IMAP 或其他协议登录到服务器。服务器配置一些没有实际权限的账户，或者就是完全虚拟的。一旦黑客窃取口令，他将试图用这些信息登录。那么标准的入侵检测系统或审计程序将记录这些信息，从而发出警告。

6. 主机方法

黑客入侵系统后，通常留下在后台运行的监听程序，从而嗅探口令和用户账号。这些程序通常内嵌在其他程序里，因此，唯一的方法就是直接查看它是否运行在混杂模式。

7. 等待时间方法

这种方法在网络中发送大量数据，这对设置在非混杂模式的机器没有影响，但是对运行嗅探器程序的机器有影响。特别是用于口令的语法分析应用层协议。只要在未发送数据之前及发送数据之后 PING 主机，对比两次的响应时间差别就可以检测。这种方法很有效，不过可能明显降低网络性能。

8. TDR（时间域反射方法）

使用这种方法，在线路上发射一个脉冲，然后用图显示反馈信息。专家可以根据图示发现是否有非法设备连接在线路上，甚至连在哪。这种方法可以检测硬件嗅探器，不过由于使用星形网络拓扑，现在已经很少使用了。

9. SNMP 监控

带 SNMP 管理的 Hub 可以自动监控 Hub。一些管理控制台甚至可以将端口连接 / 断开的所有信息记入日志。有时可以用这种方法追踪到硬件嗅探器的位置。

6.7.2　预防嗅探器攻击

应对网络嗅探，只进行被动的检查是不行的。有些攻击者会想方设法躲避你的检测。因此，还应当采取一些积极的方法来防御网络嗅探。下面分别说明在以太网和无线局域网中防御网络嗅探的方法。

1. 在以太网中防御网络嗅探的方法

在以太网中，可以使用下列方法来防御网络嗅探。

- 尽量在网络中使用交换机和路由器。虽然这种方法不能够完全杜绝被嗅探，但是，攻击者要想达到目的，也不是一件很容易的事。况且，还可以在交换机中使用静态 MAC 地址与端口绑定功能，来防止 MAC 地址欺骗。
- 对在网络中传输的数据进行加密。不管是局域网内部还是互联网传输都应该对传输的数据进行加密。现在，已经有许多提供加密功能的网络传输协议，如 SSL、SSH、IPSEC、OPENVPN 等。这样，一些网络嗅探器对这些加密了的数据就无法进行正确解码了。
- 对于 E-mail，也应该对它的内容进行加密后再传输。应用于 E-mail 加密的方法主要有数字认证与数字签名。
- 划分 VLAN（虚拟局域网）。应用 VLAN 技术，将连接到交换机上的所有主机逻辑分开。将它们之间的通信变为点到点通信方式，可以防止大部分网络嗅探器的嗅探。
- 在网络中布置入侵检测系统（IDS）或入侵防御系统（IPS），以及网络防火墙等安全设备。它们对于许多针对交换机和路由器的攻击方法，很容易就识别出来。
- 强化安全策略，加强员工安全培训和管理工作。
- 在内部关键位置布置防火墙和 IDS，防止来自内部的嗅探。
- 如果要在网络中布置网络分析器，应当保证网络分析器本身的安全，最好事先制定一个网络分析策略来规范使用。

2. 在无线局域网中防御无线网络嗅探的方法

尽管检测无线网络嗅探器有一定的难度，但还是可以使用一些方法来防御无线网络嗅探的。

这些方法有以下几种。

- 禁止 SSID 广播。
- 对数据进行加密。可以在无线访问点（AP）后再连接一个 VPN 网关，通过 VPN 强大的数据加密功能来保护无线数据传输。
- 使用 MAC 地址过滤，强制访问控制。
- 使用定向天线。
- 采取屏蔽无线信号方法，将超出使用范围的无线信号屏蔽掉。
- 使用无线嗅探软件实时监控无线局域网中无线访问点（AP）和无线客户连入情况。

第 7 章

远程控制与协作

凡事都有两面性，有利必有弊。远程控制在给我们的生活和工作带来便利的同时，也带来了安全隐患。因此学会远程控制的相关知识是很有必要的。

案例：iPhone 远程控制漏洞

随着技术的进步、经济的考虑及增加效率的潜力，已经使在家工作从幻想变成了现实。而在国内，远程办公也逐渐得到企业和上班人士的接受和欢迎。然而在享受远程办公给我们带来便利的同时，也存在着一定的危险。

根据最新报告，苹果 iPhone 存在新的漏洞，黑客利用此漏洞可远程控制 iPhone 手机。

发现此漏洞的是一个名为 Zerodium 的团队。不过，该团队并没有公布此漏洞的详情，因为他们需要将这类漏洞保密，也就是说，不会告诉苹果公司。取而代之的是，他们会将这一重大"发现"卖给其他公司来获利。

不过，据 Motherboard 网站报道，"毫无疑问，这将是一个非常有价值的漏洞，该漏洞能够让黑客攻破安全防御，入侵目标 iPhone 手机来监听电话，查看短信及获取存储在手机上的数据。"

正如我们所说，目前还不清楚黑客如何能够利用此漏洞远程控制 iPhone 手机。不过，出于安全和隐私保护考虑，希望苹果能够尽快自己寻找到漏洞，并加以修补。

7.1 认识远程控制

远程控制一般是指通过网络控制目标计算机。当黑客使用自己的计算机控制了目标计算机时，就如同坐在目标计算机的屏幕前一样，可以启动目标计算机的应用程序，可以使用或窃取目标计算机的文件资料，甚至可以利用目标计算机的外部打印设备（打印机）和通信设备（调制解调器或专线等）来进行打印和访问网络，就像利用遥控器遥控电视的音量、变换频道或开关电视机一样。

7.1.1 远程控制的发展

计算机中的远程控制技术始于 DOS 时代，只不过当时由于技术上没有什么大的变化，网络也不发达，加之市场没有更高的要求，所以远程控制技术没有引起更多人的注意。但是，随着网络的高度发展，计算机的管理及技术支持的需要，远程操作及控制技术越来越引起人们的关注。

远程控制一般支持 LAN、WAN、拨号方式及互联网等网络方式。此外，有的远程控制软件还支持通过串口、并口、红外端口来对远程机进行控制（不过这里说的远程计算机只能是有限距离范围内的计算机）。传统的远程控制软件一般使用 NETBEUI、NETBIOS、IPX/SPX、TCP 等协议来实现远程控制，不过，随着网络技术的发展，很多远程控制软件提供通过 Web 页面以 Java 技术来控制远程计算机，这样可以实现不同操作系统下的远程控制。

7.1.2　远程控制的原理

远程控制是在网络上由一台计算机（主控端 Remote/ 客户端）远距离去控制另一台计算机（被控端 Host/ 服务器端）的技术，主要通过远程控制软件实现。

远程控制软件工作原理：远程控制软件一般分为客户端程序（Client）和服务器端程序（Server）两部分，通常将客户端程序安装到主控端的计算机上，将服务器端程序安装到被控端的计算机上。使用时客户端程序向被控端计算机中的服务器端程序发出信号，建立一个特殊的远程服务，然后通过这个远程服务，使用各种远程控制功能发送远程控制命令，控制被控端计算机中的各种应用程序运行。

7.1.3　远程控制的应用

随着远程控制技术的不断发展，远程控制也被应用到教学和生活中。下面来看一下远程控制的几个常见应用方向。

1. 远程维护

计算机系统技术服务工程师或管理人员通过远程控制目标维护计算机或所需维护管理的网络系统，进行配置、安装、维护、监控与管理，解决以往服务工程师必须亲临现场才能解决的问题。大大降低了计算机应用系统的维护成本，最大限度地减少用户损失，实现高效率、低成本。

2. 远程教育

利用远程技术，商业公司可以实现和用户的远程交流，采用交互式的教学模式，通过实际操作来培训用户，使用户从技术支持专业人员那里学习示例知识变得十分容易。而教师和学生之间也可以利用这种远程控制技术实现教学问题的交流，学生可以不用见到教师，就得到教师手把手的辅导和讲授。学生还可以直接在计算机中进行习题的演算和求解，在此过程中，教师能够轻松看到学生的解题思路和步骤，并加以实时指导。

3. 远程办公

这种远程的办公方式不仅大大缓解了城市交通压力、减少了环境污染，还免去了人们上下班路上奔波的辛劳，更可以提高企业员工的工作效率和工作兴趣。

4. 远程协助

任何人都可以利用一技之长通过远程控制技术为远端计算机前的用户解决问题，如安装和配置软件、绘画、填写表单等协助用户解决问题。

7.2　远程桌面控制与协作

远程桌面采用了一种类似 Telnet 的技术，远程桌面连接组件是微软公司从 Windows 2000

Server 开始提供的，用户只需通过简单设置即可开启 Windows XP、Windows 7 和 Windows 8 系统下的远程桌面连接功能。

当某台计算机开启了远程桌面连接功能后，其他用户就可以在网络的另一端控制这台计算机了，可以在该计算机中安装软件、运行程序，所有的一切都好像是直接在该计算机上操作一样。通过该功能，网络管理员可以在家中安全地控制单位的服务器，而且由于该功能是系统内置的，所以比其他第三方远程控制工具使用更方便、更灵活。

7.2.1 Windows 系统远程桌面连接

远程桌面可让用户可靠地使用远程计算机上的所有应用程序、文件和网络资源，就如同用户本人就坐在远程计算机的面前一样，不仅如此，本地（办公室）运行的任何应用程序在用户使用远程桌面远程（家、会议室、途中）连接后仍会运行。

在 Windows 10 系统中保留了远程桌面连接功能，以实现请专家远程控制，帮助用户解决计算机的问题。如果需要实现远程桌面连接功能，可按以下操作进行设置。

（1）在小娜助手的搜索框中输入"控制面板"，单击最佳匹配里的"控制面板"图标，如图 7-1 所示。

（2）在打开的"控制面板"窗口中，单击"系统和安全"选项，如图 7-2 所示。

图 7-1

图 7-2

（3）在打开的"系统和安全"窗口中，单击"系统"选项，如图 7-3 所示。

（4）在打开的"系统"窗口中，单击左侧的"远程设置"选项，如图 7-4 所示。

图 7-3　　　　　　　　　　　　　　图 7-4

（5）在打开的"系统属性"对话框中，选中"远程桌面"选项组的"允许远程连接到
此计算机"单选钮，然后单击"选择用户"按钮，如图 7-5 所示。

【提示】

若想成功建立远程控制，则对方也要选中该单选钮。

（6）在打开的"远程桌面用户"对话框中，单击"添加"按钮，如图 7-6 所示。

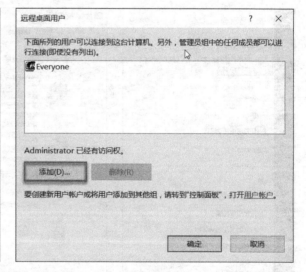

图 7-5　　　　　　　　　　　　　　图 7-6

（7）在打开的"选择用户"对话框中，在文本框中输入对象名称，单击"确定"按钮，
如图 7-7 所示。

（8）在返回的"远程桌面用户"对话框中，单击"确定"按钮，如图 7-8 所示。

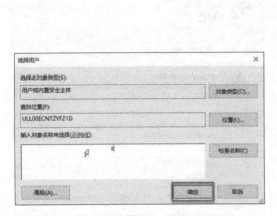

图 7-7

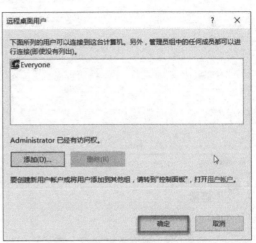

图 7-8

（9）在返回的"系统属性"对话框中，单击"确定"按钮，如图7-9所示。

（10）在小娜助手的搜索框中输入"远程桌面连接"，单击最佳匹配到的"远程桌面连接"图标，如图7-10所示。

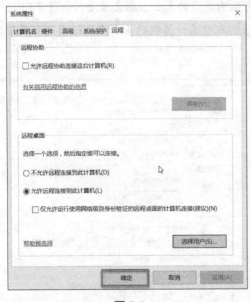

图 7-9

图 7-10

（11）在打开的"远程桌面连接"窗口中，单击左下方的"显示选项"按钮，如图7-11所示。

（12）在打开的窗口中输入计算机的IP和用户名，若用户要保存凭证，可勾选"允许我保存凭证"复选框，如图7-12所示。

图 7-12

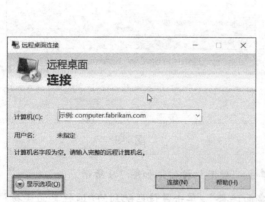

图 7-11

（13）切换到"显示"选项卡，设置远程桌面显示的大小、颜色质量，如图 7-13 所示。

（14）切换到"本地资源"选项卡，设置远程登录计算机的声音及会话中使用的设备和
资源，如图 7-14 所示。

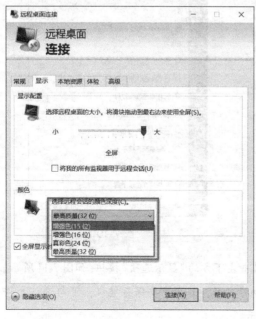

图 7-13

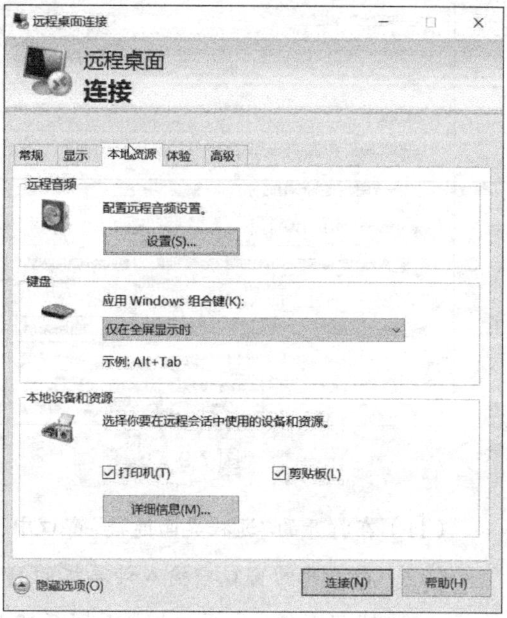

图 7-14

（15）切换到"体验"选项卡，选择远程连接的速度（建议选择局域网 <10Mitb/s 或更高），
　　　单击"连接"按钮，进行远程桌面连接，如图 7-15 所示。然后系统会提示正在连接，
　　　如图 7-16 所示。稍等片刻，计算机就可以登录到目标计算机的桌面了。

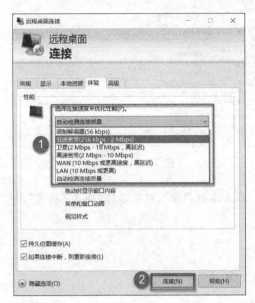
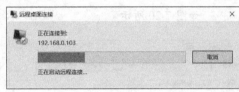

图 7-15　　　　　　　　　　　　　　　　　　　　图 7-16

【注意】

　　　登录远程计算机的用户必须设置密码，否则将不能正常使用远程桌面连接功能。另外，
　　　进行远程桌面连接时远程计算机用户将不能登录，若登录则需断开远程桌面连接。

7.2.2　Windows 系统远程关机

　　一般情况下，访问其他计算机只有 guest 用户权限，此时要执行远程关闭计算机操作，
就会出现拒绝访问的提示。为此，用户需要修改被远程关闭计算机中的 guest 用户操作权限。
具体的操作方法如下。

（1）同时按"Windows"+"R"组合键，打开"运行"对话框，在文本框中输入"gpedit.
　　　msc"命令后，按回车键，如图 7-17 所示。

（2）在打开的"本地组策略编辑器"窗口中，展开左侧的"计算机设置"下的"Windows
　　　设置"中"安全设置"下的"本地策略"选项，双击打开"用户权限分配"文件夹后，
　　　双击右侧的"从远程系统强制关机"选项，如图 7-18 所示。

（3）在打开的"从远程系统强制关机 属性"对话框中，单击"添加用户或组"按钮，
　　　如图 7-19 所示。

图 7-17　　　　　　　　　　　　　　　　　　图 7-18

（4）在打开的"选择用户或组"对话框中，在文本框内输入对象名称，单击"确定"按钮，如图 7-20 所示。

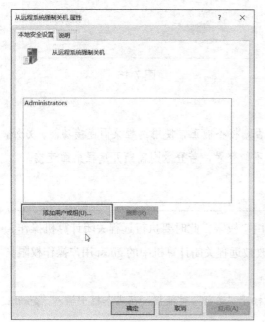

图 7-19

图 7-20

（5）然后就可以在返回的属性界面中看到新添加的用户了，单击"确定"按钮，如图 7-21 所示。

（6）同时按"Windows"＋"R"组合键，打开"运行"对话框，在文本框内输入"cmd"，单击"确定"按钮，如图 7-22 所示。

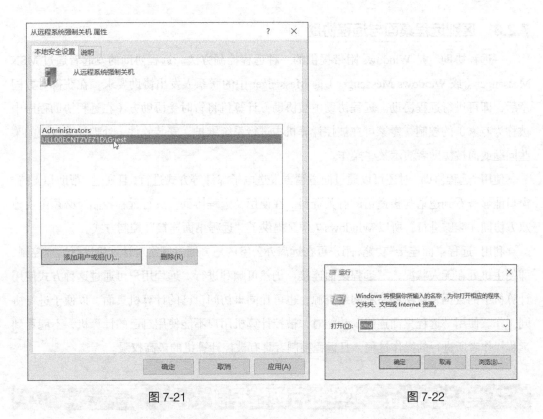

图 7-21   图 7-22

（7）在打开的"命令提示符"窗口中，输入"shutdown -s–m \\远程计算机名 -t 30"命令，
其中 30 为关闭延迟时间，如图 7-23 所示。

图 7-23

（8）被关闭的计算机屏幕上将显示"系统关机"对话框。被关闭计算机的操作员也可
输入"shutdown–a"命令中止关机任务。

7.2.3 区别远程桌面与远程协助

"远程协助"是 Windows 附带提供的一种远程控制方法。远程协助的发起者通过 MSN Messenger（或 Windows Messenger）向 Messenger 中的联系人发出协助要求，在获得对方同意后，即可进行远程协助。远程协助中被协助方计算机将暂时受协助方（在远程协助程序中被称为专家）的控制，专家可在被控计算机中进行系统维护、安装软件、处理计算机中的某些问题或向被协助者演示某些操作。

使用"远程协助"时还可以通过向邀请方发送电子邮件等方式进行，且通过"帮助和支持"窗口能够查看到邀请与被邀请的有关资料。在使用"远程协助"进行远程控制时必须出主控双方协同才能够进行，所以 Windows 7 中又提供了"远程桌面连接"控制方式。

利用"远程桌面连接"功能，用户可在远离办公室的地方通过网络对计算机进行远程控制，即使主机处在无人状况，"远程桌面连接"仍然可顺利进行。远程用户可通过这种方式使用计算机中的数据、应用程序和网络资源，也可让同事访问自己的计算机桌面，以便于进行协同工作。使用"远程桌面连接"功能时，被控计算机用户不能使用自己的计算机，不能看到远程操作者所进行的操作过程，且远程控制者具有被控计算机的最高权限。

7.3 用"任我行"软件进行远程控制

"任我行"是一款免费、绿色、小巧且拥有"正向连接"和"反向连接"功能的远程控制软件，能够让用户得心应手地控制远程主机，就像控制自己的计算机一样。该软件主要有远程屏幕监控、远程语音视频、远程文件管理、远程注册表操作、远程键盘记录、主机上线通知、远程命令控制和远程信息发送等作用。

7.3.1 配置服务端

远程控制软件一般分为客户端程序（Client）和服务器端程序（Server）两部分，通常将客户端程序安装到主控端的计算机上，将服务器端程序安装到被控端的计算机上。使用时客户端程序向被控端计算机中的服务器端程序发出信号，建立一个特殊的远程服务。通过这个远程服务，使用各种远程控制功能发送远程控制命令，控制被控端计算机中的各种应用程序运行。

配置服务端的具体操作步骤如下。

（1）运行"远程控制任我行"程序，选择"配置服务端"/"生产服务端"菜单命令，如图 7-24 所示。

（2）在打开的"选择配置类型"窗口中，单击"正向连接型"按钮，如图 7-25 所示。

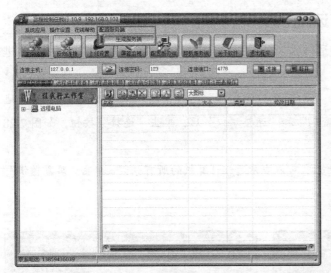

图 7-24   图 7-25

【提示】

　　如果在局域网中控制 ADSL 用户，需要选择正向连接；如果在 ADSL 连接中控制局域
　　网用户，需要单击"反向连接型"按钮。

（3）在打开的"正向连接"窗口中，对服务器程序的图标、邮件设置、安装信息、启
　　　动选项等信息进行修改，如图 7-26 所示。

（4）切换到"安装信息"选项卡，设置服务端的安装路径、安装名称及显示状态等信息，
　　　然后单击"生成服务端"按钮，在程序的根目录下生成一个"服务器端程序 .exe"
　　　程序，如图 7-27 所示。

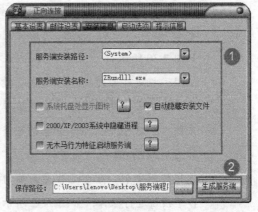

图 7-26   图 7-27

　　将生成的服务端程序植入到被控制的机器中并运行，植入后"服务器端程序 .exe"会自
动删除，只在系统中保留"ZRundlll. exe"进程，并在每次开机时自动启动。

7.3.2 通过服务端程序进行远程控制

服务端被植入他人的计算机中运行后,即可在自己的计算机中运行客户端并对服务端进行控制了,具体的操作步骤如下。

(1)在客户端计算机上启动"远程控制任我行"程序,输入被控制计算机的 IP 地址,填写正确的"连接密码"和"连接端口"后,单击"连接"按钮,如图 7-28 所示。

(2)成功连接到远程计算机上后,可以查看远程计算机的所有分区,单击"屏幕监视"按钮,如图 7-29 所示。

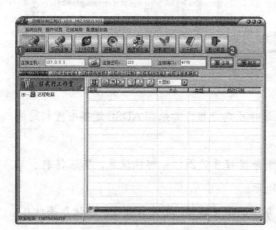

图 7-28

图 7-29

(3)在打开的窗口中,单击"连接"按钮,受控计算机的屏幕就可以显示在窗口中了,单击"键盘""鼠标"按钮,可以使用键盘和鼠标来对受控计算机上的程序进行操作,如图 7-30 所示。

(4)使用远程文件管理功能。浏览受控计算机的相应文件夹,找到下载的文件后,右键单击该文件并在弹出的快捷菜单中选择"文件下载"命令,可下载受控计算机文件。通过"文件上传"命令也可将客户端计算机上的文件上传到受控的计算机中,如图 7-31 所示。

(5)远程控制命令。可在远程桌面项勾选各项功能,并在远程关机、远程声音项单击各个按钮进行操作,如图 7-32 所示。

(6)远程进程查看。显示远程主机的所有进程,包括该进程的线程数、优先级等,如图 7-33 所示。

图 7-30

图 7-31

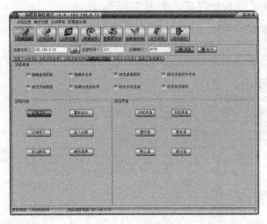

图 7-32

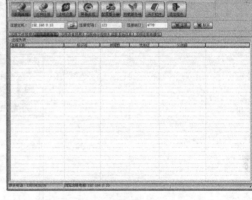

图 7-33

7.4 用 QuickIP 进行多点控制

如果想尝试一下"一台计算机同时管理和控制多台计算机、多台计算机也同时管理一台计算机"这样的"多点"控制，QuickIP 无疑是一个很好选择。QuickIP 可用于服务器管理、远程资源共享、网吧机器管理、远程办公、远程教育、排除故障、远程监控等多种应用场合。

7.4.1 设置 QuickIP 服务器端

因为 QuickIP 是将服务器端与客户端合并在一起的，所以无论在哪台计算机中都是一起安装服务器端和客户端，这也是实现一台服务器可以同时被多个客户机控制、一个客户机也可以同时控制多个服务器的前提条件。配置 QuickIP 服务器端的具体操作步骤如下。

（1）首次运行 QuickIP 服务器时，系统会提示设置登录密码，单击"确定"按钮，如

图 7-34 所示。

（2）在打开的"修改本地服务器的密码"对话框中，根据提示输入并确认密码，然后单击"确认"按钮，如图 7-35 所示。

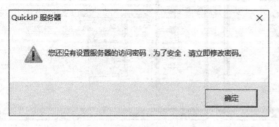

图 7-34

图 7-35

（3）系统会提示密码修改成功，单击"确定"按钮即可，如图 7-36 所示。

（4）然后就可以在 QuickIP 的服务器管理窗口中，在服务器日志下看到"×××服务器启动成功"字样，如图 7-37 所示。

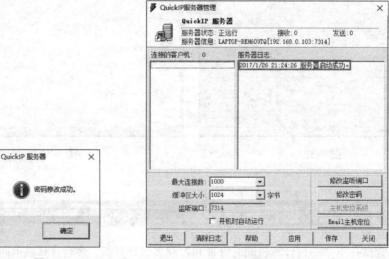

图 7-36

图 7-37

7.4.2　设置 QuickIP 客户端

客户端的设置就相对简单了，主要是添加服务器端的操作。具体的操作步骤如下。

（1）启动 QuickIP 客户端程序。单击工具栏中的"添加主机"按钮，准备添加服务器，如图 7-38 所示。

（2）在弹出的"添加远程主机"对话框中，输入远程计算机的 IP、端口、密码后，单击"确认"按钮，如图 7-39 所示。

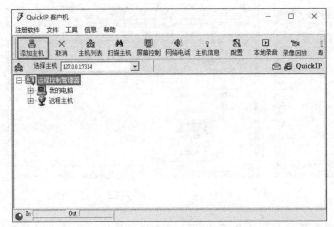

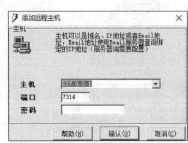

图 7-38   图 7-39

（3）查看已添加的 IP 地址，单击该 IP 地址后，从展开的控制功能列表中可看到远程控制功能十分丰富，这表示客户端与服务器端的连接已经成功了，如图 7-40 所示。

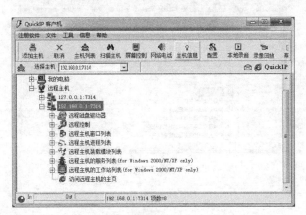

图 7-40

7.4.3   实现远程控制

下面来看看如何进行远程控制（鉴于 QuickIP 的功能非常强大，只讲几个比较常用的控制操作），具体操作步骤如下。

（1）查看远程驱动器。单击"远程磁盘驱动器"选项，即可看到远程计算机中的所有驱动器，如图 7-41 所示。

（2）远程屏幕控制。单击"远程控制"选项下的"屏幕控制"选项，可在稍后弹出的窗口中看到远程计算机桌面，并且可通过鼠标和键盘来完成对远程计算机的控制，如图 7-42 所示。

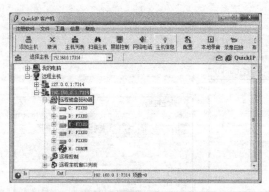

图 7-41

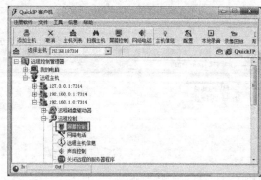

图 7-42

（3）关闭远程计算机。单击"远程控制"选项下的"远程关机"选项，会弹出对话框询问是否关闭，在这里单击"是"按钮即可，如图 7-43 所示。

图 7-43

第 8 章

浏览器安全防护

随着网络技术的迅速发展，越来越多的人逐步进入网络世界。网络世界里，一些不法分子利用网络漏洞，用恶意代码攻击他人计算机；同时，各类各样的网络页面广告影响着用户上网体验。本章将介绍提高浏览器安全性，防御恶意代码与页面广告骚扰的方法。

间谍软件一旦侵入计算机，会不断向外传送用户的上网信息、账号及密码信息，并且很多间谍软件的适应性很强，无论你是用IE浏览器还是谷歌等其他浏览器，它们都能很快适应，开始发挥作用。

那么用户怎样才能知道自己的计算机已经被间谍软件侵入了呢?

如果出现以下情况，则用户的计算机内可能已经存在了间谍软件。

（1）用户没有打开浏览器浏览网页也会出现弹窗广告。

（2）打开浏览器后发现多了点什么，仔细观察发现浏览器中有新的工具条或是新的功能按钮，而用户并不需要，且很难将其删除。

（3）计算机运行速度变慢，运行某些程序时非常缓慢。

（4）计算机经常出问题，经常莫名其妙地卡死。

间谍软件通常跟踪个人隐私或商业敏感信息等，危害很大。计算机用户可以通过以下几种方式来防范间谍软件的侵入。

（1）不要浏览不健康的网站，下载软件时一定要到正规的网站下载。

（2）安装防火墙和杀毒软件。防火墙主要起到防护作用，在间谍软件入侵时会报警，提醒用户；一旦间谍软件攻破防火墙入侵了你的计算机，那么就需要用杀毒软件来将其清除了。

8.1 防范网页恶意代码

随着Internet技术的发展，现在越来越多的人都用自己的个人主页来展示自己，可这些个人网站也成了网页恶意代码攻击的对象。从刚开始只是修改IE首页地址，迫使用户一打开IE就进入他的主页来提高主页的访问量，一直到后来发展为锁定IE部分功能阻止用户修改恢复，甚至有些网页恶意代码能够造成系统的崩溃、数据丢失。本节将介绍如何防范网页恶意代码。

8.1.1 修改被篡改内容

遭受网页恶意代码侵害后，大部分情况会被篡改主页，并将标题栏信息修改，这是因为注册表被修改所致，解决方法如下。

1. 修改被篡改主页

（1）单击"开始"菜单，选择"运行"命令，输入"regedit"命令调用注册表，如图8-1所示。打开注册表编辑器，如图8-2所示。

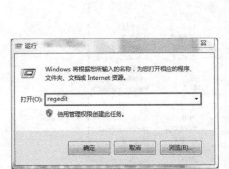

图 8-1   图 8-2

（2）在"注册表编辑器"窗口中依次展开"HKEY_LOCAL_MACHINE\SOFTWARE\Microsoft\Internet Explorer\Main"选项，在右侧窗口找到"Start Page"键值项，如图 8-3 所示。

（3）双击"Strat Page"键值项，即可弹出"编辑字符串"对话框，在"数值数据"文本框中输入"about：blank"，单击"确定"按钮完成主页设置，如图 8-4 所示。

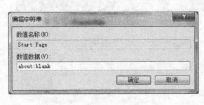

图 8-3   图 8-4

2. 修改被篡改标题

修改标题，类似修改主页的操作，在"注册表编辑器"的左侧窗口中，依次展开"HKEY_LOCAL_MACHINE\Software\Microsoft\Internet Explorer\Main"选项，在右侧窗口中找到

"Window Title"键值项并右键单击,选择快捷菜单中的"删除"命令,如图 8-5 所示,删除完毕后,重启计算机即可恢复 IE 浏览器标题栏。

图 8-5

8.1.2 检测网页恶意代码

对于不明网站,可以利用 360 推出的恶意网址信息监测平台对网页进行检测。其中包括网页的恶意代码检测、欺诈信息检测及篡改页面检测。具体检测操作如下。

（1）打开 360 恶意网址信息检测平台,输入要查询的网址信息,如图 8-6 所示。

（2）单击"检测一下"按钮,弹出检测结果,如图 8-7 所示。

图 8-6

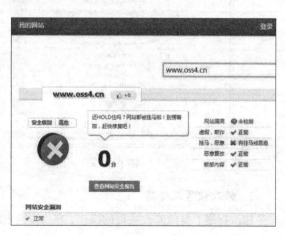

图 8-7

由图 8-7 所示的检测结果可知，此网页存在挂马或恶意代码，要避免进入此类网站。

8.2 清理页面广告

在浏览网页时，总是会被莫名其妙的网页广告打扰，甚至广告会接二连三地占据整个屏幕，严重影响用户上网体验。本节将讲述如何对付网页广告。

8.2.1 设置弹出窗口阻止程序

大多数网页广告可以通过设置浏览器的弹出窗口阻止程序进行拦截，以 IE 10 浏览器为例，具体操作步骤如下。

（1）打开 IE 浏览器，单击右上角的设置按钮，在下拉菜单中选择"Internet 选项"命令，如图 8-8 所示。

（2）在弹出的"Internet 选项"对话框中，切换至"隐私"选项卡，勾选"启用弹出窗口阻止程序"复选框，如图 8-9 所示。单击"应用"按钮和"确定"按钮退出，完成设置。

图 8-8

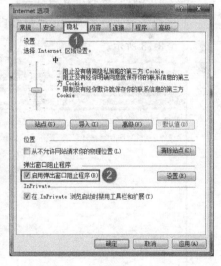

图 8-9

8.2.2 删除网页广告

网页广告通常为 JS 程序，通常网页广告可以通过单击"关闭"按钮进行关闭，但是有些图片广告并没有设置关闭按钮，如图 8-10 右下角的扫码广告所示。这时可以通过进入开发人员工具找到相应元素将其删除，以 IE 10 浏览器为例，其开发人员工具的菜单和按钮提供了可帮助用户在该工具套件中导航的页面和可视化工具。在这些工具中，可以创建包含文档中所有链接的报告列表、更改文档模式或以可视方式绘制页面上的特定元素的轮廓。具体操作步骤如下。

（1）在浏览器里按"F12"键调出"开发人员工具"，如图 8-11 所示。

图 8-10   图 8-11

（2）选择"查找"/"单击选择元素"菜单命令，如图 8-12 所示。

（3）将光标移动到广告图片上，单击广告图片，弹出相关 HTML 信息，并自动锁定到图片源上，右击 src 后面的内容，在弹出的快捷菜单中选择"删除"命令，如图 8-13 所示。

图 8-12   图 8-13

（4）图片源删除后，广告还会存在边框，在 HTML 中找到对应的 div，同样将其后面的内容删除，如图 8-14 所示。

删除完毕后，此时扫码图片广告就消失了，如图 8-15 所示。对于其他浏览器，如谷歌浏览器、火狐浏览器，重复相应的操作即可。

图 8-14

图 8-15

8.2.3　运用软件屏蔽广告

目前，网络上提供了大量的广告屏蔽软件供用户使用，下面以 ADSafe 净网大师为例介绍如何屏蔽广告。

ADSafe 净网大师是首个免费的专业屏蔽广告软件，不仅能屏蔽各种网页广告，还能屏蔽视频广告等。用净网大师可以让用户不再为网页广告而担忧，干干净净上网。具体操作步骤如下。

（1）下载并安装"ADSafe 净网大师"软件，打开软件窗口，单击"开启净网模式"按钮即可开启网页广告屏蔽功能，如图 8-16 所示。

（2）如果想查看拦截记录，单击菜单栏中的"拦截记录"按钮，即可查看拦截记录，如图 8-17 所示。

图 8-16

图 8-17

8.3 浏览器安全设置

网络浏览器是浏览网页和下载文件时最常用的门户工具，对网络浏览器进行一系列的安全保护设置，可以在很大程度上防止木马或黑客的攻击。

8.3.1 设置 Internet 安全级别

在网络浏览器中进行安全级别的设置，可以防止用户在上网过程中无意识地打开包含病毒或木马程序的页面及下载带病毒的文件。以 IE 浏览器为例，设置 Internet 安全级别的具体操作步骤如下。

（1）打开 IE 浏览器，单击右上角的"设置"按钮，在下拉菜单中选择"Internet 选项"命令，如图 8-18 所示。

（2）在弹出的"Internet 选项"对话框中切换到"安全"选项卡，如图 8-19 所示。

（3）单击"Internet"选项，再单击"默认级别"按钮，拖动"该区域的

图 8-18

安全级别"栏中的滑块，设置需要的安全级别，然后单击"应用"按钮，并单击"确定"按钮退出，即可完成设置，如图 8-20 所示。

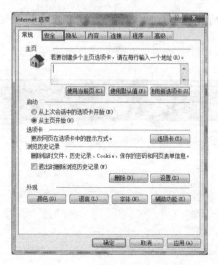

图 8-19

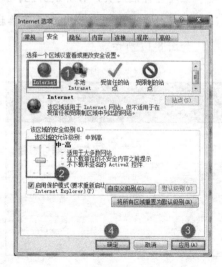

图 8-20

8.3.2 屏蔽网络自动完成功能

当用户在某些网站注册账号时，登录时浏览器会提示是否保存密码，单击"是"按钮可以在下次登录时只输入用户名，密码会自动输入。但是，如果非本人操作，一旦输入正确用户名就可以进入账号。针对这种情况，就需要关闭网络自动完成功能，以 IE 10 浏览器为例，具体操作步骤如下。

（1）打开 IE 浏览器，单击右上角的"设置"按钮，在下拉菜单中选择"Internet 选项"命令，如图 8-21 所示。

（2）在弹出的"Internet 选项"对话框中，切换至"内容"选项卡，然后单击"设置"按钮，如图 8-22 所示。

（3）在弹出的"自动完成设置"对话框中取消勾选"表单上的用户和密码"复选框，如图 8-23 所示，

图 8-21

单击"确定"按钮，返回"Internet 选项"对话框，再次单击"确定"按钮即可。

图 8-22

图 8-23

8.3.3 添加受限站点

通过添加受限站点，可以使用户在访问此类网站时，会受到设定的浏览器安全级别限定，

从而有效保护网络安全。其具体操作步骤如下。

（1）打开 IE 浏览器，单击右上角的"设置"按钮，在下拉菜单中选择"Internet 选项"命令，如图 8-24 所示。

（2）在弹出的"Internet 选项"对话框中，切换至"安全"选项卡，单击"受限制的站点"选项，然后单击"站点"按钮，如图 8-25 所示。

图 8-24　　　　　　　　　　　　　　　　图 8-25

（3）打开"受限制的站点"对话框，在"将该网站添加到区域"文本框中输入需要限制的网站地址，然后单击"添加"按钮，如图 8-26 所示。

（4）添加完成后，单击"关闭"按钮，然后在返回的对话框中单击"确定"按钮即可完成此操作。

类似地，也可以进行添加可信站点操作，只需在"安全"选项卡中选择"受信任的站点"进行添加即可。

图 8-26

8.3.4　清除上网痕迹

用户在浏览网站信息时，浏览器会在用户计算机上保存一些上网记录，其中包括网址、网页文本内容或图片等。为了保障计算机的安全，用户应该定期清除计算机的上网记录。

清除计算机上网记录的主要操作有删除临时文件、删除浏览器 Cookie、删除历史访问记录及删除密码记录等操作。

其中，在临时文件夹中存放着用户曾访问过的网站的文本信息与图片等内容；Cookie 和网站数据是网站为了保存首选项或改善网站性能而存储在计算机上的文件或数据库；历史记录包含已经访问的网站列表等。当其他用户浏览到它们时可能会泄露用户的个人信息。因此，在使用计算机一段时间后，应当删除浏览历史记录，具体操作步骤如下。

（1）打开 IE 浏览器，单击右上角的"设置"按钮，在下拉菜单中选择"Internet 选项"命令，如图 8-27 所示。

（2）在弹出的"Internet 选项"对话框中，切换至"常规"选项卡，单击"删除"按钮，如图 8-28 所示。

（3）在弹出的"删除浏览历史记录"对话框中勾选要删除的内容信息，单击"删除"按钮，如图 8-29 所示。

图 8-27

图 8-28

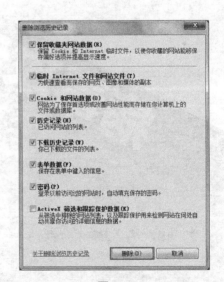

图 8-29

（4）在弹出的"删除文件"对话框中单击"是"按钮，临时文件删除完成后关闭"删除浏览历史记录"对话框，在返回的"Internet 选项"对话框中单击"确定"按钮，完成设置。

第 9 章

病毒攻击揭秘与防范

计算机病毒是一种威胁计算机安全的程序，在众多黑客工具中，病毒是黑客们的至爱。计算机病毒是人为编写所产生的程序，能够破坏计算机功能或数据，影响计算机使用并且能够自我复制。

计算机病毒在形式上越来越难以辨别，造成的危害也日益严重，所以要求网络防毒产品在技术上更先进、功能上更全面。本章主要讲述几种病毒的入侵与防范方法，有助于用户有效地防范计算机病毒。

案例：熊猫可爱，烧香不行

2007年1月，一种病毒迅速袭击了我国多地的互联网。该病毒侵入用户计算机后，会导致许多应用程序无法使用，即便用户重装程序，不久后又会不能使用。

由于中毒计算机中 .exe 可执行文件图标会变为"熊猫烧香"图案，因此该病毒被称为"熊猫烧香"病毒。该病毒最初只会对 EXE 图标进行替换，并不会对系统本身进行破坏，但后续产生了大量变种病毒，被变种病毒感染的计算机，会出现蓝屏、频繁重启及系统硬盘中的数据文件被破坏等现象。同时，这些变种的"熊猫烧香"病毒通过局域网进行传播，进而感染局域网内所有的计算机系统，最终导致企业局域网瘫痪，无法正常使用。举一个最简单的例子，某企业一台计算机中毒，很快所有计算机都会感染。

由于多家著名网站遭到此类病毒攻击而相继被植入病毒，这些网站的浏览量非常大，致使此次"熊猫烧香"病毒的感染范围非常广。据统计，全国有上百万台计算机遭受"熊猫烧香"病毒感染，数千家企业的正常经营遭到破坏，经济损失严重。

2007年2月12日湖北省公安厅宣布，湖北网监在浙江、山东、广西、天津、广东、四川、江西、云南、新疆、河南等地公安机关的配合下，侦破"熊猫烧香"病毒案，抓获病毒作者李 ×。

李 × 是先将此病毒在网络中卖给了120余人，每套产品要价500 ~ 1000元，直接非法获利10万余元。由这120余人对此病毒进行改写处理并传播出去，这120余人的传播造成100多万台计算机感染此病毒。

2007年9月24日，湖北省仙桃市人民法院以破坏计算机信息系统罪判处李 × 有期徒刑四年，并追缴了违法所得。至此，"熊猫烧香"病毒事件也告一段落。

对于大多数普通用户而言，威胁最大的病毒采取的传播方式一般为电子邮件（E-mail）、恶意网页及操作系统漏洞等。在日常生活中，要想避免计算机病毒的侵害，要注意以下几点。

- 安装合适的杀毒软件。
- 经常升级病毒库。
- 提高防病毒意识。
- 不要随意查看陌生邮件。

9.1 认识病毒

9.1.1 病毒的特点

计算机病毒是一个小程序，其具有以下几个共同的特点。

（1）程序性（可执行性）。计算机病毒与其他合法程序一样，是一段可执行程序，但它不是一个完整的程序，而是寄生在其他可执行程序上，所以它享有该程序所能得到的权力。

（2）传染性。传染性是病毒的基本特征，计算机病毒会通过各种渠道从已被感染的计算机扩散到未被感染的计算机。病毒程序代码一旦进入计算机并被执行，就会自动搜寻其他符合其传染条件的程序或存储介质，确定目标后再将自身代码插入其中，实现自我繁殖。

（3）潜伏性。一个编制精巧的计算机病毒程序，进入系统之后一般不会马上发作，可以在很长一段时间内隐藏在合法文件中，对其他系统进行传染，而不被人发现。

（4）可触发性。它是指病毒因某个事件或数值的出现，诱使病毒实施感染或进行攻击的特性。

（5）破坏性。系统被病毒感染后，病毒一般不会立刻发作，而是潜藏在系统中，等条件成熟后才会发作，给系统带来严重的破坏。

（6）主动性。病毒对系统的攻击是主动的，计算机系统无论采取多么严密的保护措施，都不可能彻底地排除病毒对系统的攻击，而保护措施只是一种预防的手段。

（7）针对性。计算机病毒是针对特定的计算机和特定的操作系统而言的。

9.1.2　病毒的基本结构

计算机病毒本身的特点是由其结构决定的，所以计算机病毒在其结构上有其共同性。计算机病毒一般包括引导模块、传染模块和表现（破坏）模块，但不是任何病毒都包含这3个模块。传染模块的作用是负责病毒的传染和扩散，而表现（破坏）模块则负责病毒的破坏工作，这两个模块各包含一段触发条件检查代码，当各段代码分别检查出传染和表现或破坏触发条件时，病毒就会进行传染和表现或破坏。触发条件一般由日期、时间、某个特定程序、传染次数等多种形式组成。

（1）对于寄生在磁盘引导扇区的病毒，病毒引导程序占有了原系统引导程序的位置，并把原系统引导程序搬移到一个特定的地方。系统一启动，病毒引导模块就会自动载入内存并获得执行权，该引导程序负责将病毒程序的传染模块和发作模块装入内存的适当位置，并采取常驻内存技术以保证这两个模块不会被覆盖，再对这两个模块设定某种激活方式，使之在适当时候获得执行权。处理完这些工作后，病毒引导模块将系统引导模块装入内存，使系统在带病毒状态下运行。

对于寄生在可执行文件中的病毒，病毒程序一般通过修改原有可执行文件，使该文件在执行时先转入病毒程序引导模块，该引导模块也可完成把病毒程序的其他两个模块驻留内存及初始化的工作，把执行权交给执行文件，使系统及执行文件在带毒的状态下运行。

（2）对于病毒的被动传染而言，是随着复制磁盘或文件工作的进行而传染的。而对于计算机病毒的主动传染而言，其传染过程是：在系统运行时，病毒通过病毒载体即系统的外存储器进入系统的内存储器、常驻内存，并在系统内存中监视系统的运行。

在病毒引导模块将病毒传染模块驻留内存的过程中，通常还要修改系统中断向量入口地址（如 INT 13H 或 INT 21H），使该中断向量指向病毒程序传染模块。这样，一旦系统执行磁盘读写操作或系统功能调用，病毒传染模块就被激活，传染模块在判断传染条件满足的条件下，利用系统 INT 13H 读写磁盘中断，把病毒自身传染给被读写的磁盘或被加载的程序，也就是实施病毒的传染，再转移到原中断服务程序执行原有的操作。

（3）计算机病毒的破坏行为体现了病毒的杀伤力。病毒破坏行为的激烈程度，取决于病毒作者的主观愿望和其所具有的技术能量。

数以万计、不断发展扩张的病毒，其破坏行为千奇百怪，这里不可能穷举其破坏行为，难以做全面的描述。病毒破坏目标和攻击部位主要有系统数据区、文件、内存、系统运行、运行速度、磁盘、屏幕显示、键盘、喇叭、打印机、CMOS 和主板等。

9.1.3 病毒的工作流程

计算机系统的内存是一个非常重要的资源，所有的工作都需要在内存中运行。病毒一般都是通过各种方式把自己植入内存，获取系统最高控制权，感染在内存中运行的程序。

计算机病毒的完整工作过程应包括以下几个环节。

（1）传染源。病毒总是依附于某些存储介质，如软盘、硬盘等构成传染源。

（2）传染介质。病毒传染的介质由其工作的环境决定，可能是计算机网络，也可能是可移动的存储介质，如 U 盘等。

（3）病毒激活。是指将病毒装入内存，并设置触发条件。一旦触发条件成熟，病毒就开始自我复制到传染对象中，进行各种破坏活动等。

（4）病毒触发。计算机病毒一旦被激活，立刻就会发生作用，触发的条件是多样化的，可以是内部时钟、系统的日期、用户标识符，也可能是系统一次通信等。

（5）病毒表现。表现是病毒的主要目的之一，有时在屏幕上显示出来，有时则表现为破坏系统数据。凡是软件技术能够触发到的地方，都在其表现范围内。

（6）传染。病毒的传染是病毒性能的一个重要标志。在传染环节中，病毒复制一个自身副本到传染对象中去。计算机病毒的传染是以计算机系统的运行及读写磁盘为基础的。没有这样的条件计算机病毒是不会传染的。只要计算机运行就会有磁盘读写动作，病毒传染的两个先决条件就很容易得到满足。系统运行为病毒驻留内存创造了条件，病毒传染的第一步是驻留内存；一旦进入内存之后，寻找传染机会，寻找可攻击的对象，判断条件是否满足，决定是否可传染；当条件满足时进行传染，将病毒写入磁盘系统。

9.2 计算机中毒后的常见症状

虽然隐藏在系统中的计算机病毒并不容易被用户发现，但是用户可以通过一些常见的症状来判断自己的计算机是否存在病毒，这些常见的症状主要包括 CPU 使用率始终保持在 95% 以上、杀毒软件被屏蔽、系统中的文件图标变成统一图标、IE 浏览器窗口连续打开及系统时间被篡改等。

1. CPU 使用率始终保持在 95% 以上

当 CPU 使用率始终保持在 95% 以上时，用户就要考虑系统中是否存在计算机病毒了，这可能是因为某些计算机病毒会不断地占用 CPU 使用率和系统内存，直至计算机死机。如果计算机处于死机状态，而主机箱上的硬盘指示灯仍然长时间地闪动，则有可能是潜在系统中的计算机病毒已被激活。

2. 杀毒软件被屏蔽

杀毒软件往往都具有针对性，也就是说，杀毒软件只能查杀自身病毒库内已经保存的病毒，无法查杀不在该库中的病毒。因此，很多病毒通过层层伪装来躲避杀毒软件的检测和查杀，一旦成功运行，杀毒软件将会被屏蔽，即杀毒软件无法正常扫描和查杀病毒。一旦出现这种情况，就只能重装系统或使用在线查杀病毒功能了。

3. 系统中的文件图标变成统一图标

某些病毒会导致磁盘中所保存文件的图标都变成统一的图标，并且无法使用或打开。"熊猫烧香"就是这样一种病毒，当系统中的"熊猫烧香"病毒成功运行后，磁盘分区中的所有文件都会显示为熊猫烧香的图标。

4. IE 浏览器窗口连续打开

当某些病毒被激活后，一旦用户启动 IE 浏览器，程序就会自动打开无限多个窗口，既占用了系统资源，又影响用户的正常工作。即使用户手动关闭窗口，但是程序还会弹出窗口。遇到这种情况时，则需要使用杀毒软件进行扫描并查杀。

5. 系统时间被篡改

有些病毒会自动修改系统显示的时间，一旦该类病毒运行，则用户每次启动计算机后系统都会显示指定时间，即使将其修改为准确时间，但是重新启动计算机后系统还是会显示指定时间。

9.3 简单病毒

病毒的编写是一种高深技术，真正的病毒一般都具有传染性、隐藏性、破坏性。Restart
病毒和U盘病毒是两种常见的病毒。下面就来看看这两种病毒的生产方法、传播方法及预防
措施。

9.3.1 Restart 病毒

Restart病毒是一种能够让计算机重新启动的病毒，该病毒主要通过DOS命令shutdown/
r来实现。平常在使用计算机的过程中可能就碰到过计算机不断重启的情况。下面就向大家
介绍Restart病毒的生成过程。

（1）新建一个文本文档。在桌面空白处单击右键，在弹出的快捷菜单中选择"新建"/"文
本文档"命令，如图9-1所示。

（2）双击打开新建的文本文档，在文本框内输入"shutdown/r"命令，即自动重启本地
计算机，如图9-2所示。

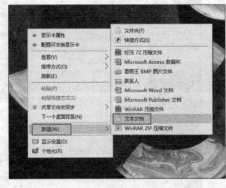

图 9-1

图 9-2

（3）选择"文件"/"保存"命令，如图9-3所示。

（4）右键单击新建的文本文档，在弹出的菜单中选择"重命名"命令，如图9-4
所示。

（5）在文本文档下方的文本框中输入"腾讯QQ.bat"，然后系统会弹出"重命名"对话框，
提示用户是否确认重命名，单击"是"按钮，如图9-5所示。

（6）右键单击"腾讯QQ.bat"图标，在弹出的快捷菜单中选择"创建快捷方式"命令，
如图9-6所示。

图 9-3

图 9-4

图 9-5

图 9-6

（7）右键单击"腾讯 QQ.bat- 快捷方式"图标，在弹出的快捷菜单中选择"属性"命令，
如图 9-7 所示。

（8）在打开的属性对话框中，切换到"快捷方式"选项卡，单击"更改图标"按钮，
如图 9-8 所示。

图 9-7   图 9-8

（9）查看提示信息，单击"确定"按钮，如图 9-9 所示。

（10）在打开的"更改图标"对话框中，在列表中选择要更改的程序图标，如果没有喜欢的，则单击"浏览"按钮选择，如图 9-10 所示。

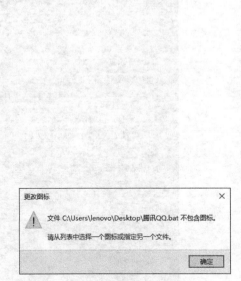

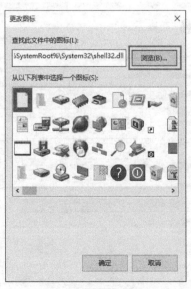

图 9-9   图 9-10

（11）选择 ico 格式的图标，单击"打开"按钮，如图 9-11 所示。

（12）查看选择的 ico 图标，单击"确定"按钮，如图 9-12 所示。

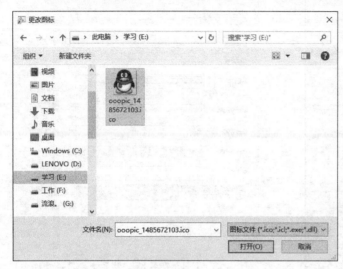

图 9-11

图 9-12

（13）查看产生的腾讯 QQ.bat 图标，单击"确定"按钮，如图 9-13 所示。

（14）查看桌面上修改以后的快捷方式图标，并将其改名为"腾讯 QQ"，如图 9-14 所示。

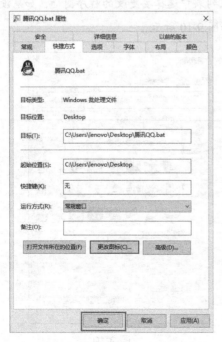

图 9-13

图 9-14

（15）右键单击"腾讯 QQ.bat"图标，在弹出的快捷菜单中选择"属性"命令，如
图 9-15 所示。

（16）在打开的对话框中，切换到"常规"选项卡，勾选"隐藏"复选框，单击"确定"
按钮，如图 9-16 所示。

图 9-15

图 9-16

（17）设置完成后，在桌面上就只能看见"腾讯 QQ"的图标了，如图 9-17 所示，用户
一旦双击打开该图标，计算机就会重启。

图 9-17

9.3.2 制作 U 盘病毒

U 盘病毒，又称为 Autorun 病毒，就是通过 U 盘产生 Autorun.inf 进行传播的病毒。随着 U 盘、移动硬盘和存储卡等移动设备的普及，U 盘病毒已经成为现在比较流行的计算机病毒之一。U 盘病毒并不只存在于 U 盘上，中毒的计算机每个分区下面同样有 U 盘病毒，计算机和 U 盘交叉传播。

1. U 盘病毒生成过程

（1）将病毒或木马程序复制到 U 盘中，如图 9-18 所示。

（2）在 U 盘空白处单击右键，在弹出的快捷菜单中选择"新建"/"文本文档"命令，并将文本文档重命名为"Autorun.inf"，如图 9-19 所示。

图 9-18　　　　　　　　　　　　　　　图 9-19

（3）系统会提示是否确认进行重命名，单击"是"按钮，如图 9-20 所示。

（4）双击打开"Autorun.inf"文件并打开记事本窗口，编辑文件代码如下。

```
[AutoRun]
OPEN= 灰鸽子 .exe
shellexecute= 灰鸽子 .exe
shell\Auto\command= 灰鸽子 .exe
```

双击 U 盘图标后系统就会运行指定木马程序，如图 9-21 所示。

（5）按住"Ctrl"键，同时选中木马程序和 Autorun.inf 文件，右键单击任意文件，在弹出的快捷菜单中选择"属性"命令，如图 9-22 所示。

（6）在打开的"属性"对话框中，切换到"常规"选项卡，勾选"隐藏"复选框，单击"确定"按钮，如图 9-23 所示。

将 U 盘接入计算机中，右键单击 U 盘对应图标，在弹出的快捷菜单中能看到 Auto 命令，表示设置成功。

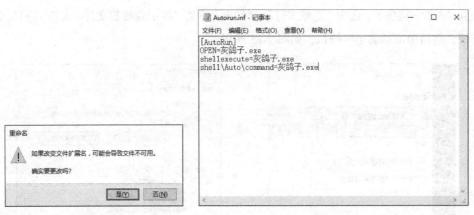

图 9-20   图 9-21

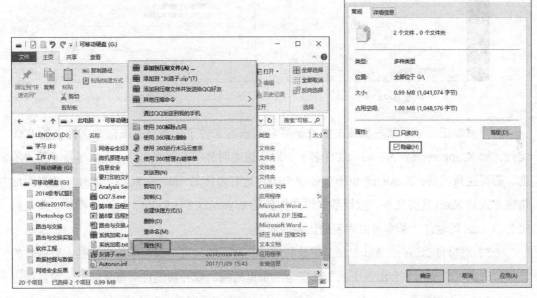

图 9-22   图 9-23

2. 防范 U 盘病毒

（1）防范 U 盘病毒的最好方法，但也是实用性最小的方法就是不将 U 盘插入安全性不明的计算机中。

（2）打开显示隐藏文件、文件夹和驱动器，取消隐藏已知文件的扩展名选项。这样可以有效地防止病毒伪装成文件夹或正常文件来诱骗用户单击。

让计算机显示隐藏文件的具体方法是：在小娜助手的搜索框内输入"文件资源管理器选项"，单击打开最佳匹配到的程序，如图 9-24 所示。在打开的"文件资源管理器选项"对话框中，切换到"查看"选项卡，选中"隐藏文件和文件夹"下的"显示隐藏的文件、文件夹和驱动器"单选钮，然后单击"确定"按钮，如图9-25所示。

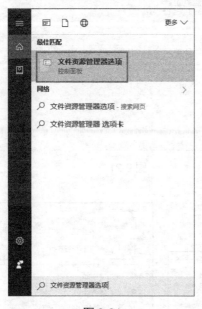

图9-24

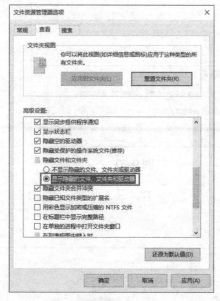

图9-25

这样就能正常显示某些隐藏文件或扩展名的病毒文件了。例如，图标是文件夹的EXE文件，如X. jpg.exe（"X"表示文件名）。对于这类明显不正常的文件，大家尽量不要去单击。需要注意的是，X.exe.jpg也不要随便单击，这有可能是unicode反转。此外，还有网址快捷方式是X.url这类文件。假设某文件文件名是WWW.PC841.COM，这不是网址，而是后缀名为.com的软件，基本可以肯定是伪装的病毒。

（3）对付自动运行（AutoRun）类及利用系统漏洞的病毒，最简单的方法是安装微软的补丁，大家可以使用如金山卫士或360安全卫士里的漏洞修补功能自动修复即可。对自动运行（AutoRun）类病毒，从Windows 7系统就开始在这方面完善了，无需再担心此问题。

（4）不少软件有非常不错的防杀效果，如360安全卫士及杀毒、金山毒霸、瑞星和诺顿等。

9.4 VBS 代码

脚本病毒通常是由JavaScript代码编写的恶意代码，一般带有广告性质、修改IE首页、修改注册表等信息。脚本病毒前缀是Script，其共同点是使用脚本语言编写，通过网页进行传播，如红色代码（Script.Redlof）脚本病毒还会有其他前缀，即VBS、JS（表明是何种脚本编写的），如欢乐时光（VBS.Happytime）、十四日（JS.Fortnight.c.s）等。

9.4.1 VBS 脚本病毒生成机

现在网络中还流行有"VBS 脚本病毒生成机"这样的自动生成脚本语言软件，无须掌握枯燥的语言，即可自制脚本病毒，让用户无须懂得编程知识即可制造出一个 VBS 脚本病毒。

下面介绍脚本病毒的制作过程，具体的操作步骤如下。

（1）运行"病毒生成器"程序，打开"第一步 了解本程序"界面后，可看到该程序的相关介绍，单击"下一步"按钮，如图 9-26 所示。

（2）设置病毒复制选项。勾选病毒要复制到的文件夹复选框并输入副本文件名，单击"下一步"按钮，如图 9-27 所示。

（3）设置禁止功能选项。根据所要制作的病毒功能勾选要禁止的功能复选框，单击"下一步"按钮，如图 9-28 所示。

图 9-26

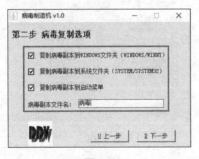

图 9-27

图 9-28

勾选禁止功能选项小技巧：

若勾选"开机自动运行"复选框，病毒将自身加入注册表中，伴随系统启动悄悄运行；如果只是想搞点恶作剧作弄别人，可勾选"禁止'运行'菜单""禁止'关闭系统'菜单""禁止'任务栏和开始'"及"禁止现实桌面所有图标"等复选框，让中毒者的计算机出现些莫名其妙的错误。如果狠毒点可让对方开机后找不到硬盘分区、无法运行注册表编辑器、无法打开控制面板等，则需要勾选"隐藏盘符""禁止注册表扫描""禁用'控制面板'"等复选框。

（4）设置病毒提示。勾选"设置开机提示对话框"复选框，并填写开机提示框标题及内容信息，单击"下一步"按钮，如图 9-29 所示。

图 9-29

（5）设置病毒传播选项。勾选"通过电子邮件进行自动传播（蠕虫）"复选框，并填写发送带毒邮件的地址数量，单击"下一步"按钮，如图9-30所示。

（6）设置IE修改选项。勾选要禁用的IE功能复选框，如图9-31所示。

图9-30

图9-31

（7）勾选"设置默认主页"时，系统会弹出"设置主页"对话框，在文本框内输入主页地址，单击"确认输入"按钮即可，如图9-32所示。

（8）在返回的"第六步"对话框中，单击"下一步"按钮，如图9-33所示。

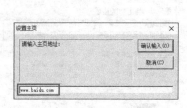

图9-32

图9-33

（9）开始制造病毒。在文本框中输入病毒文件存放的位置，单击文本框右侧的"浏览"按钮，如图9-34所示。

（10）在弹出的"保存vbs病毒文件"对话框中选择病毒存储的位置，单击"保存"按钮，如图9-35所示。

图9-34

图9-35

（11）在返回的第七步对话框中单击"开始制造"按钮，如图9-36所示。

（12）在"开始制造病毒"界面中就会出现病毒生成进度条，进度条完成后可在文件存储位置查看已经生成的病毒，如图9-37所示。

图9-36

图9-37

【小技巧】

（1）在病毒生成之后，如何让病毒在对方的计算机上运行呢？有许多种方法，如修改文件名，使用双后缀的文件名，如"病毒.txt.vbs"等，再通过邮件附件发送出去。

（2）在用此软件制造生成病毒的同时，会产生一个名为reset.vbs的恢复文件，如果不小心运行了病毒，系统将不能正常工作，则可以运行它来解救。

9.4.2　VBS 脚本病毒刷 QQ 聊天屏

VBS脚本语言功能强大，而且使用非常简单，下面将为大家讲述制作一个可以自动刷QQ聊天屏的VBS病毒。

（1）生成VBS脚本，如图9-38所示。

新建一个文本文档，并在空白的文本框中输入以下代码：

```
Set WshShell= WScript.CreateObject（"WScript.Shell"）
WshShell.AppActivate "这个群真好玩"
for i=1 to 10
WScript.Sleep 500
WshShell.SendKeys "^v"
WshShell.SendKeys i
WshShell.SendKeys "%s"
Next
```

其中"for i=1 to 10"语句是用来控制发送次数的，表示发送10次，可以改为更大的数字。其中很重要的一句是"WshShell.AppActivate "这个群真好玩""，该语句指定了要刷的QQ群名称，可以根据需要修改。在输入完毕后，将文件保存为以.vbs为后缀的任意文件名，如qq.vbs。

（2）刷 QQ 聊天屏。

打开一个群聊天窗口，复制要发送的内容到剪贴板上，如复制了一条"哈哈"，双击刚才生成的"qq.vbs"文件切换到群聊天窗口中，在其中可看到已自动刷屏了，如图 9-39 所示。

图 9-38   图 9-39

【注意】

在刷屏成功后，每一条信息下面会显示信息发送的条数，当发送完指定的条数后，便会自动停止。

9.5　网络蠕虫

与传统的病毒不同，蠕虫病毒以计算机为载体，以网络攻击为主要对象，网络蠕虫病毒可分为主动传播（利用系统级别漏洞）和欺骗传播（利用社会工程学）两种。在宽带网络迅速普及的今天，蠕虫病毒在技术上已经能够成熟地利用各种网络资源进行传播。所以了解蠕虫病毒的特点并做好防范工作非常必要。

9.5.1　网络蠕虫病毒实例

目前，产生严重影响的蠕虫病毒有很多，如"莫里斯蠕虫""求职信""爱虫病毒""美丽杀手""红色代码""尼姆亚"和"蠕虫王"等，都给人们留下了深刻的印象。

1. 安莱普蠕虫病毒

"安莱普"（Worm.Anap.b）蠕虫病毒通过电子邮件传播,利用用户对知名品牌的信任心理,伪装成某些知名 IT 厂商(如微软、IBM 等)给用户狂发带毒邮件,诱骗用户打开附件以至中毒,病毒运行后会弹出一个窗口，内容提示为"这是一个蠕虫病毒"。同时，该病毒会在系统临时文件和个人文件夹中大量收集邮件地址，并循环发送邮件。

2. "Guapim"蠕虫病毒

"Guapim"（Worm.Guapim）蠕虫病毒特征为：通过即时聊天工具和文件共享网络传播。发作症状：病毒在系统目录下释放病毒文件 System32%\pkguar d32.exe，并在注册表中添加特定键值以实现自启动。该病毒会给 MSN、QQ 等聊天工具的好友发送诱惑性消息，如"Hehe.takea look at this funny game http://****//Monkye.exe"，同时假借 HowtoHack.exe、HalfLife2FULL.exe、WindowsXP.exe、VisualStudio2005.exe 等文件名复制自身到文件共享网络，并试图在 Internet 网络上下载执行另一蠕虫病毒，直接降低系统安全设置，给用户正常操作带来极大的隐患。

【提示】

针对这种典型的邮件传播病毒，大家在查看自己的电子邮件时，一定要确定发件人自己是否熟悉之后再打开。

虽然利用邮件进行传播一直是病毒传播的主要途径，但随着网络威胁种类的增多和病毒传播途径的多样化，某些蠕虫病毒往往还携带着"间谍软件"和"网络钓鱼"等不安全因素。因此，一定要注意即时升级自己的杀毒软件到最新版本，注意打开邮件监控程序，让自己的上网环境安全。

9.5.2 全面防范网络蠕虫

在对网络蠕虫病毒有了一定的了解之后，下面主要讲述应该如何从企业和个人的两种角度做好安全防范工作。

1. 企业用户对网络蠕虫的防范

企业在充分利用网络进行业务处理时，不得不考虑企业的病毒防范问题，以保证关系企业命运的业务数据完整且不被破坏。企业防治蠕虫病毒时需要考虑几个问题，即病毒的查杀能力、病毒的监控能力、新病毒的反应能力。

推荐的企业防范蠕虫病毒的策略如下。

（1）加强安全管理，提高安全意识。由于蠕虫病毒是利用 Windows 系统漏洞进行攻击的，因此，就要求网络管理员尽力在第一时间内，保持系统和应用软件的安全性，保持各种操作系统和应用软件的及时更新。随着 Windows 系统各种漏洞的不断涌现，要想一劳永逸地获得一个安全的系统环境，已几乎不再可能。而作为系统负载重要数据的企业用户，其所面临攻击的危险也越来越大，这就要求企业的管理水平和安全意识必须越来越高。

（2）建立病毒检测系统。能够在第一时间内检测到网络异常和病毒攻击。

（3）建立应急响应系统，尽量降低风险。

由于蠕虫病毒爆发的突然性，可能在被发现时已蔓延到了整个网络，建立一个紧急响应系统就显得非常必要，能够在病毒爆发的第一时间提供解决方案。

（4）建立灾难备份系统。对于数据库和数据库系统，必须采用定期备份、多机备份措施，防止意外灾难下的数据丢失。

（5）对于局域网而言，可安装防火墙式防杀计算机病毒产品，将病毒隔离在局域网之外；对邮件服务器实施监控，切断带毒邮件的传播途径；对局域网管理员和用户进行安全培训；建立局域网内部的升级系统，包括各种操作系统的补丁升级、各种常用的应用软件升级、各种杀毒软件病毒库的升级等。

2. 个人用户对网络蠕虫的防范

对于个人用户而言，威胁大的蠕虫病毒采取的传播方式一般为电子邮件（E-mail）及恶意网页等。下面介绍个人应该如何防范网络蠕虫病毒。

（1）安装合适的杀毒软件。网络蠕虫病毒的发展已经使传统杀毒软件的"文件级实时监控系统"落伍，杀毒软件必须向内存实时监控和邮件实时监控发展；网页病毒也使用户对杀毒软件的要求越来越高。

（2）经常升级病毒库。杀毒软件对病毒的查杀是以病毒的特征码为依据的，而病毒每天都层出不穷，尤其是在网络时代，蠕虫病毒的传播速度快、变种多，所以必须随时更新病毒库，以便能够查杀最新的病毒。

（3）提高防毒杀毒意识。不要轻易去单击陌生的站点，有可能里面就含有恶意代码！当运行 IE 时，在"Internet 区域的安全级别"选项中把安全级别由"中"改为"高"，因为这一类网页主要是含有恶意代码的 ActiveX、Applet、Javascript 的网页文件，在 IE 设置中将 ActiveX 插件和控件、Java 脚本等全部禁止，以大大减少被网页恶意代码感染的概率。不过这样做以后在浏览网页过程中，有可能会使一些正常应用 ActiveX 的网站无法浏览。

打开"控制面板"窗口，单击"网络和 Internet"选项，如图 9-40 所示。在打开的"网络和 Internet"窗口中单击"Internet 选项"选项，如图 9-41 所示。

打开"Internet 属性"对话框，切换到"安全"选项卡，单击"自定义级别"按钮，如图 9-42 所示。打开"安全设置 -Internet 区域"对话框，将"ActiveX 控件和插件"中的一切选项都设为禁用，单击"确定"按钮，如图 9-43 所示。

（4）不随意查看陌生邮件。一定不要打开扩展名为 VBS、SHS 或 PIF 的邮件附件。这些扩展名从未在正常附件中使用过，但它们经常被病毒和蠕虫使用。

图 9-40

图 9-41

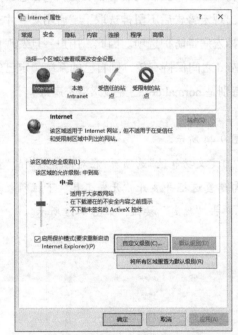

图 9-42

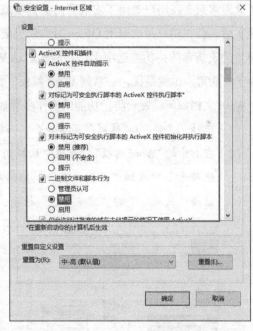

图 9-43

9.6 宏病毒与邮件病毒

宏病毒与邮件病毒是广大用户经常遇到的病毒，如果中了这些病毒就可能会给自己造成重大损失，所以有必要了解一些这方面的防范知识。

9.6.1 宏病毒的判断方法

虽然不是所有包含宏的文档都包含了宏病毒，但当有下列情况之一时，则可以百分之百地断定该 Office 文档或 Office 系统中有宏病毒。

（1）在打开"宏病毒防护功能"的情况下，当打开一个自己编辑的文档时，系统会弹出相应的警告框。而自己清楚自己并没有在其中使用宏或并不知道宏到底怎么用，那么就可以完全肯定该文档已经感染了宏病毒。

（2）在打开"宏病毒防护功能"的情况下，自己的 Office 文档中一系列的文件都在打开时给出宏警告。由于在一般情况下用户很少使用到宏，所以当自己看到成串的文档有宏警告时，可以肯定这些文档中有宏病毒。

（3）如果软件中关于宏病毒防护选项启用后，不能在下次开机时依然保存。Word 中提供了对宏病毒的防护功能。但有些宏病毒为了对付 Office 中提供的宏警告功能，它在感染系统（这通常只有在用户关闭了宏病毒防护选项或出现宏警告后不留神选取了"启用宏"才有可能）后，会在用户每次退出 Office 时自动屏蔽掉宏病毒防护选项。因此，用户一旦发现自己设置的宏病毒防护功能选项无法在两次启动 Word 之间保持有效，则自己的系统一定已经感染了宏病毒。也就是说，一系列 Word 模板，特别是 normal.dot 已经被感染宏病毒。

Word 文档如何设置宏防护功能的操作步骤如下。

（1）选择"文件"/"选项"菜单命令，如图 9-44 所示。

（2）在打卡的"Word选项"对话框中切换到"自定义功能区"选项页，在对话框右侧的"主选项卡"中找到"开发工具"，然后勾选复选框并展开"开发工具"下拉列表，选择"代码"下的"宏安全性"选项，单击"确定"按钮，如图 9-45 所示。

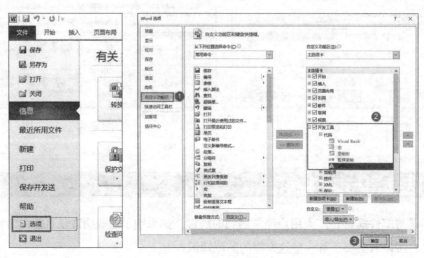

图 9-44　　　　　　　　　　　　图 9-45

（3）在打开的 Word 文档主界面中，切换到"开发工具"选项卡，单击"宏安全性"按钮，如图 9-46 所示。

（4）在打开的"信任中心"对话框中，切换到"宏设置"选项页，选中"禁用所有宏，并发出通知"单选钮，单击"确定"按钮，如图 9-47 所示。

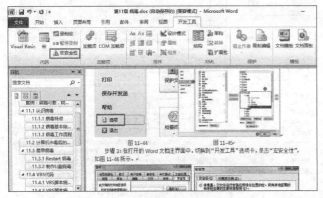

图 9-46   图 9-47

（5）切换到"加载项"选项页，勾选"要求受信任的发布者签署应用程序加载项"复选框，单击"确定"按钮，如图 9-48 所示。

（6）现在关闭 Microsoft Office 2010，就不会出现提示"宏安全性"的警告框了。但是并没有结束，再次打开此软件，会出现一条黄色的"安全警告"。这时单击"启用内容"按钮是没用的，要单击画线处的文字链接，进入该选项，如图 9-49 所示。

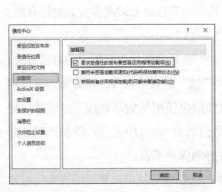

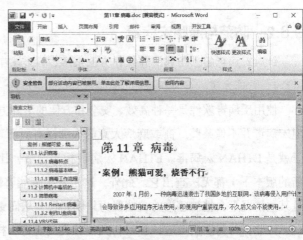

图 9-48   图 9-49

（7）单击链接后，会进入到"文件"/"信息"选项页，单击"安全警告"选项左侧的"启用内容"图标，选择下拉菜单中的"高级选项"命令，如图 9-50 所示。

（8）在弹出的"Microsoft Office 安全选项"对话框中会发出"安全警告 - 多个问题"。选中"启用发布者发布的所有代码"单选钮，然后单击"确定"按钮，如图9-51所示。

图 9-50   图 9-51

现在，就已经设置好宏安全性了，Word 文档也不会出现安全警告了，已经可以高枕无忧地使用了。

【提示】

鉴于绝大多数人都不需要或不会使用"宏"功能，所以可以得出一个相当重要的结论：如果 Office 文档在打开时系统给出一个宏病毒警告框，就应该对这个文档保持高度警惕，它已被感染的概率极大。

9.6.2 防范与清除宏病毒

针对宏病毒的预防和清除操作方法很多，下面就首选方法和应急处理两种方式进行介绍。

1. 首选方法

使用反病毒软件是一种高效、安全和方便的清除方法，也是一般计算机用户的首选方法。但宏病毒并不像某些厂商或麻痹大意的人那样有所谓"广谱"的查杀软件，这方面的突出例子就是 ETHAN 宏病毒。ETHAN 宏病毒相当隐蔽，比如用户使用反病毒软件（应该算比较新的版本了）都无法查出它。此外，这个宏病毒能够悄悄取消 Word 中宏病毒防护选项，并且某些情况下会把被感染的文档置为只读属性，从而更好地保存了自己。

因此，对付宏病毒应该和对付其他种类的病毒一样，也要尽量使用最新版的查杀病毒软件。无论用户使用的是何种反病毒软件，及时升级是非常重要的。

2. 应急处理方法

用写字板或 Word 文档作为清除宏病毒的桥梁。如果用户的 Word 系统没有感染宏病毒，但需要打开某个外来的、已查出感染有宏病毒的文档，而手头现有的反病毒软件又无法查杀它们，就可以试验用来查杀文档中的宏病毒：打开感染了宏病毒的文档（当然是启用 Word 中的"宏病毒防护"功能并在宏警告出现时选择"取消宏"），选择"文件"/"另存为"菜单命令，将此文档改存成写字板（RTF）格式或 Word 格式。

在上述方法中，存成写字板格式是利用 RTF 文档格式没有宏，存成 Word 格式则是利用了 Word 文档在转换格式时会失去宏的特点。写字板所用的 RTF 格式适用于文档中的内容限于文字和图片的情况下，如果文档内容中除了文字、图片外还有图形或表格，按 Word 格式保存一般不会失去这些内容。存盘后应该检查文档的完整性，如果文档内容没有任何丢失，并且在重新打开此文档时不再出现宏警告则大功告成。

9.6.3 全面防御邮件病毒

邮件病毒是通过电子邮件方式进行传播的病毒的总称。电子邮件传播病毒通常是把自己作为附件发送给被攻击者，如果接收到该邮件的用户不小心打开了附件，病毒就会感染本地计算机。另外，由于电子邮件客户端程序的一些 Bug，也可能被攻击者利用传播电子邮件病毒，微软的 Outlook Express 曾经就因为两个漏洞可以被攻击者编制特制的代码，使接收到邮件的用户不需要打开附件，即可自动运行病毒文件。

在了解了邮件病毒的传染方式后，用户就可以根据其特性制定出相应的防范措施，有以下几个。

（1）安装防病毒程序。防御病毒感染的最佳方法就是安装防病毒扫描程序并及时更新。防病毒程序可以扫描传入电子邮件中的已知病毒，并帮助防止这些病毒感染计算机。新病毒几乎每天都会出现，因此需要确保及时更新防病毒程序。多数防病毒程序都可以设置为定期自动更新，以具备需要与最新病毒进行斗争的信息。

（2）打开电子邮件附件时要非常小心。电子邮件附件是主要的病毒感染源。例如，用户可能会收到一封带有附件的电子邮件（甚至发送者是自己认识的人），该附件被伪装为文档、照片或程序，但实际上是病毒。如果打开该文件，病毒就会感染计算机。如果收到意外的电子邮件附件，请考虑在打开附件之前先答复发件人，问清是否确实发送了这些附件。

（3）使用防病毒程序检查压缩文件内容。病毒编写者用于将恶意文件潜入到计算机中的一种方法是使用压缩文件格式（如 .zip 或 .rar 格式）将文件作为附件发送。多数防病毒程序会在接收到附件时进行扫描，但为了安全起见，应该将压缩的附件保存到计算机的一个文件夹中，在打开其中所包含的任何文件之前先使用防病毒程序进行扫描。

（4）单击邮件中的链接时需谨慎。电子邮件中的欺骗性链接通常作为仿冒和间谍软件骗局的一部分使用，但也会用来传输病毒。单击欺骗性链接会打开一个网页，该网页将试图向计算机下载恶意软件。在决定是否单击邮件中的链接时要小心，尤其是邮件正文看上去含糊不清，如邮件上写着"查看我们的假期图片"，但没有标识用户或发件人的个人信息。

9.7　第三方杀毒软件

杀毒软件也是病毒防范必不可少的工具，随着人们对病毒危害认识的提高，杀毒软件也被逐渐重视起来，各式各样的杀毒软件如雨后春笋般出现在市场中。

9.7.1　360 杀毒软件

360 杀毒软件是由 360 安全中心推出的一款云安全杀毒软件，该软件具有查杀率高、资源占用少和升级迅速等优点。同时该杀毒软件可以与其他杀毒软件共存。使用 360 杀毒软件需要先升级病毒库，然后再进行查杀操作。

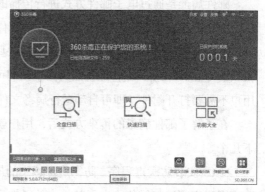

图 9-52

（1）打开 360 杀毒软件，单击底部的"检查更新"链接，如图 9-52 所示。

（2）然后系统就开始升级病毒库了，如图 9-53 所示。

（3）升级完成后，系统会提示用户："你的病毒库和程序已是最新"，单击"关闭"按钮即可，如图 9-54 所示。

（4）返回 360 杀毒软件主界面，单击"快速扫描"按钮，如图 9-55 所示。

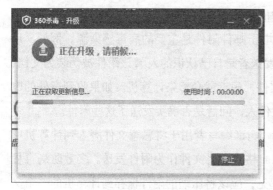

图 9-53

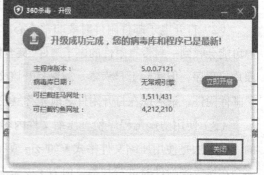

图 9-54

（5）如果计算机中存在威胁对象，可以在软件的列表中看到，如图 9-56 所示。

（6）扫描完成后可以单击"立即处理"按钮对威胁对象进行处理，如图 9-57 所示。

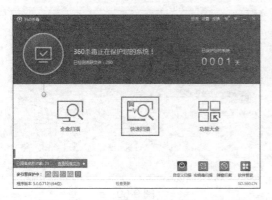

图 9-55　　　　　　　　　　　　　　　　图 9-56

（7）处理完成后，系统会提示用户是否要进行全盘扫面，可以单击"确定"按钮进行全盘扫描，也可以单击"取消"按钮后再单击"确认"按钮完成扫描，如图 9-58 所示。

图 9-57　　　　　　　　　　　　　　　　图 9-58

9.7.2　免费的双向防火墙 ZoneAlarm

ZoneAlarm 强大的双向防火墙能够监控个人计算机和互联网传入和传出的流量，能够阻止黑客进入一台 PC 发动攻击并窃取信息。同时，ZoneAlarm 强大的反病毒引擎可检测和阻止病毒、间谍软件、特洛伊木马、蠕虫、僵尸和 Rootkit。

下面介绍 ZoneAlarm 的使用方法，其具体操作步骤如下。

（1）运行 ZoneAlarm 主程序，单击"FIREWALL（防火墙）"图标，如图 9-59 所示。

（2）在打开的防火墙界面中，单击"ON"按钮开启防火墙功能，然后单击"access attempts blocked"链接，如图 9-60 所示。

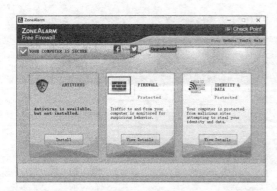

图 9-59

图 9-60

（3）防火墙设置。设置事件日志及程序警报日志级别，如图9-61所示。

（4）在返回的主界面中，单击"ANTIVIRUS（病毒防护）"图标，如图9-62所示。

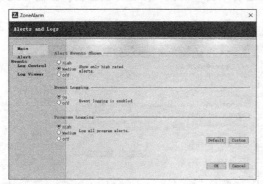

图 9-61

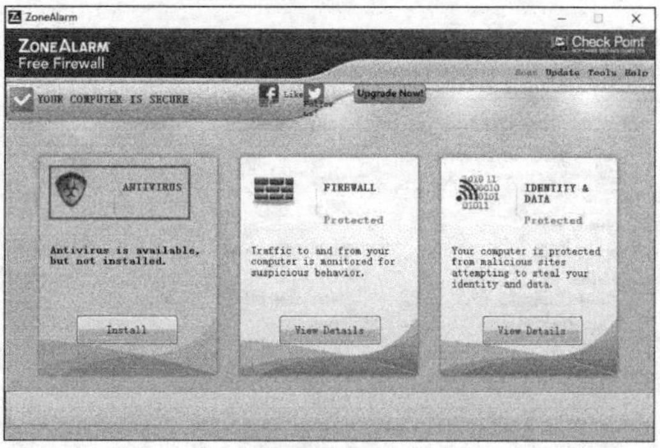

图 9-62

（5）病毒防护设置。在打开的"病毒防护"窗口中，选择开始病毒防护功能，如图9-63所示。

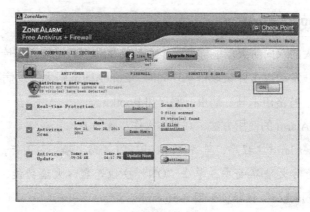

图 9-63

第10章

木马攻击揭秘与防范

在特洛伊战争中，古希腊人依靠藏匿于木马腹中的内应占领了特洛伊城，后来这个概念引申到计算机领域，特指功能强大的黑客程序。计算机木马的设计套用了特洛伊战争中相同的思路，将木马隐藏在正常程序中，当用户运行该程序时，木马就会潜入目标计算机。

计算机木马本身并没有太大的破坏作用，但却可以悄无声息地隐藏在用户计算机中，进行重要信息收集，窃取用户重要的账号、密码等资料，是看不见的"杀手"。

案例：木马攻击

张大爷本想在淘宝网上购买一双不到 100 元钱的鞋，但却意外损失了 1 万元，这是怎么回事呢？

张大爷腿脚不灵活，平时足不出户，买东西的主要途径就是"网购"。某天，张大爷在淘宝网上要购买一双鞋子，但是付款总是失败，于是他咨询了卖家，卖家说，这是由于他的计算机出现问题了，想要激活订单，就需要安装一个"订单解锁"文件，然后张大爷就相信卖家并安装了对方发来的"订单解锁"文件，结果该文件竟被植入木马，当支付完 1 元的激活款时，自己银行卡却被扣款 1 万元。经调查，张大爷遇到的是网购木马攻击，计算机又没有安装有效的安全软件保护。

虽是张大爷遭遇了木马攻击，但本质上却是陷入了对方的钓鱼陷阱。我们来看一下张大爷在网购时是怎样一步步坠入对方的陷阱的。

第 1 错：淘宝网等正规网站网购付款不成功，基本上是淘宝系统的问题。卖家提供解锁程序，这是很明显的漏洞，张大爷没有警觉。张大爷不该私下接受卖家的解锁程序进行解锁，那是木马程序。

第 2 错：对方之所以提供"解锁文件"，并让支付 1 元进行激活，是为了骗取张大爷的银行账号和密码。很不幸，张大爷没有意识到，提供了自己的账号和密码进行了所谓的"解锁"。

第 3 错：既然经常网购，张大爷计算机中就应该安装安全软件进行保护。

这里也为喜欢网购的人提个醒，可以通过以下几招，避免再次坠入同类钓鱼陷阱。

（1）在网上购物"下单"或支付运费时，要按一般程序登录有关付款网页，不要接收任何卖家发来的文件，也不要相信卖家发过来的链接，更不可在该链接的网页上进行付款操作。

（2）对一些超低价商品，要提高警惕，低于市价太多的商品，十有八九是有问题的。

（3）对于一些看起来比较"别扭"的网址，不要轻易打开，更不要在上面填写任何个人信息，如姓名、电话、银行卡账号等。

（4）用于进行网购或其他付款的计算机一定要安装杀毒软件并及时升级，定期对计算机中的文件进行杀毒。防止在购物网站为商品付款时被木马篡改交易数据，将钱财转移到黑客的口袋中。

10.1 认识木马

木马与计算机网络中常常要用到的远程控制软件有些相似，通过一段特定的程序（木马程序）来控制另一台计算机，从而窃取用户资料、破坏用户的计算机系统等。

10.1.1 木马的发展历程

木马（Trojan）一词来源于古希腊传说"荷马史诗中木马计"的故事。木马程序技术发展可谓非常迅速，主要是有些年轻人出于好奇，或是急于显示自己的实力，不断改进木马程序的编写。至今木马程序已经经历了六代的改进。

- 第一代：是最原始的木马程序。主要是简单的密码窃取，通过电子邮件发送信息等，具备了木马最基本的功能。
- 第二代：在技术上有了很大的进步，冰河是中国木马的典型代表之一。
- 第三代：主要改进在数据传递技术方面，出现了 ICMP 等类型的木马，利用畸形报文传递数据，增加了杀毒软件查杀识别的难度。
- 第四代：在进程隐藏方面有了很大改动，采用了内核插入方式，利用远程插入线程技术，嵌入 DLL 线程。或者挂接 PSAPI，实现了木马程序的隐藏，甚至在 Windows NT/2000 下，都达到了良好的隐藏效果。灰鸽子和蜜蜂大盗是比较出名的 DLL 木马。
- 第五代：驱动级木马。驱动级木马多数都使用了大量的 Rootkit 技术来达到深度隐藏的效果，并深入到内核空间，感染后针对杀毒软件和网络防火墙进行攻击，可将系统 SSDT 初始化，导致杀毒防火墙失去效应。有的驱动级木马可驻留 BIOS，并且很难查杀。
- 第六代：随着身份认证 UsbKey 和杀毒软件主动防御的兴起，黏虫技术类型和特殊反显技术类型木马逐渐开始系统化。前者主要以盗取和篡改用户敏感信息为主，后者以动态口令和硬证书攻击为主。PassCopy 和暗黑蜘蛛侠是这类木马的代表。

10.1.2 木马的组成

一个完整的木马由 3 部分组成，即硬件部分、软件部分和具体连接部分，这 3 部分分别有着不同的功能。

1. 硬件部分

硬件部分是指建立木马连接必需的硬件实体，包括控制端、服务端和 Internet 3 部分。

- 控制端：对服务端进行远程控制的一端。
- 服务端：被控制端远程控制的一端。
- Internet：数据传输的网络载体，控制端通过 Internet 远程控制服务端。

2. 软件部分

软件部分是指实现远程控制所必需的软件程序，主要包括控制端程序、服务端程序、木马配置程序 3 部分。

- 控制端程序：控制端用于远程控制服务端的程序。
- 服务端程序：又称为木马程序。它潜藏在服务端内部，向指定地点发送数据，如网络游戏的密码、即时通信软件密码和用户上网密码等。
- 木马配置程序：用户设置木马程序的端口号、触发条件、木马名称等属性，使得服务端程序在目标计算机中潜藏得更加隐蔽。

3. 具体连接部分

具体连接部分是指通过Internet在服务端和控制端之间建立一条木马通道所必需的元素，包括控制端/服务端IP和控制端/服务端端口两部分。

- 控制端/服务端IP：木马控制端和服务端的网络地址，是木马传输数据的目的地。
- 控制端/服务端端口：木马控制端和服务端的数据入口，通过这个入口，数据可以直达控制端程序或服务端程序。

10.1.3 木马的分类

随着网络技术的发展，木马程序技术也发展迅速。现在的木马已经不仅仅具有单一的功能，而是集多种功能于一身。根据木马功能的不同，将其划分为破坏型木马、远程访问型木马、密码发送型木马、键盘记录木马、DOS攻击木马等。

1. 破坏型木马

这种木马的唯一功能就是破坏并且删除计算机或手机中的文件，非常危险，一旦被感染就会严重威胁到计算机或手机的安全。不过像这种恶意破坏的木马，黑客也不会随意传播。

2. 远程访问木马

这种木马是一种使用很广泛并且危害很大的木马程序。它可以远程访问并且直接控制被入侵的计算机或手机。从而任意访问该计算机或手机中的文件，获取计算机或手机用户的私人信息，如银行账号、密码等。

3. 密码发送型木马

这是一种专门用于盗取目标计算机或手机中密码的木马文件。有些用户为了方便使用Windows的密码记忆功能进行登录，从而不必每次都输入密码；有些用户喜欢将一些密码信息以文本文件的形式存放于计算机或手机中。这样确实为用户带来了一定方便，但是却正好为密码发送型木马带来了可乘之机，它会在用户未曾发觉的情况下，搜集密码发送到指定的邮箱，从而达到盗取密码的目的。

4. 键盘记录木马

这种木马非常简单，通常只做一件事，就是记录目标计算机或手机键盘敲击的按键信息，并且在LOG文件中查找密码。该木马可以随着Windows的启动而启动，并且有在线记录和离线记录两个选项，从而记录用户在在线和离线状态下敲击键盘的按键情况，从中提取密码等有效信息。当然这种木马也有邮件发送功能，需要将信息发送到指定的邮箱中。

5．DOS 攻击木马

随着 DOS 攻击的广泛使用，DOS 攻击木马使用得也越来越多。黑客入侵一台计算机或手机后，在该计算机或手机种上 DOS 攻击木马，那么以后这台计算机或手机也会成为黑客攻击的帮手。黑客通过扩充控制肉鸡的数量来提高 DOS 攻击取得的成功率。所以这种木马不是致力于感染一台计算机或手机，而是通过它攻击一台又一台计算机或手机，从而造成很大的网络伤害并且带来损失。

10.2　木马的伪装与生成

黑客们往往会使用多种方法来伪装木马，降低用户的警惕性，从而实现欺骗用户的目的。为让用户执行木马程序，黑客需通过各种方式对木马进行伪装，如伪装成网页、图片、电子书等。

10.2.1　木马的伪装手段

随着越来越多的人对木马的了解和防范意识的加强，对木马传播起到了一定的抑制作用，为此，木马设计者们就开发了多种功能来伪装木马，以达到降低用户警觉、欺骗用户的目的。下面就来详细了解木马的常用伪装方法。

1．修改图标

现在已经有木马可以将木马服务端程序的图标改成 HTML、TXT、ZIP 等各种文件的图标，这就具备了相当大的迷惑性。不过，目前提供这种功能的木马还很少见，并且这种伪装也极易被识破，所以完全不必担心。

2．冒充图片文件

这是许多黑客常用来骗别人执行木马的方法，就是将木马说成图像文件，如照片等，应该说这是最不合逻辑的，但却是中招人最多。只要入侵者扮成美眉及更改服务端程序的文件名为"类似"图像文件的名称，再假装传送照片给受害者，受害者就会立刻执行它。

3．文件捆绑

这种伪装手段是将木马捆绑到一个安装程序上，当安装程序运行时，木马在用户毫无察觉的情况下偷偷地进入了系统。被捆绑的文件一般是可执行文件（如 EXE、COM 一类的文件）。这样做对一般人的迷惑性很大，而且即使他以后重装系统，如果他的系统中还保存了那个文件，就有可能再次中招。

4. 出错信息显示

众所周知，当在打开一个文件时如果没有任何反应，很可能就是个木马程序。为规避这一缺陷，已有设计者为木马提供了一个出错显示功能。该功能允许在服务端用户打开木马程序时，弹出一个假的出错信息提示框（内容可自由定义），多是一些诸如"文件已破坏，无法打开！"之类的信息，当服务端用户信以为真时，木马已经悄悄侵入了系统。

5. 把木马伪装成文件夹

把木马文件伪装成文件夹图标后，放在一个文件夹中，然后在外面再套三四个空文件夹，很多人出于连续单击的习惯，单击到那个伪装成文件夹的木马时，也会收不住鼠标单击下去，这样木马就成功运行了。识别方法：不要隐藏系统中已知文件类型的扩展名称。

6. 给木马服务端程序更名

木马服务端程序的命名有很大的学问。如果不做任何修改，就使用原来的名字，谁不知道这是个木马程序呢？所以木马的命名也是千奇百怪。不过大多是改为和系统文件名差不多的名字，如果用户对系统文件不够了解，可就危险了。例如，有的木马把名字改为window.exe，还有的就是更改一些后缀名，如把 dll 改为 d11（注意看是数字"11"而非英文字母"ll"）等。

7. 自我销毁

在服务端，用户打开含有木马的文件后，木马会将自己复制到 Windows 的系统文件夹中（一般位于 C:\Windows\system）。一般来说，原木马文件和系统文件夹中的木马文件大小一样（捆绑文件的木马除外），只要在近来收到的信件和下载的软件中找到原木马文件，再根据原木马的大小去系统文件夹中查找相同大小的文件，判断一下哪个是木马即可。

10.2.2 使用文件捆绑器

黑客可以使用木马捆绑技术将一个正常的可执行文件和木马捆绑在一起。一旦用户运行这个包含有木马的可执行文件，就可以通过木马控制或攻击用户的计算机，下面主要以 EXE 捆绑机来讲解如何伪装成可执行文件。

EXE 捆绑机可以将两个可执行文件（即 .exe 文件）捆绑成一个文件，运行捆绑后的文件等于同时运行了两个文件。它会自动更改图标，使捆绑后的文件与捆绑前的文件图标一样。具体的使用过程如下。

（1）启动 EXE 捆绑机，在主界面中单击"点击这里 指定第一个可执行文件"按钮，如图 10-1 所示。

（2）在打开的对话框中选择要指定的第一个可执行文件，单击"打开"按钮，如图 10-2 所示。

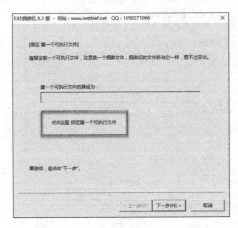

图 10-1　　　　　　　　　　　　　　　　图 10-2

（3）然后可以在程序的主界面中看到指定的文件路径，单击"下一步"按钮，如图 10-3 所示。

（4）在打开的界面中单击"点击这里 指定第二个可执行文件"按钮，如图 10-4 所示。

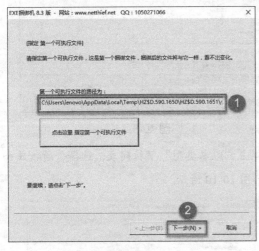
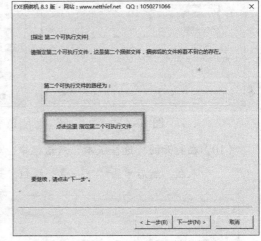

图 10-3　　　　　　　　　　　　　　　　图 10-4

（5）在打开的"请指定第二个可执行文件"对话框中，选择木马文件，单击"打开"按钮，如图 10-5 所示。

（6）然后可以看到指定的文件路径出现在文本框中，单击"下一步"按钮，如图 10-6 所示。

（7）在主界面中，单击"点击这里 指定保存路径"按钮，如图 10-7 所示。

（8）在打开的"保存为"对话框中，在"文件名"后的文本框中输入文件名称，单击"保存"按钮，如图 10-8 所示。

（9）然后可以在程序主界面中看到指定的文件路径，单击"下一步"按钮，如图 10-9 所示。

图 10-5

图 10-6

图 10-7

图 10-8

（10）在打开的"选择版本"对话框中，单击"版本类型"下拉列表，选择普通版或个人版，然后单击"下一步"按钮，如图 10-10 所示。

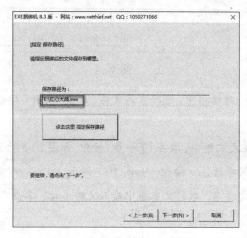

图 10-9

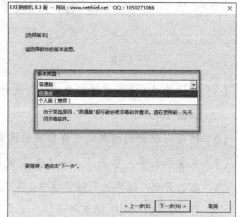

图 10-10

（11）在返回的主界面中单击"点击这里 开始捆绑文件"按钮，如图 10-11 所示。

（12）关闭杀毒软件提示，单击"确定"按钮，如图 10-12 所示。

图 10-11   图 10-12

（13）捆绑成功后系统会给出提示，单击"确定"按钮即可，如图 10-13 所示。

（14）然后就可以在相应的文件保存位置看到相应的捆绑文件了，如图 10-14 所示。

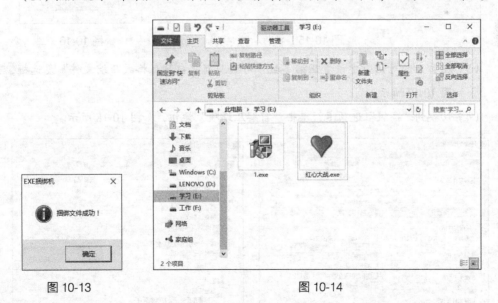

图 10-13   图 10-14

【提示】

在执行过程中最好将第一个可执行文件选择为一个正常的可执行文件，第二个可执行文件选择为木马文件，这样捆绑后的文件图标会与正常的可执行文件图标相同。

10.2.3 制作自解压木马

随着网络安全水平的提高，木马很容易就被查杀出来，因此木马种植者就会想出各种办法伪装和隐藏自己的行为，利用 WinRAR 自解压功能能捆绑木马就是手段之一。

（1）准备好需要捆绑的文件，并将要捆绑的文件放在同一个文件夹内，如图 10-15 所示。

（2）右键单击要捆绑的文件夹，在弹出的快捷菜单中选择"添加到压缩文件"命令，如图 10-16 所示。

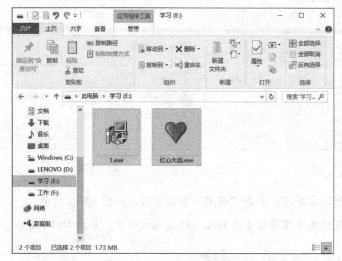

图 10-15

图 10-16

（3）在打开的对话框中设置压缩参数，勾选"创建自解压格式压缩文件"复选框，如图 10-17 所示。

（4）切换到"高级"选项卡，单击"自解压选项"按钮，如图 10-18 所示。

图 10-17

图 10-18

（5）在打开的"高级自解压选项"对话框中，切换到"模式"选项卡，选中"安静模式"下的"全部隐藏"单选钮，如图 10-19 所示。

（6）切换到"文本和图标"选项卡，在相应的文本框内输入"自解压文件窗口标题"和"自解压文件窗口中显示的文本"，单击"确定"按钮，如图 10-20 所示。

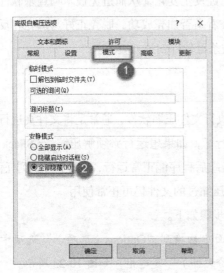

图 10-19

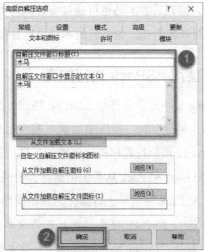

图 10-20

（7）在返回的对话框中切换到"注释"选项卡，查看注释内容，单击"确定"按钮，如图 10-21 所示。

（8）然后就可以在相应的位置看到生成的自解压压缩文件了，如图 10-22 所示。

图 10-21

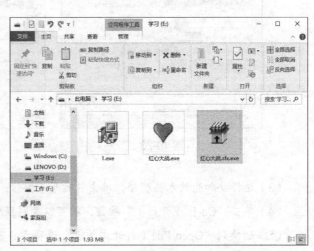

图 10-22

10.3 木马的加壳与脱壳

加壳就是将一个可知性程序中的各种资源，包括对 exe.dll 等文件进行压缩。压缩后的可执行文件依然可以正确运行，运行前先在内存中将各种资源解压缩，再调入资源执行程序。加壳后的文件变小了，而且文件的运行代码已经发生变化，从而避免被木马查杀软件扫描出来并查杀，加壳后的木马也可通过专业软件查看是否加壳成功。脱壳正好与加壳相反，指脱掉加在木马外面的壳，脱壳后的木马很容易被杀毒软件扫描并查杀。

10.3.1 使用 ASPack 进行加壳

ASPack 是一款非常好的 32bit PE 格式可执行文件压缩软件，通常是将文件夹进行压缩，用来缩小其储存空间，但压缩后就不能再运行了，如果想运行必须解压缩。ASPack 是专门对 Windows 32 可执行程序进行压缩的工具，压缩后程序能正常运行，丝毫不会受到任何影响。而且即使已经将 ASPack 从系统中删除，曾经压缩过的文件仍可正常使用。

利用 ASPack 对木马进行加壳的具体操作步骤如下。

（1）运行 ASPack 程序，在打开的主界面中切换到"Options（选项）"选项卡，取消勾选"Create backup copy（创建备份文件）"复选框，如图 10-23 所示。

（2）切换到"Open File（打开文件）"选项卡，单击"Open"按钮，如图 10-24所示。

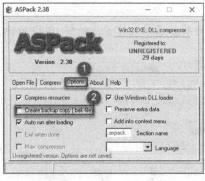
图 10-23

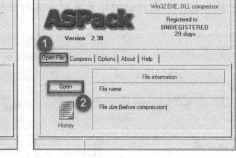
图 10-24

（3）选择要加壳的木马程序，单击"打开"按钮，如图 10-25 所示。

（4）单击"Go！（开始）"按钮，就可以看到程序开始压缩了，如图 10-26 所示。

（5）切换到"Open File（打开文件）"选项卡，可以看到木马程序压缩前和压缩后的文件大小，如图 10-27 所示。

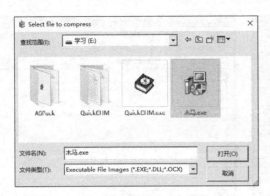

图 10-25

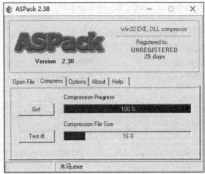

图 10-26

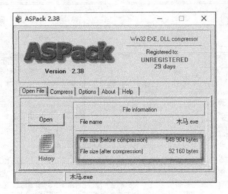

图 10-27

10.3.2 使用"北斗压缩"对木马服务端进行多次加壳

虽然为木马加过壳之后，可以躲过杀毒软件，但还会有一些特别强的杀毒软件仍然可以查杀出只加过一次壳的木马，所以只有进行多次加壳才能保证不被杀毒软件查杀。

北斗压缩（Nspack）是一款拥有自主知识产权的压缩软件，用它可以制作免杀的软件，压缩后的程序在网络上可减少程序的加载和下载时间。主要的选项是压缩资源、忽略重定位节、在压缩前备份程序、强制压缩等。

使用"北斗压缩"给木马服务端进行多次加壳的具体操作步骤如下。

（1）运行"北斗压缩"软件，切换至"配置选项"选项卡，勾选"处理共享节""最大程度压缩""使用 Windows DLL 加载器"等重要参数，如图 10-28 所示。

（2）切换到"文件压缩"选项卡，单击"打开"按钮，如图 10-29 所示。

（3）选择可执行文件，单击"打开"按钮，如图 10-30 所示。

（4）单击"压缩"按钮，对木马程序进行压缩，如图 10-31 所示。

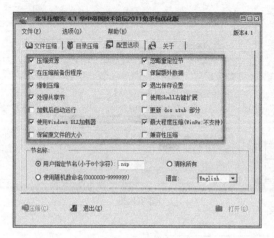

图 10-28

图 10-29

图 10-30

图 10-31

【提示】

（1）当有大量的木马程序需要进行压缩加壳时，可以使用"北斗压缩"的"目录"压缩功能进行批量压缩加壳。

（2）经过"北斗压缩"加壳的木马程序，可以使用 ASPack 等加壳工具进行再次加壳，这样木马程序就有了两层壳的保护。

10.3.3 使用 PE-Scan 检测木马是否加过壳

PE-Scan 是一个类似 FileInfo 和 PE iDentifier 的工具，可以检测出加壳时使用了哪种技术，给脱壳 / 汉化 / 破解带来了极大的便利。PE-Scan 还可检测出一些壳的入口点（OEP），方便手动脱壳，对加壳软件的识别能力完全超过 FileInfo 和 PE iDentifier，能识别出绝大多数壳的类型。另外，还具备高级扫描器，具备重建脱壳后文件的资源表功能。

具体的使用步骤如下。

（1）运行 PE-Scan 程序，单击"选项"按钮，如图 10-32 所示。

（2）根据提示信息勾选相关选项的复选框，单击"关闭"按钮，如图 10-33 所示。

 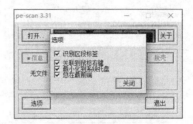

图 10-32   图 10-33

（3）返回主界面，单击"打开"按钮，如图 10-34 所示。

（4）在打开的"分析文件"对话框中，选择要进行分析的文件，单击"打开"按钮，如图 10-35 所示。

 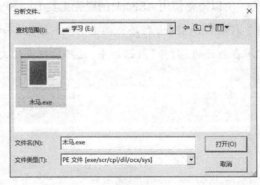

图 10-34   图 10-35

（5）然后就可以看到文件的加壳信息了，如图 10-36 所示。

（6）单击"入口点"按钮，可以看到文件的入口点、偏移量等信息，如图 10-37 所示，然后单击"高级扫描"按钮。

图 10-36   图 10-37

（7）在打开的"高级扫描"对话框中单击"启发特征"下的"入口点"按钮，查看最接近的匹配信息，如图10-38所示。

（8）单击"链特征"下的"入口点"按钮，查看最长的链等信息，如图10-39所示。

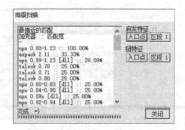
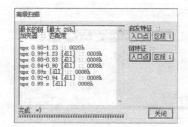

图 10-38   图 10-39

10.3.4 使用 UnASPack 进行脱壳

在查出木马的加壳程序之后，就需要找到原加壳程序进行脱壳，上述木马使用 ASPack 进行加壳，所以需要使用 ASPack 的脱壳工具 UnASPack 进行脱壳。具体的操作步骤如下。

（1）启动 UnASPack 程序，单击"…"按钮，如图10-40所示。

（2）在打开的"打开"对话框中，选择要脱壳的文件，单击"打开"按钮，如图10-41所示。

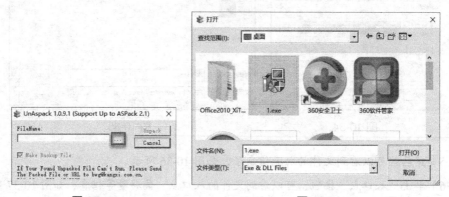

图 10-40   图 10-41

（3）在返回的主界面中单击"UnPack"按钮即可成功脱壳，如图10-42所示。

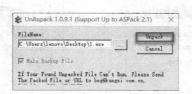

图 10-42

【提示】

使用 UnASPack 进行脱壳时要注意，UnASPack 的版本要与加壳时的 ASPack 一致才能够成功为木马脱壳。

10.4　木马的清除

如果不了解发现的木马病毒，要想确定木马的名称、入侵端口、隐藏位置和清除方法等都非常困难，这时就需要使用木马清除软件清除。

10.4.1　在"Windows 进程管理器"中管理进程

进程是指系统中应用程序的运行实例，是应用程序的一次动态执行，是操作系统当前运行的执行程序。右键单击桌面下方的任务栏，在打开的下拉菜单中选择"任务管理器"命令，即可打开"任务管理器"窗口，在"进程"选项卡中可对进程进行查看和管理，如图 10-43 所示。

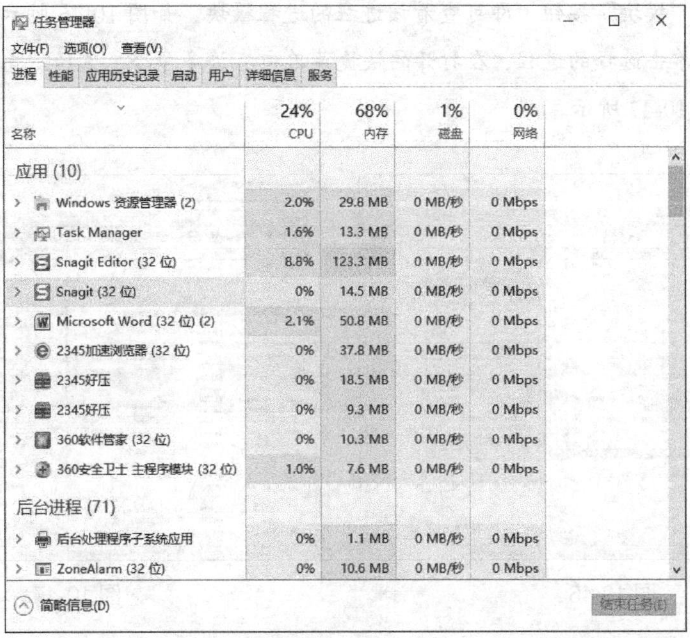

图 10-43

要想更好、更全面地对进程进行管理，还需要借助"Windows 进程管理器"软件的功能才能实现，具体的操作步骤如下。

（1）启动 PrcMgr.exe 程序，即可打开"Windows 进程管理器"的窗口，查看系统当前正在运行的所有进程，如图 10-44 所示。

（2）单击"描述"按钮，选择进程列表中的一个进程，即可查看该进程的相关信息，如图 10-45 所示。

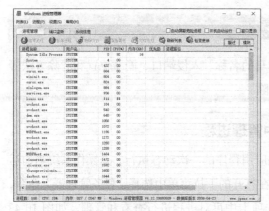

图 10-44

图 10-45

（3）单击"模块"按钮，即可查看该进程的进程模块，如图 10-46 所示。

（4）右键单击选择的进程，在打开的快捷菜单中有许多命令，选择"查看属性"命令，如图 10-47 所示。

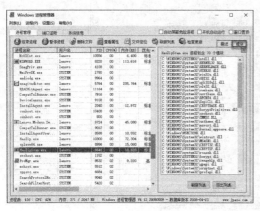

图 10-46

图 10-47

（5）然后就可以看到该进程的属性了，如图 10-48 所示。

（6）返回到主界面，切换到"系统信息"选项卡，可以查看系统的有关信息，并可以监视内存和 CPU 的使用情况，如图 10-49 所示。

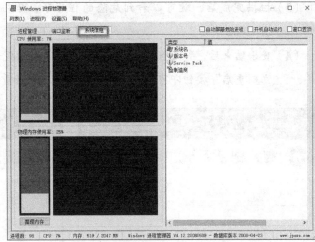

图 10-48 图 10-49

10.4.2 用 360 安全卫士清除木马

360 安全卫士是当前国内功能强、效果好、深受用户喜爱的上网必备安全软件。360 安全卫士除了用于清理插件、修复漏洞、计算机体检等多种功能外，还有查杀木马的功能，甚至独创了"木马防火墙"功能，可以依靠抢先侦测和云端鉴别，全面、智能地拦截各类木马，保护用户的账号、隐私等重要信息。目前木马对计算机安全的威胁远超过病毒，360 安全卫士运用云安全技术，在拦截和查杀木马的效果、速度及专业性上表现出色，能有效防止个人数据和隐私被木马窃取，被誉为"防范木马的第一选择"。

本小节就为大家介绍如何使用 360 安全卫士清除木马。

（1）打开 360 安全卫士，单击"木马查杀"图标后，再单击"立即扫描"按钮，如图 10-50 所示。

（2）然后就可以看到系统在进行扫描了，如图 10-51 所示。

图 10-50 图 10-51

（3）扫描完成后，就可以看到危险的程序了，单击"一键处理"按钮进行查杀，如图 10-52 所示。

（4）查杀结束后，系统会弹出是否要重启计算机的提示，如果想现在重启，单击"好的，立刻重启"按钮即可，也可单击"稍后我自行重启"按钮，如图 10-53 所示。

图 10-52

图 10-53

10.4.3 用木马清除专家清除木马

木马清除专家是一款专业防杀木马软件，可以彻底查杀各种流行的 QQ 盗号木马、网游盗号木马、黑客后门等上万种木马间谍程序。软件的使用方法如下。

（1）启动木马清除专家，单击主界面左侧的"扫描内存"按钮，如图 10-54 所示。

（2）扫描完成后，就可以在页面中看到扫描的结果了，如图 10-55 所示。

图 10-54

图 10-55

（3）单击左侧的"扫描硬盘"按钮，有3种扫描方式，即快速扫描、全盘扫描和自定义扫描，根据需要选择其中之一进行扫描即可，如图 10-56 所示。

（4）然后系统开始扫描，用户可以随时单击"停止扫描"按钮终止扫描，如图 10-57
所示。

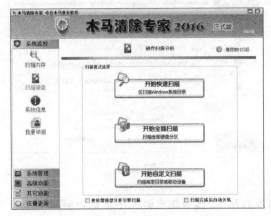

图 10-56

图 10-57

（5）单击主界面左侧的"系统信息"按钮可以查看 CPU 占有率及内存使用情况等信息，
单击"优化内存"按钮可以对系统内存进行优化，如图 10-58 所示。

（6）单击主界面左侧的"系统管理"按钮，选择下拉菜单中的"进程管理"选项，在
列表中选择任一进程，在"进程识别信息"文本框中可以看到进程的信息，遇到
可以终止进程时单击"中止进程"按钮即可，如图 10-59 所示。

图 10-58

图 10-59

（7）选择"启动管理"选项，可以查看启动项目的详细信息，发现木马时可以单击"删
除项目"按钮删除该木马，如图 10-60 所示。

（8）选择"高级功能"下的"修复系统"选项，根据提示信息单击页面中的修复链接
对系统进行修复，如图 10-61 所示。

图 10-60

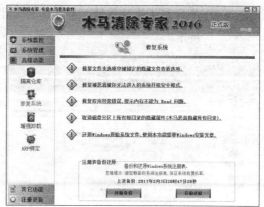

图 10-61

（9）选择"ARP绑定"选项，在网关IP及网关的MAC选项组中输入IP地址和MAC地址，勾选"开启ARP单向绑定功能"复选框，如图10-62所示。

（10）选择"修复IE"选项，勾选需要修复选项的复选框并单击"开始修复"按钮，如图10-63所示。

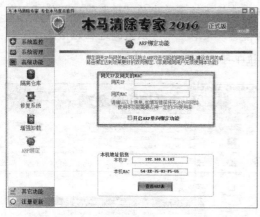

图 10-62

图 10-63

（11）选择"网格状态"选项，查看进程、端口、远程地址和状态等信息，如图10-64所示。

（12）选择"辅助工具"选项，单击"浏览添加文件"按钮添加文件，然后单击"开始粉碎"按钮删除无法删除的顽固木马，如图10-65所示。

（13）单击"其他辅助工具"按钮，可以根据功能有针对性地使用各种工具，如图10-66所示。

（14）选择"监控日志"选项，定时查看监控日志用来查找黑客入侵的痕迹，如图10-67所示。

图 10-64

图 10-65

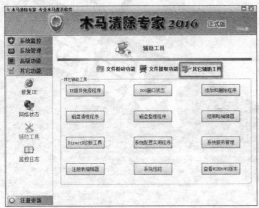

图 10-66

图 10-67

第11章
入侵检测

入侵检测技术可以实时监控网络传输，自动检测可疑行为，分析来自网络外部入侵信号和内部的非法活动，在系统受到危害前发出警告提示，对攻击做出实时的响应，并提供补救措施，最大程度地保障系统安全。

案例：美国达拉斯警笛声持续一小时

2017 年 4 月 10 日，美国德克萨斯州达拉斯市官员称，由于计算机黑客入侵，达拉斯市所有紧急警报系统在夜里鸣叫了 90 分钟左右，这是至今出现的最大规模警报系统入侵事故。

周围的夜间紧急警报器在星期五晚上启动，报警声超过一个小时，促使大量的电话打入该市 911 中心。市应急管理处的官员已经确认没有紧急情况，而是达拉斯紧急警报器系统被黑客入侵。该市新闻办公室主任萨娜·赛义德告诉记者，这个城市的 156 个紧急警报器被激活。

但是，达拉斯城市官员没有透露进一步细节。达拉斯警报系统现在已经重新上线并运行。但是，根据知情人士透露，在警报系统被黑之后，城市官员被迫拔掉整个系统，工程师收到关闭警报器无线电系统和中继器，完全停用警报系统。调查后，城市官员确认了系统存在的漏洞，并且进行了及时修补。

城市应急管理主任罗克·瓦兹（Rocky Vaz）表示："就目前而言，我们可以满怀信心地告诉你，有人从外部入侵系统，激活了警报器。"瓦兹援引安全专家的话称，本次入侵事件是紧急警报系统受影响最大的一次，大多数入侵只会激活一个或两个警报器。他还说："这样的事故极为罕见。"

该市正在寻找保护整个系统免受再次攻击的方法。达拉斯市市长麦克罗林斯告诉《达拉斯晨报》，这个事件迫使市政府需要升级和更好地维护城市技术基础设施，而且该市正在努力查明和起诉这些黑客。

入侵检测是指试图监视和尽可能阻止有害信息的入侵，或其他能够对用户的系统和网络资源产生危害的行为。简单地说，它是这样工作的：用户有一个计算机系统，它与网络连接着，也许也同互联网连接。由于一些原因，它允许网络上的授权用户访问该计算机。例如，有一个链接着互联网的 Web 服务器，允许自己的客户、员工和一些潜在的客户，访问存放在该 Web 服务器上的 Web 页面。

入侵检测可以采取更多的措施，大致有以下几种。

（1）放置在防火墙和一个安全系统之间，基于网络的入侵检测系统，就能够给该系统提供另外层次的保护。

（2）监视从互联网上来的对安全系统的敏感数据端口的访问，可以判断防火墙是否被攻破，或是否采取一种未知的技巧来绕过防火墙的安全机制，从而访问被保护的网络。

11.1　入侵检测系统介绍

11.1.1　入侵检测系统概述

入侵检测系统是一种能对潜在的入侵行为做出记录和预测的智能化、自动化的软件或硬件系统。

有些人可能认为，系统本身自带的日志功能就能记录攻击行为。但实际上，日志系统虽然可以记录一定的系统事件，但它远远不能完成分析、记录入侵行为的工作，因此入侵行为往往是按照特定的规律进行的，如果没有入侵检测系统的帮助，单靠日志记录将很难分析出哪些是恶意的入侵行为，哪些是正常的服务请求。

与其他安全产品不同的是，入侵检测系统需要更多的智能，它必须可以将得到的数据进行分析，并得出有用的结果。一个合格的入侵检测系统能大大简化管理员的工作，保证网络安全地运行。因此，入侵检测被认为是防火墙之后的第二道安全闸门，在不影响网络性能的情况下能对网络进行监测，从而提供对内部攻击、外部攻击和误操作的实时保护。通过它可以执行以下任务。

（1）监视、分析用户及系统活动。

（2）系统构造和弱点的审计。

（3）识别反映已知进攻的活动模式并向相关人士报警。

（4）异常行为模式的统计分析。

（5）评估重要系统和数据文件的完整性。

（6）操作系统的审计跟踪管理，并识别用户违反安全策略的行为。

下面从入侵检测系统的功能及入侵检测技术两个方面，来对此系统进行简单介绍。

11.1.2　入侵检测系统的功能

对一个成功的入侵检测系统来讲，它不但可以使系统管理员时刻了解网络系统（包括程序、文件和硬件设备等）的变更情况，还能给网络安全策略的制订提供指南。更为重要的是，它应该管理、配置简单，从而使非专业人员非常容易地获得网络安全，而且入侵检测的规模还应随着网络威胁、系统构造和安全需求的改变而改变。入侵检测系统在发现入侵后，会及时做出响应，包括切断网络连接、记录事件和报警等。具体来说，入侵检测系统有以下主要功能。

（1）监测并分析用户和系统的活动。

（2）检查系统配置和漏洞。

（3）评估系统关键资源和数据文件的完整性。

（4）识别已知的攻击行为。

（5）统计分析异常行为。

（6）操作系统日志管理，并识别违反安全策略的用户活动。

11.1.3 入侵检测技术

入侵检测技术从时间上可分为实时入侵检测和事后入侵检测两种。

（1）实时入侵检测在网络连接过程中进行，系统根据用户的历史行为模型、存储在计算机中的专家知识及神经网络模型对用户当前的操作进行判断，一旦发现入侵迹象立即断开入侵者与主机的连接，并收集证据和实施数据恢复。这个检测过程是不断循环进行的。

（2）事后入侵检测由网络管理人员进行，他们具有网络安全的专业知识，根据计算机系统对用户操作所做的历史审计记录判断用户是否具有入侵行为，如果有就断开连接，并记录入侵证据和进行数据恢复。事后入侵检测是管理员定期或不定期进行的，不具有实时性，因此防御入侵的能力不如实时入侵检测系统。

从技术上讲，入侵检测也可以分为两种：一种基于标志（Signature-based）；另一种基于异常情况（Anomaly-based）。

（1）基于标志的检测技术首先要定义违背安全策略的事件特征，如网络数据包的某些头信息。检测主要判别这类特征是否在所收集到的数据中出现。此方法非常类似于杀毒软件。

（2）基于异常的检测技术则是先定义一组系统"正常"情况的数值，如 CPU 利用率、内存利用率、文件校验和等（这些数据可以人为定义，也可以通过观察系统并用统计的办法得出），然后将系统运行时的数值与所定义的"正常"情况数值进行比较，进而寻找被攻击的迹象。这种检测方式的核心在于如何定义"正常"情况。

两种检测技术的方法所得出的结论有非常大的差异。基于标志的检测技术的核心是维护一个知识库，对于一个已知的攻击，它可以详细、准确地报告出攻击类型，但是对未知攻击却效果有限，而且知识库必须不断更新。基于异常的检测技术则无法准确判别出攻击的手法，但它可以（至少在理论上可以）判别更广泛、甚至未发觉的攻击。

如果条件允许，两者结合的检测会达到更好的效果。

入侵检测作为一种积极主动的安全防护技术，提供了对内部攻击、外部攻击和误操作的实时保护，在网络系统受到危害之前拦截和响应入侵。从网络安全立体纵深、多层次防御的角度出发，入侵检测理应受到人们的高度重视，这从国外入侵检测产品市场的蓬勃发展就可以看出。在国内，随着上网的关键部门、关键业务越来越多，迫切需要具有自主知识产权的入侵检测产品。

未来的入侵检测系统将会结合其他网络管理软件，形成入侵检测、网络管理、网络监控三位一体的工具。强大的入侵检测软件的出现极大地方便了网络的管理，其实时报警为网络安全增加了又一道保障。尽管在技术上仍有许多未克服的问题，但正如攻击技术不断发展一样，入侵的检测也会不断更新、成熟。同时，网络安全需要纵深的、多样的防护。即使拥有当前最强大的入侵检测系统，如果不及时修补网络中的安全漏洞，安全也无从谈起。

11.2 入侵检测系统的分类

一般来说，入侵检测系统可分为主机型和网络型。

主机型入侵检测系统往往以系统日志、应用程序日志等作为数据源，当然也可以通过其他手段（如监督系统调用）从所在的主机收集信息进行分析。主机型入侵检测系统的保护一般是所在的系统。

网络型入侵检测系统的数据原则是网络上的数据包。往往将一台机器的网卡设为混杂模式（Promisc Mode），监听所有本网段内的数据包并坚信判断。一般网络型入侵检测系统担负着保护整个网段的任务。

不难看出，网络型 IDS 的优点主要是简便：一个网段上只需安装一个或几个这样的系统，便可以监测整个网段的情况，且由于往往分出单独的计算机做这种应用，不会给运行关键业务的主机带来负载上的增加。但现在网络的日趋复杂和高速网络的普及，这种结构正受到越来越大的挑战。

尽管主机型 IDS 的缺点显而易见——必须为不同平台发不同的程序增加系统负荷、所需安装数量众多等，但是内在结构却没有任何束缚，同时可以利用操作系统本身提供的功能，并结合异常分析，更准确地报告攻击行为。

11.2.1 基于网络的入侵检测系统

基于网络的入侵检测，这种类型一般安装在需要保护的网段中，利用网络侦听技术实时监视网段中传输的各种数据包，并对这些数据包的内容、源地址、目的地址等进行分析和检测。如果发现入侵行为或可疑事件，入侵检测系统就会发出警报甚至切断网络连接，其整个入侵检测结构如图 11-1 所示。

网络接口卡（NIC）可以在以下两种模式下工作。

- 正常模式。需要向计算机发送（通过包的以太网或 MAC 地址进行判断）数据包，通过该主机系统进行中继转发。
- 混杂模式。此时以太网上所能见到的数据包都向该主机系统中继。

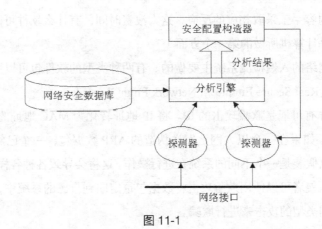

图 11-1

一块网卡可以从正常模式向混杂模式转换，通过使用操作系统的底层功能就能直接告诉网卡进行如此改变。通常，基于网络的入侵检测系统要求网卡处于混杂模式。

1. 包嗅探器和网络监视器

包嗅探器和网络监视器的最初设计目的是帮助监视以太网络的通信。最早有两种产品，即 Novell LANalyser 和 Network Monitor。这些产品可以抓获所有网络上能够看到的包。一旦抓获了这些数据包，就可以进行以下的工作。

- 可以对包进行统计。统计通过的数据包，并统计该时期内通过的数据包的总的大小（包括总的开销，如包的报头），可很好地知道网络的负载状况。LANalyser 和 Network Monitor 都提供了网络相关负载的图形化或图表表现形式。
- 可以详细地检查包。如可抓获一系列到达 Web 服务器的数据包来诊断服务器的问题。

近年来，包嗅探产品已经成为独立的产品。程序（如 Ethereal 和 Network Monitor 的最新版本）可以对内部各种类型的包进行拆分，从而可以知道包内部发生了什么类型的通信。这些工具同时也能被用来进行破坏活动。

2. 包嗅探器和混杂模式

所有的包嗅探器都要求网络接口运行在混杂模式下。只有运行在混杂模式下，包嗅探器才能接收通过网络接口卡的每个包。在安装包嗅探器的机器上运行包嗅探器通常需要管理员的权限，这样网卡的硬件才能被设置为混杂模式。

另一点需要考虑的是，在交换机上使用。在一个网络中，它比集线器使用得更多。注意，在交换机的一个接口上收到的数据包不总是被送向交换机的其他接口的。由于这种原因，使用交换机多的环境（比都使用集线器的环境）通常可以击败包嗅探器的使用。

3. 基于网络的入侵检测：包嗅探器的发展

从安全的观点来看，包嗅探器所带来的好处很少。抓获网络上的每个数据包，拆分该包，然后再根据包的内容手工采取相应的反应，这太浪费时间，有什么软件可以自动执行这些程序呢（毕竟，这是计算机所做的第一个方面）？

这就是基于网络的入侵检测系统主要做的。有两种类型的软件包可以用来进行这类入侵检测，那就是 ISS Real Secure Engine 和 Network Flight Recorder。

识别各种各样有可能是欺骗攻击的 IP。将 IP 地址转化为 MAC 地址的 ARP 协议通常就是一个攻击目标。如果在一个以太网上发送伪造的 ARP 数据包，一个已经获得系统访问权限的入侵者就可以假装是一个不同的系统在进行操作。这将会导致各种各样的拒绝服务攻击，也叫系统劫持。入侵者可以使用欺骗攻击将数据包重定向到自己的系统中，同时在一个安全的网络上进行中间类型的攻击来进行欺骗。

通过对 ARP 数据包的记录，基于网络的入侵检测系统就能识别出受害的源以太网地址和判断是否是一个破坏者。当检测到一个不希望看到的活动时，基于网络的入侵检测系统将会采取行动，包括干涉从入侵者处发来的通信或重新配置附近的防火墙策略，来封锁从入侵者的计算机或网络发来的所有通信。

11.2.2 基于主机的入侵检测系统

基于主机的入侵检测，这种类型的入侵检测系统运行在需要监视的系统上。它们监视系统并判断系统上的活动是否可接受。如果一个网络数据包已经到达它要试图进入的主机，要想准确地检测出来并进行阻止，除防火墙和网络监视器外，还可用第三道防线来阻止，即"基于主机的入侵检测"。其入侵检测结构如图 11-2 所示。

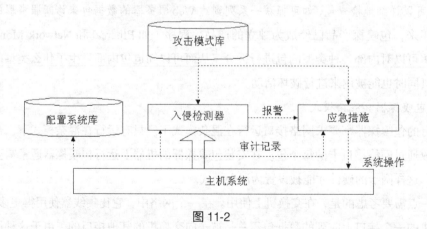

图 11-2

两种基于主机的入侵检测类型如下。

- 网络监视器。它监视进来主机的网络连接，并试图判断这些连接是否是一个威胁。

  并可检查出网络连接表达的一些试图进行的入侵类型。记住，这与基于网络的入侵检测不同,因为它只监视它所运行的主机上的网络通信,而不是通过网络的所有通信。基于此种原因,它不需要网络接口处于混杂模式。

- 主机监视器。它监视文件、文件系统、日志或主机其他部分,查找特定类型的活动,进而判断是否是一个入侵企图(或一个成功的入侵)之后,通知系统管理员。

1. 监视进来的连接

在数据包到达主机系统的网络层之前,检查试图访问主机的数据包是可以的。这种机制试图在到达的数据包能够对主机造成破坏之前,截获该数据包而保护该主机。

可以采取的活动主要有以下两个。

- 检测试图与未授权的 TCP 或 UDP 端口进行的连接。如果试图连接没有服务的端口,这通常表明入侵者在搜索查找漏洞。
- 检测进来的端口扫描。再一次,这是个一定要对付的问题,并给防火墙发警告或修改本地的 IP 配置以拒绝从可能的入侵者主机来的访问。

可以执行这种监视类型的两种软件产品分别是 ISS 公司的 Real Secure 和 Port Sentry。

2. 监视登录活动

尽管管理员已经尽最大努力,同时刚刚配置并不断检查入侵检测软件,但仍然可能有某些入侵者采取目前都不知道的入侵攻击方法来进入系统。一个攻击者可以通过各种方法(包嗅探器或其他)获得一个网络密码,从而有可能进入该系统。

查找系统上的不一般的活动是一个如 Host Sentry 软件的工作。这种类型的包监视器,尝试登录或退出,从而给系统管理员发出警告,该活动是不一般的或不希望的。

3. 监视 root 的活动

获得要进行破坏的系统超级用户(Root)或管理员的访问权限,是所有入侵者的目标。除了在特定的时间内对系统进行定期维护外,对如 Web 服务器或数据库服务器,进行良好的维护和在可靠的系统上对超级用户进行维护,通常是几乎没有或很少进行的活动。但入侵者不信任系统维护,他们很少在定期的维护时间工作,而经常是在上面进行很长时间的活动。他们在该系统上执行很多不一般的操作,有时比系统管理员的操作都多。

4. 监视文件系统

一旦一个入侵者侵入了一个系统(虽然已尽最大努力使得入侵检测系统发挥最佳效果,但也不能完全排除入侵者侵入系统的可能性),就要改变系统的文件。例如,一个成功入侵者可能想要安装一个包嗅探器或端口扫描检测器,或者修改一些系统文件或程序,使得不能检测出他们在周围进行的入侵活动。在一个系统上安装软件通常包括修改系统的某些部分,这些修改通常是要修改系统上的文件或库。

11.3 基于漏洞的入侵检测系统

黑客利用漏洞进入系统，再悄然离开，整个过程可能系统管理员毫无察觉，等黑客在系统内胡作非为后才发现为时已晚。为防患于未然，应对系统进行扫描，发现漏洞及时补救。

扫描系统漏洞要借助专业的漏洞扫描工具，这里以"流光 5.0"为例进行介绍。

流光在国内的安全爱好者心中可以说是无人不晓，它不仅仅是一个安全漏洞扫描工具，更是一个功能强大的透渗测试工具。流光以其独特的 C/S 结构设计的扫描设计颇得好评。

11.3.1 运用流光进行批量主机扫描

流光的使用因功能较多，所以对初学者来说显得有些烦琐，不过幸好这个过程需要的时间不会太久。下面将为大家详细讲述用流光扫描主机漏洞的方法，具体操作步骤如下。

（1）运行程序"流光"，选择"文件"/"高级扫描向导"命令，或者直接按"Ctrl"+"W"组合键，如图 11-3 所示。

（2）打开"设置"对话框，在相应文本框内输入"起始地址""结束地址"，将"目标系统"设置为"Windows NT/2000"，然后单击"下一步"按钮，如图 11-4 所示。

图 11-3

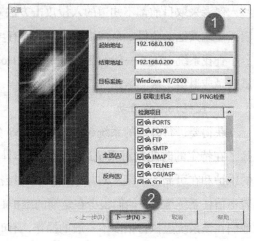

图 11-4

（3）进入"PORTS"对话框，勾选"自定端口扫描范围"复选框，然后指定扫描的端口范围，单击"下一步"按钮，如图 11-5 所示。

（4）进入"POP3"对话框，单击"下一步"按钮，如图 11-6 所示。

（5）进入"FTP"对话框，单击"下一步"按钮，如图 11-7 所示。

（6）进入"SMTP"对话框，单击"下一步"按钮，如图 11-8 所示。

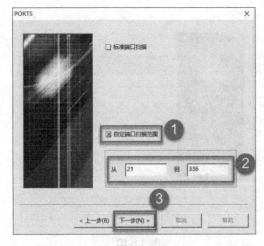

图 11-5

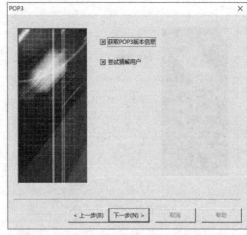

图 11-6

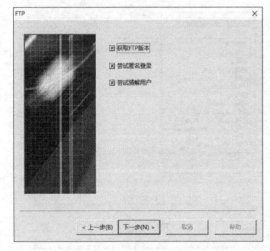

图 11-7

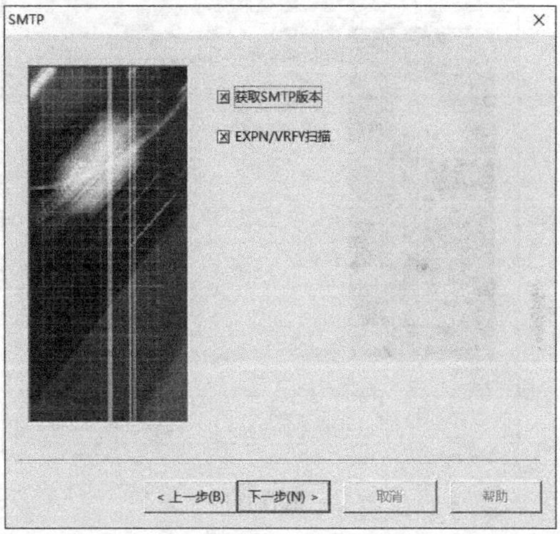

图 11-8

（7）进入"IMAP"对话框，单击"下一步"按钮，如图 11-9 所示。

（8）进入"Telnet"对话框，取消勾选"SunOS Login 远程溢出"复选框，单击"下一步"按钮，如图 11-10 所示。

（9）进入"CGI"对话框，单击"下一步"按钮，如图 11-11 所示。

（10）打开"CGI Rules"对话框，在操作系统类型列表框中选择"Windows NT/2000"选项，根据需要选中或清空下方扫描列表的具体选项，然后单击"下一步"按钮，如图 11-12 所示。

（11）进入"SQL"对话框，单击"下一步"按钮，如图 11-13 所示。

（12）进入"IPC"对话框，单击"下一步"按钮，如图 11-14 所示。

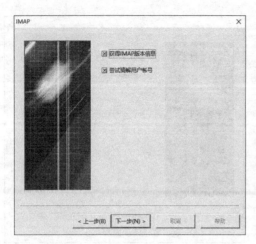

图 11-9

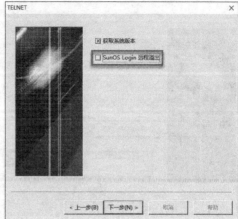

图 11-10

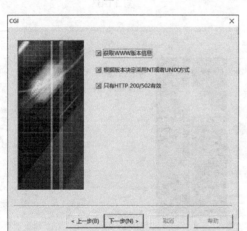

图 11-11

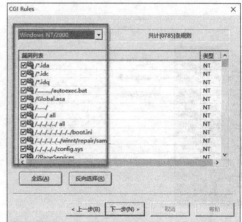

图 11-12

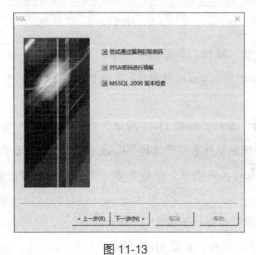

图 11-13

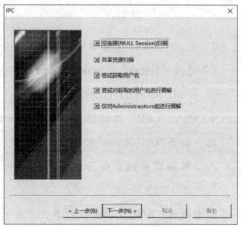

图 11-14

（13）进入"IIS"对话框，单击"下一步"按钮，如图 11-15 所示。

（14）进入"MISC"对话框，单击"下一步"按钮，如图 11-16 所示。

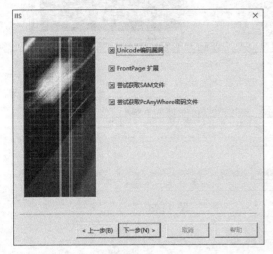

图 11-15

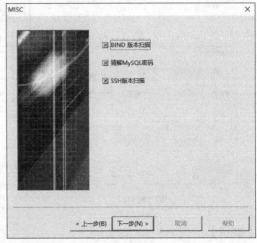

图 11-16

（15）进入"PLUGINGS"对话框，将操作系统的类型设置为"Windows NT/2000"选项，单击"下一步"按钮，如图 11-17 所示。

（16）进入"选项"对话框，单击"完成"按钮，如图 11-18 所示。

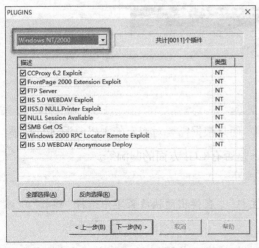

图 11-17

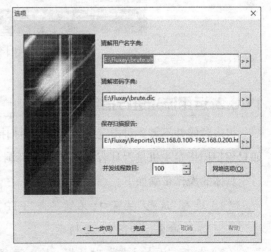

图 11-18

（17）进入"选择流光主机"对话框，单击"开始"按钮，如图 11-19 所示。

（18）然后程序就会开始扫描，可以查看到正在扫描的内容，如图 11-20 所示。

图 11-19

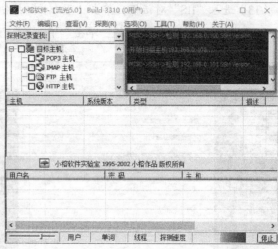

图 11-20

【提示】

　　　　流光的扫描引擎既可以安装在不同的主机上，也可以直接从本地启动。如果没有安装
　　　过任何扫描引擎，流光将使用默认的本地扫描引擎。

（19）当扫描到安全漏洞时流光会弹出一个"探测结果"窗口，在其中可以看到能够连
　　　接成功的主机和其扫描到的安全漏洞信息，如图 11-21 所示。

图 11-21

11.3.2 运用流光进行指定漏洞扫描

　　很多时候并不需要对指定主机进行全面扫描，而是根据需要对指定的主机漏洞进行扫描，
如只想扫描指定主机是否具有 FTP 方面的漏洞、是否有 CGI 方面的漏洞等。

　　具体的操作步骤如下。

（1）进入"流光"主窗口，右键单击"FTP 主机"，在弹出的快捷菜单中选择"编辑"/"添
　　　加"命令，如图 11-22 所示。

（2）打开"添加主机"对话框，输入远程主机的域名或 IP 地址，单击"确定"按钮，
　　　如图 11-23 所示。

（3）右键单击添加的主机"192.168.0.105"，在弹出的快捷菜单中选择"编辑"/"从
　　　列表中添加"命令，如图 11-24 所示。

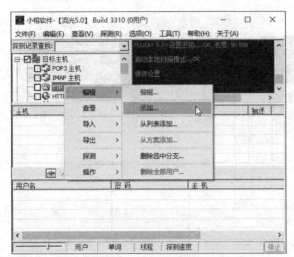

图 11-22   图 11-23

（4）打开"打开"对话框，选择流光安装目录中含有用户名列表的 Name 文件，单击"打开"按钮，如图 11-25 所示。

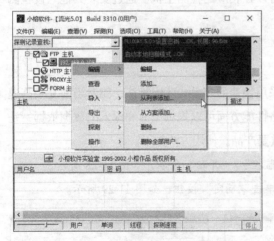

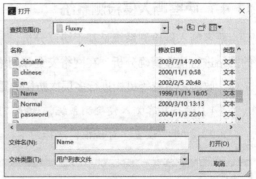

图 11-24   图 11-25

（5）双击"显示所有项目"选项，如图 11-26 所示。

（6）"显示所有项目"选项将切换成"隐藏所有项目"选项，而且用户列表中的所有用户都将显示出来，单击勾选或取消复选框来决定用户名的选用与否，如图 11-27 所示。

（7）按"Ctrl"＋"F7"组合键，即可令流光开始 FTP 的弱口令探测。当流光探测到弱口令后，在主窗口下方将会出现探测出的用户名、密码和 FTP 地址。

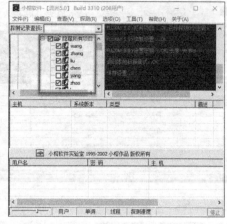

图 11-26   图 11-27

11.4　使用入侵检测系统

除入侵检测设备自带的管理系统外，还可以在相应的检测主机上通过安装其他入侵检测工具来实现安全检测的目的。

11.4.1　萨客嘶入侵检测系统

萨客嘶入侵检测系统是基于协议分析，采用快速的多模式匹配算法，能对当前复杂高速的网络进行快速精确分析。在网络安全和网络性能方面可以提供全面和深入的数据依据，是企业、政府、学校等机构进行多层次防御的重要产品。使用方法如下。

（1）运行萨客嘶入侵检测系统，选择"监控"/"开始"命令，如图 11-28 所示。

（2）打开"设置"对话框，选择网卡，单击"确定"按钮，如图 11-29 所示。

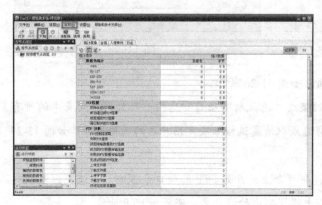

图 11-28   图 11-29

【提示】

　　因为该检测系统是通过适配器来捕捉网络中正在传输的数据，并对其进行分析，所以
正确选择网卡是能够捕捉到入侵的关键一步。

（3）系统可以对本机所在的局域网内所有的主机进行监控，可以看到检测到主机的 IP
　　　地址、对应的 MAC 地址、本机的运行状态及数据包统计、TCP 连接情况、FTP
　　　分析等信息，如图 11-30 所示。

（4）切换至"会话"选项卡，可以看到在监控时进行会话的源 IP 地址、源端口、目标
　　　IP 地址、目标端口、使用到的协议类型、状态、事件、数据包、字节等信息，如
　　　图 11-31 所示。

图 11-30　　　　　　　　　　　　　　　　　图 11-31

（5）在"会话信息"列表框中右键单击某条信息，在弹出的快捷菜单中选择"按源节
　　　点进行过滤"命令，即可按某个源 IP 地址显示会话信息；在左边的节点列表中右
　　　键单击某个物理地址，在快捷菜单中选择"增加别名"命令，如图 11-32 所示。

（6）打开"增加别名"对话框，在"别名"文本框中输入名称之后，单击"确定"按钮，
　　　如图 11-33 所示。

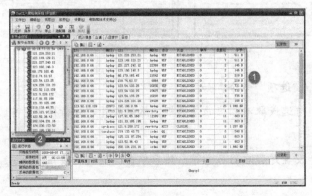

图 11-32　　　　　　　　　　　　　　　　　图 11-33

（7）然后看到该物理地址刚自定义的名称，如图11-34所示。

（8）切换到"入侵事件"选项卡，如果存在违反安全策略的行为和被攻击的迹象，可以在该界面看到入侵事件的详细信息，如图11-35所示。

图 11-34   图 11-35

（9）切换到"日志"选项卡，单击"自定义列"按钮，自定义日志的显示格式如图11-36所示。

（10）打开"表格显示定义"对话框，勾选相应的日志复选框，单击"确定"按钮，如图11-37所示。

图 11-36   图 11-37

（11）返回主界面，选择"设置"/"选项"命令，如图11-38所示。

（12）进入"详细设置"对话框，勾选或取消相应的复选框，然后展开"分析模块"中的各个子项，如图11-39所示。

（13）选择"入侵分析器"选项，设置是否启用日志等，然后单击"确定"按钮，如图11-40所示。

（14）返回主界面，选择"设置"/"别名设置"命令，如图11-41所示。

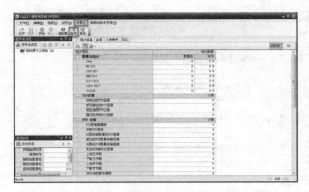

图 11-38

图 11-39

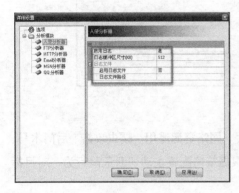

图 11-40

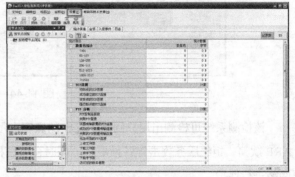

图 11-41

（15）打开"别名设置"对话框，对物理地址、IP 地址、端口进行各种操作，如添加、编辑、删除、导出等，如图 11-42 所示。

（16）返回主界面，选择"设置"/"检测规则设置"命令，如图 11-43 所示。

图 11-42

图 11-43

（17）打开"入侵规则设置"对话框，可对各种入侵规则进行添加规则、删除规则、增加选项、删除选项等操作，如图 11-44 所示。

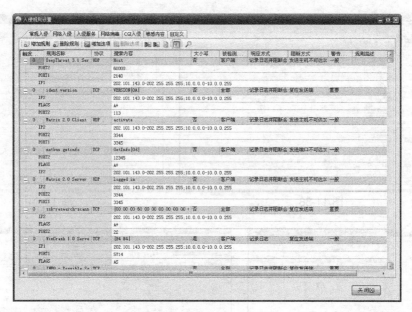

图 11-44

该检测系统可检测出用户网络中存在的黑客入侵、网络资源滥用、蠕虫攻击、后门木马、ARP 欺骗、拒绝服务攻击等各种威胁。同时，可以根据策略配置主动切断危险行为，对目标网络进行保护。

11.4.2 Snort 入侵检测系统

Snort 是一个基于 libpcap 的轻量级网络入侵检测系统，可记录所有可能的入侵企图。记录信息的文件可以是文本、XML、libpcap 格式，也可以把信息记录到 syslog 或数据库中。

1. Snort 的系统组成

Snort 运行在一个"传感器（sensor）"主机上，可监听网络数据。Snort 还是一个自由、简洁、快速、易于扩展的入侵检测系统，已经被移植到了各种平台中，如 Windows 平台、UNIX 平台等。Snort 主要功能有 3 种，即数据包嗅探器、数据包记录器、网络入侵检测。

Snort 主要由以下几部分组成。

（1）数据包解码器。数据包解码器主要是对各种协议栈上的数据包进行解析、预处理，以便提交给检测引擎进行规则匹配。

（2）检测引擎。Snort 用一个二维链表存储其检测规则，一维称为规则头，另一维称为规则选项。规则匹配查找采用递归法进行，检测机制只针对当前已经建立的链表选项进行检测。

（3）日志子系统。Snort 可供选择的日志形式有文本形式、二进制形式、关闭日志服务 3 种。

（4）报警子系统。报警形式有 5 种：报警信息可发往系统日志；用文本形式记录到报警文件中去；用二进制形式记录到报警文件中去；通过 Samba 发送 WinPopup 信息；关闭报警，什么也不做。

2. Snort 命令介绍

虽然已出现了 Windows 平台基于 Snort.exe 程序的图形窗口控制程序 idscenter.exe，但还是不能避免使用命令。下面详细介绍 Snort 命令及其参数的作用。

Snort 的命令行的通用形式为：Snort -[options]。

各个参数功能如下。

- -A: 选择设置警报的模式为 full、fast、unsock 和 none。full 模式是默认警报模式，它记录标准的 alert 模式到 alert 文件中；fast 模式只记录时间戳、消息、IP 地址、端口到文件中；unsock 模式是发送到 UNIX socket；none 模式是关闭报警。
- -a: 显示 ARP 包。
- -b: 以 Tcpdump 格式记录 LOG 的信息包，所有信息包都被记录为二进制形式，用这个选项记录速度相对较快，因为它不需要把信息转化为文本的时间。
- -c: 使用配置文件，这个规则文件是告诉系统什么样的信息要 LOG，或报警或通过。
- -C: 只用 ASCII 码来显示数据报文负载，不用十六进制。
- -d: 显示应用层数据。
- -D: 使 Snort 以守护进程形式运行，警报将默认被发送到 /var/log/snort.alert 文件中去。
- -e: 显示并记录第二层信息包头数据。
- -F: 从文件中读 BPF 过滤器（filters）。
- -g: Snort 初始化后使用用户组标志（group ID），这种转换使得 Snort 放弃了在初始化必须使用 root 用户权限从而更安全。
- -h: 使用这个选项 Snort 会用箭头的方式表示数据进出的方向。
- -i: 在网络接口上监听。
- -I: 添加第一个网络接口名字到警报输出。
- -l: 把日志信息记录到目录中去。
- -L: 设置二进制输出的文件名。
- -m: 设置所有 Snort 输出文件的访问掩码。
- -M: 发送 WinPopup 信息到包含文件存在的工作站列表中，该选项需要 Samba 的支持。
- -n: 指定在处理数据包后退出。
- -N: 关闭日志记录，但 Alert 功能仍旧正常工作。

- -o: 改变规则应用到数据包上的顺序，正常情况下采用 Alert → Pass → Log order，而采用此选项的顺序是 Pass → Alert → Log order，其中 Pass 是那些允许通过的规则，Alert 是不允许通过的规则，Log 指日志记录。
- -O: 使用 ASCII 码输出模式时本地网 IP 地址被代替成非本地网 IP 地址。
- -p: 关闭混杂（Promiscuous）嗅探方式，一般用来更安全地调试网络。
- -P: 设置 Snort 的抓包截断长度。
- -r: 读取 tcpdump 格式的文件。
- -s: 把日志警报记录到 syslog 文件，在 Linux 中警告信息会记录在 /var/log/secure，在其他平台上将出现在 /var/log/message 中。
- -S: 设置变量 n=v 的值，用来在命令行中定义 Snort rules 文件中的变量，如要在 Snort rules 文件中定义变量 HOME_NET，用户可以在命令行中给它预定义值。
- -t: 初始化后改变 Snort 的根目录到目录。
- -T: 进入自检模式，Snort 将检查所有的命令行和规则文件是否正确。
- -u: 初始化后改变 Snort 的用户 ID。
- -v: 显示 TCP/IP 数据包头信息。
- -V: 显示 Snort 版本并退出。
- -y: 在记录的数据包信息的时间戳上加上年份。
- -?: 显示 Snort 简要的使用说明并退出。

3. Snort 的工作模式

Snort 拥有 3 种工作模式，分别为嗅探器模式、分组日志模式与网络入侵检测模式。

（1）嗅探器模式。

Snort 使用 Libpcap 包捕获库，即 TCPDUMP 使用的库。在这种模式下，Snort 使用网络接口的混杂模式读取并解析共享信道中的网络分组。该模式的命令如下。

- ./snort -v: 在屏幕上显示 TCP/IP 等的网络数据包头信息。
- ./snort -vd: 显示较详细的包括应用层的数据传输信息。
- ./snort -vde: 显示更详细的包括数据链路层的数据信息。

（2）分组日志模式。

如果要把这些数据信息记录到硬盘上并指定到一个目录中，就需要使用 Packet Logger 模式。该模式的命令如下。

- ./snort -vde -l ./log: 把 Snort 抓到的数据链路层、TCP/IP 报头、应用层的所有信息存入当前文件夹的"log"目录中（如果"log"目录存在），这里的"log"目录用户可以进行位置更换。

- ./snort -vde -l ./log -h 192.168.1.0/24: 记录 192.168.1.0/24 这个 C 类网络的所有进站数据包信息到"log"目录中去，其"log"目录中的子目录名以计算机的 IP 地址为名以相互区别。

- ./snort -l ./log–b: 记录 Snort 抓到的数据包并以 TCPDUMP 二进制的格式存放到"log"目录中，而 Snort 一般默认的日志形式是 ASCII 文本格式。ASCII 文本格式便于阅读，二进制的格式转化为 ASCII 文本格式无疑会加重工作量，所以在高速的网络中，由于数据流量太大，应该采用二进制的格式。

- ./snort -dvr packet.log: 此命令是读取"packet.log"日志中的信息到屏幕上。

（3）网络入侵检测模式（NIDS）。

网络入侵检测模式是用户最常用到的模式，是用户需要掌握的重点。这种模式其实混合了嗅探器模式和分组日志模式，且需要载入规则库才能工作。

该模式的命令格式为：./snort -vde -l ./log -h 192.168.1.0/24 -c snort.conf。

表示载入"snort.conf"配置文件，并将 192.168.1.0/24 网络的报警信息记录到 ./log 中去。这里的"snort.conf"文件可以换成用户自己的配置文件，载入 snort.conf 配置文件后 Snort 将会应用设置在 snort.conf 中的规则去判断每一个数据包及其性质。如果没有用参数 -l 指定日志存放目录，系统默认将报警信息放入 /var/log/snort 目录下。另外，如果用户没有记录链路层数据的需要或要保持 Snort 的快速运行，可以把 -v 和 -e 关掉。

关于网络入侵检测模式还需要注意它的警报输出选项，Snort 有多种警报的输出选项，其命令格式为：./snort -A fast -l ./log -h 192.168.1.0/24 -c snort.conf。表示载入"snort.conf"配置文件，启用 fast 警报模式，以默认 ASCII 格式将 192.168.1.0/24 网络的报警信息记录到 ./log 中去。这里的 fast 可以换成 full、none 等，但在大规模高速网络中最好用 fast 模式。

若命令格式为：./snort -s -b -l ./log -h 192.168.1.0/24 -c snort.conf，表示以二进制格式将警报发送给 syslog，其余的与上面的命令一样。

需要注意的是，警报的输出模式虽然有 6 种，但用参数 -A 设置的只有 4 种，其余的syslog 用参数 s，smb 模式使用参数 M。

第 12 章
QQ 安全指南

QQ 是当前国内使用最广泛的即时通信软件这一。在聊天过程中，会涉及很多重要的信息和数据，因此很多 QQ 号引起了黑客的兴趣，他们盗窃 QQ 号内的 Q 币等财产，或利用盗窃的账号发布商业营销信息或诈骗信息，极大地危害了 QQ 用户的信息和财产安全。

案例：QQ 盗窃

如果 QQ 号被盗，你知道能卖多少钱吗？只有 1 元，但它就像一个多米诺骨牌，可能引来 QQ 上所有好友被骗子误导。

QQ 上帮同事充值 4000 多元

郑女士是绍兴市区人，2016 年 12 月初，她收到某"同事"发来的 QQ 信息，对方说自己手机即将停机，请她帮忙充一些话费，并附上话费充值的链接。郑女士也没多想，单击链接并付了款。随后该"同事"又以手机快关机为由，请郑女士帮忙买些游戏充值卡，郑女士知道她喜欢玩游戏，又替对方付了钱。一个晚上共替"同事"付了 4200 多元。

过了两天，郑女士忍不住催同事还款。两人一对质，大呼上当。原来同事的 QQ 被陌生人异地登录。两人赶紧向当地戴山派出所报警。

警方介绍，这是一起典型的盗窃 QQ 账号并冒充好友实施诈骗的案件。经过侦查，警方发现以曹某为首的作案团伙，其他诈骗团伙也参与其中，于是一条黑色 QQ 诈骗"产业链"浮出水面。

每个 QQ 卖 1 元，卖了上百万

2016 年 12 月 14 日，主犯曹某在哈尔滨落网。在前期审讯中得知，曹某手中有近 200 万条 QQ 账号和密码信息。曹某交代说，这些 QQ 号是从一个绰号为"大姐"的女人手中买来的，单价是每个账号 1.2 元。而"大姐"魏某手上的账号，则来自湖南郴州的一个黑客团伙，价格为 1 元 1 条。

在这一犯罪链条中，黑客是至关重要的一环。越城区公安分局网警大队大队长钱警官介绍，"诈骗团伙和黑客们之间交易量巨大，每次打包买卖 QQ 账号，动辄几十万甚至上百万。"

"以前黑客通过木马程序盗取 QQ 账号，现在完全不同了。"钱警官介绍，黑客们利用某些网站的漏洞，通过"留学生""游戏"等热门关键词搜索网站，抓取相关网站域名，侵入网站或论坛后台，非法盗取用户信息，通过批量比对的方式，将账号和密码进行匹配。

2017 年 1 月 4 日，越城公安分局组织 80 余名警力分赴黑龙江哈尔滨、辽宁大连、山东滨州、湖南郴州等地蹲守彻查，先后抓获 31 名犯罪嫌疑人。目前，越城警方已梳理 500 多万条 QQ 账号和密码，查获涉案账户 800 多个。而受害者达上千人，涉案金额还在统计中。

警方：不同平台的密码要有区分

很多人注册网页、论坛都会使用同一个账号和密码，这样很危险！警方和相关安全专家提醒，用户登录不同的网页或平台，重要的账号、密码要尽量有所区分。在使用公共免费

WiFi 时，更要注意对个人信息的保护，收到不明来源的网站链接不要轻易点开。

接下来，本章就为大家介绍 QQ 密码的窃取、QQ 软件的控制、强化 QQ 密码安全等内容。

12.1 认识 QQ 漏洞

腾讯公司开发的 QQ 软件是目前使用最广泛的即时通信软件之一，拥有数量庞大的用户群，正因为如此，针对 QQ 的攻击也层出不穷。下面先介绍一些 QQ 漏洞的知识及修复 QQ 漏洞的方法。

12.1.1 QQ 漏洞的常见类型

QQ 备受黑客的"关注"，再加之如今的 QQ 经过多次升级，除了普通的聊天功能外还扩展了很多方面的业务，如游戏、邮箱及虚拟货币——Q 币等，在无形中就增加了漏洞存在的可能，为了保护自身权益，需阻断黑客入侵的途径，即 QQ 漏洞。常见的 QQ 漏洞可以分为以下几类。

1. 程序漏洞

QQ 程序漏洞指其聊天软件本身存在的各种漏洞，黑客利用这些漏洞可以在使用 QQ 聊天的过程中散发携带恶意代码的网址和程序脚本等，如臭名昭著的 QQ 尾巴病毒。另外，还可以利用程序漏洞对聊天对象发动信息 Flood 攻击和 IP 攻击等，这些攻击为很多用户带来了困扰。

2. 后台服务漏洞

QQ 程序在后台有很多支持服务程序，这也不可避免地会存在漏洞。如 TXPlatform.exe 进程，它的作用是禁止同一 QQ 号码多次登录，如果该进程意外中止就可以在一台计算机上登录多个相同号码的 QQ，这个漏洞虽然不严重，但是为不少用户提升 QQ 等级提供了可能。

3. 游戏漏洞

QQ 游戏是腾讯公司随 QQ 推出的重头软件之一，其中包含了大部分休闲小游戏，让人们在工作之余可以放松身心，此举也赢得了大量用户的"芳心"。但它同样也不能逃过黑客的魔掌，通过 QQ 游戏漏洞刷 Q 币、刷积分及窃取 QQ 号码的行为屡见不鲜，随时都在威胁用户的利益安全。

4. 业务漏洞

除了 QQ 游戏外，腾讯公司还推出了 QQ Show、Q Zone、QQ 邮箱、QQ 音乐、QQ 直播和 QQ 宠物等服务，它们都可通过 Q 币支持，因为 Q 币可以与流通货币相互兑换，这就引起了黑客的觊觎。通过 QQ 业务漏洞，能非法获得大量 Q 币、免费对 QQ Show 和 Q Zone 进行装饰等。

12.1.2 修复 QQ 漏洞

虽然 QQ 漏洞层出不穷，但由于其软件升级、更新频繁等原因，QQ 漏洞都具有一定的时效性。一个漏洞被发现后，腾讯公司就会以最快的速度发布补丁将其弥补以减少该漏洞造成的损失。发现和修补漏洞的过程就是这样周而复始地进行着。

要修补 QQ 漏洞就要注意随时升级 QQ 版本，安装最新的补丁，同时在腾讯官方网站选用最新的 QQ 版本进行下载，因为经过修改的 QQ 程序在功能上比官方的版本更详尽。安装 QQ 后，可设置其自动检测并更新，其方法如下。

（1）打开 QQ 的主界面，单击窗口左下方的菜单按钮，在弹出的隐藏菜单中选择"设置"命令，如图 12-1 所示。

（2）在打开的系统设置界面中，单击左侧窗格中的"软件更新"选项，然后在右侧窗格中选中"有更新时自动为我安装（推荐）"单选钮，如图 12-2 所示。

图 12-1

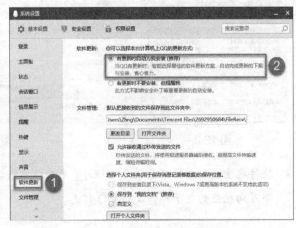

图 12-2

12.2 常见 QQ 盗号软件大揭秘

QQ 是人们常用的聊天工具，黑客通过攻击 QQ 获取密码，可以了解用户的聊天内容和重要的信息。本节将介绍几种常见的 QQ 盗号软件。

12.2.1 使用"啊拉 QQ 大盗"盗窃 QQ 密码

"啊拉 QQ 大盗"具有摧毁防火墙、遇还原精灵自动转存密码信息和为木马程序自定义图标等功能，通常黑客使用它来盗取 QQ 密码。

（1）启动"啊拉 QQ 大盗"，在其主界面的"发信模式选择"选项组中选中"邮箱收信"单选钮，然后在"邮箱收信模式"栏中设置相应的邮箱地址、账号和密码，在"高级设置"栏中设置生成病毒所具备的功能，单击"生成木马"按钮，如图 12-3 所示。

（2）在打开的"另存为"对话框中，单击"保存在"右侧的下拉按钮，在弹出的下拉列表中选择文件要保存的位置，然后在"文件名"文本框中输入要保存文件的名称，单击"保存"按钮，如图 12-4 所示。

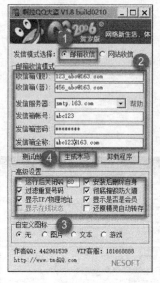
图 12-3

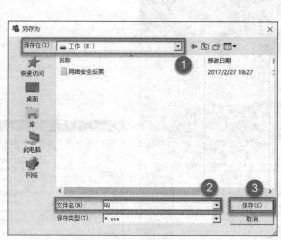
图 12-4

（3）软件将生成相应的病毒服务端程序。用户只需将该病毒发送到目标计算机并运行，即可向相应的电子邮件发送 QQ 信息。

12.2.2 使用"键盘记录王者"窃取 QQ 密码

"键盘记录王者"软件可记录多种受安全控件保护的密码，如 QQ、TM、阿里旺旺和 MSN 等，该软件无使用时间限制，注册码可以终身使用并无运行次数限制，并且能有效记录用户的账户和密码信息，在 QQ 密码的窃取中有着明显的优势。

下面将使用"键盘记录王者"生成服务端以窃取目标 QQ 密码。

（1）启动"键盘记录王者"软件，在"远程邮箱地址"栏的"每隔"文本框中输入"10"，在其后的文本框中输入接收键盘记录的邮箱地址 abc_123@163.com，在"快捷键"栏的数字框中选择"1"，然后勾选"安装端开机自动启动"和"跟踪网页控件"复选框，单击"生成安装端"按钮，如图 12-5 所示。

（2）在打开的"另存为"对话框中，单击"保存在"右侧的下拉列表，选择文件要保存的位置，在"文件名"文本框中输入文件名称，然后单击"保存"按钮，如图 12-6 所示。

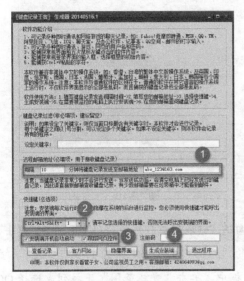

图 12-5

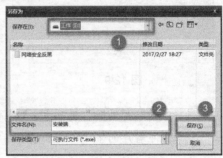

图 12-6

（3）系统会提示用户是否确定要执行客户端，单击"是"按钮，如图 12-7 所示。

（4）打开文件所保存的位置，就可以看到生成的安装端了，如图 12-8 所示。

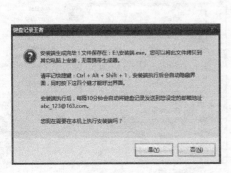

图 12-7

图 12-8

12.2.3 使用"广外幽灵"窃取 QQ 密码

"广外幽灵"是一款键盘记录软件，使用它不仅能记录键盘输入的英文及符号，还可以截获任何位置的以星号或黑点形式的密码，并把记录的内容保存到指定的文件中或以 E-mail 的形式发送到指定邮箱。

使用"广外幽灵"窃取 QQ 密码的具体操作步骤如下。

（1）启动"广外幽灵"程序，系统会弹出一个"警告"窗口，单击窗口右上方的"×"按钮，如图 12-9 所示。关闭该窗口即可启动程序，如图 12-10 所示。

图 12-9　　　　　　　　　　　　　　　　图 12-10

（2）选择"读取密码框"选项卡，取消勾选"读取所有程序的密码"复选框，单击"只读取以下程序的密码"文本框右侧的"浏览"按钮，如图 12-11 所示。

（3）在打开的"请选择一个文件"对话框中，单击"查找范围"下拉列表选择 QQ 程序的安装位置，在中间的列表框中选择 QQ.exe 选项，单击"打开"按钮，如图 12-12 所示。

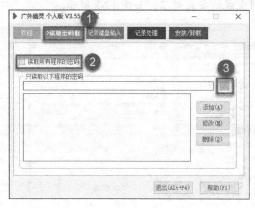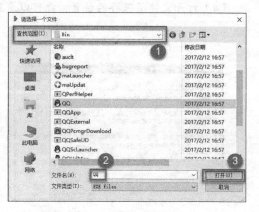

图 12-11　　　　　　　　　　　　　　　　图 12-12

（4）返回"广外幽灵"程序主界面，在"只读取以下程序的密码"文本框中将列出已选择的程序，单击右侧的"添加"按钮，将其添加到下方的列表框中，如图 12-13 所示。

（5）切换到"记录键盘输入"选项卡，取消勾选"记录所有程序的键盘和输入法输入"复选框，然后用上面提到的方法将 QQ 程序添加到下方的列表框中，如图 12-14 所示。

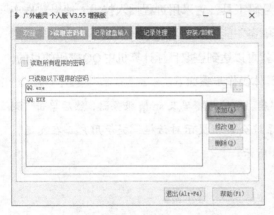
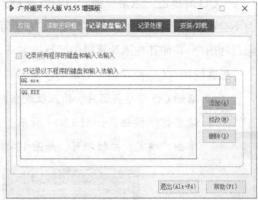

图 12-13　　　　　　　　　　　　　　　　图 12-14

（6）切换到"记录处理"选项卡，勾选"邮件发送记录的内容"复选框，在"发信 / 保存记录间隔（分钟）"文本框中输入"20"，即发送间隔时间为 20 分钟。在"邮件发送设置"栏的"邮箱地址"文本框中输入邮箱地址，在"服务器类型"栏中勾选"SMTP"复选框，在"发信服务器"下拉列表中选择服务器地址，如图 12-15 所示。

（7）切换到"安装 / 卸载"选项卡，在"服务端安装设置"栏的"有效天数"文本框中输入"0"，在"服务端 ID"栏的"服务端 ID"和"重复服务端 ID"文本框中输入相同的服务端 ID，单击"生成服务端"按钮，如图 12-16 所示。

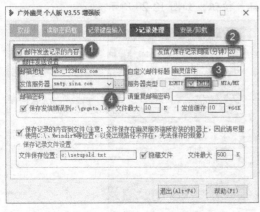
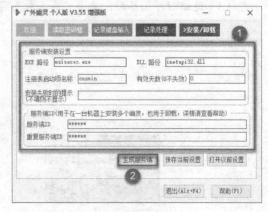

图 12-15　　　　　　　　　　　　　　　　图 12-16

（8）在打开的"另存为"对话框中选择生成的客户端文件保存位置，在"文件名"右侧的下拉列表框中选择"gwyl"，然后单击"保存"按钮即可。

12.2.4 使用"QQ简单盗"盗取QQ密码

"QQ简单盗"也是一种常用的盗取QQ号码工具，它采用进程插入技术，使得软件本身不会产生进程，因而很难被发现。"QQ简单盗"能够自动生成木马，只要将该木马发送给目标用户，并使其在该计算机中运行该木马，就可以达到盗取目标计算机中QQ密码的目的。

黑客使用"QQ简单盗"盗取QQ密码的具体操作步骤如下。

（1）启动QQ简单盗程序，输入收发信邮箱、发信箱密码及smtp服务器，然后单击"测试发信"按钮，如图12-17所示。系统会弹出提示对话框，提示用户正在发送，单击"确定"按钮即可，如图12-18所示。

图12-17　　　　　　　　　　图12-18

（2）稍等片刻，系统会提示用户查看邮箱是否收到测试信件，单击"OK"按钮即可，如图12-19所示。

（3）返回程序主界面，单击"选择木马图标"按钮，如图12-20所示。

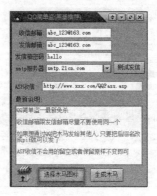

图12-19　　　　　　　　　　图12-20

（4）在"打开"对话框中，单击"查找范围"右侧的下拉按钮，在下拉列表框中选择任意图标，然后单击"打开"按钮，如图 12-21 所示。

（5）返回主界面可以查看即将生成的木马图标，单击"生成木马"按钮，如图 12-22 所示。

图 12-21

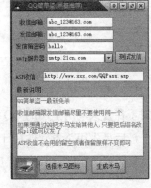

图 12-22

（6）在打开的"另存为"对话框中选择木马的存储位置，输入文件名称并单击"保存"按钮，如图 12-23 所示。

（7）程序会弹出提示木马文件生成，单击"确定"按钮即可，如图 12-24 所示。

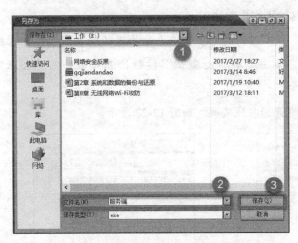

图 12-23

图 12-24

（8）然后就可以在存储位置看到已经生成的木马文件了，如图 12-25 所示。

将生成的木马文件发送给目标用户，只要目标用户在目标计算机中运行该程序，黑客就能够获取该计算机中的 QQ 密码。

图 12-25

对于在公共场所上网的 QQ 用户应该特别注意，不要被这种方法盗取 QQ 密码。如果条件允许，最后是先用杀毒软件对计算机进行杀毒之后再进行登录。同时，也不要轻易接收 QQ 好友发过来的不明文件，说不定就是一个盗取 QQ 的软件，一旦运行 QQ 就没有任何安全性可言了。

12.2.5 使用"QQExplorer"在线破解 QQ 密码

QQ 在即时通信领域中占有举足轻重的地位，因此 QQ 的安全一直是大家最头疼的问题，稍有不慎，用户的 QQ 就拱手让人了，即使随时都注意 QQ 的安全，也对 QQ 在线破解防不胜防。

QQExplorer 是一款比较常用的在线破解 QQ 密码的工具，其功能强大、设置简单。利用 QQExplorer 在线破解 QQ 密码的具体操作步骤如下。

（1）启动 QQExplorer 程序，输入盗取的 QQ 号码（此号码必须在线）、代理服务器的 IP 地址和端口号码，单击"添加&测试"按钮检测此服务器是否正常，如图 12-26 所示。

（2）单击"开始"按钮，即可开始在线破解，如图 12-27 所示。

图 12-26

图 12-27

QQExplorer 在线破解改变了本地破解的被动方式，只要是在线的 QQ 号码都可以破解，适用范围较广，因此一定要当心。由于它仍然采用穷举法，所以在枚举密钥位数长度及类型时校验时间很长，破解效率却不高。

这种方法还受到计算机速度、网速等诸多因素的影响，比本地破解更慢、更麻烦。对于这种破解方式，设置足够复杂的密码是一个非常有效的预防手段。

12.3　攻击和控制 QQ

黑客针对 QQ 的攻击除了窃取密码外，还有其他攻击和控制 QQ 等操作，可以使用户无法正常使用 QQ，或向用户发送非法信息。本节将通过介绍攻击和控制 QQ 来进一步了解黑客对 QQ 的攻击。

12.3.1　使用"QQ 狙击手"获取 IP 地址

对目标 QQ 进行攻击可通过将其加为好友，在聊天对话框中发送信息炸弹，还可以针对其 IP 地址发送信息炸弹。获取 QQ 的 IP 地址可以使用"QQ 狙击手"软件，该软件是针对 QQ 的 IP 地址查询工具，支持目前多数 QQ 版本。

"QQ 狙击手"的使用方法如下。

（1）启动"QQ 狙击手"程序，切换到"设置"选项卡，单击"指定 QQ 执行文件"下的"浏览"按钮，选择 QQ 所在的文件路径，如图 12-28 所示。

（2）在"请指定 QQ 的执行文件"对话框中选择 QQ 所在的位置，然后单击"打开"按钮，如图 12-29 所示。

图 12-28

图 12-29

（3）返回程序主界面，勾选"由 QQ 狙击手自动启动 QQ"复选框，单击"启动 QQ"按钮，如图 12-30 所示。

（4）登录 QQ。在"QQ 狙击手"中切换到"其他工具"选项卡，单击右侧窗格中的"查
看'IP 配置表'"超级链接，如图 12-31 所示。

图 12-30

图 12-31

（5）程序会打开"IP 配置表"对话框，在其中查看相关的 IP 配置，如图 12-32 所示。

图 12-32

12.3.2 使用"微方聊天监控大师"控制 QQ

"微方 QQ 聊天监控大师"是一款可以把当前 QQ 聊天的信息记录下来，同时也可以记
录聊天语言的软件，通常使用它来监控 QQ 的使用情况。

使用"微方聊天监控大师"监控 QQ 聊天记录的操作步骤如下。

（1）启动"微方聊天监控大师"，在主界面的"数据文件存放到"文本框中输入文件
要存放的地址，在"每间隔多少"数值框中输入"5"，然后勾选"聊天时记录语音"
复选框，单击"设定"按钮，如图 12-33 所示。

（2）打开"录制聊天语音"对话框，在"捕获设备"右侧的下拉列表中选择"麦克风阵列"选项，在"大文件拆分成"数值框中输入"60"，单击"确定"按钮，如图 12-34 所示。

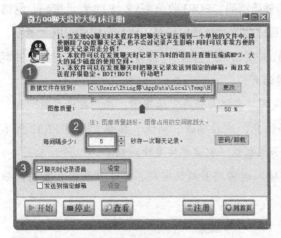

图 12-33   图 12-34

（3）返回程序主界面，勾选"发送到指定邮箱"复选框，如图 12-35 所示。

（4）打开"通过邮件发送监控信息"对话框，在"邮箱配置"栏中对"发件地址""SMTP 服务器""用户名""密码"和"收件人地址"进行设置，然后单击"确定"按钮，如图 12-36 所示。

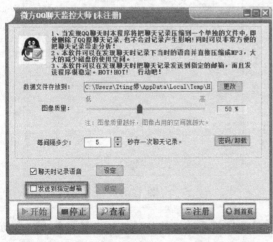

图 12-35   图 12-36

（5）返回程序主界面，单击"查看"按钮即可打开"查看监控记录"对话框。在打开的对话框中选择"聊天记录"选项卡，在下方的列表框中可查看在该计算机上登录过的 QQ 联系人通信记录。

12.3.3 用"密码监听器"揪出内鬼

"密码监听器"用于监听基于网页的邮箱密码、POP3 收信密码、FTP 登录密码、网络游戏密码等。在某台计算机上运行该软件，可以监听局域网中任意一台计算机登录网页邮箱、使用 POP3 收信、FTP 登录等的用户名和密码，并对密码进行显示、保存或发送到用户指定的邮箱。

使用"密码监听器"的具体操作步骤如下。

（1）启动"密码监听器"程序，切换到"发送与保存"选项卡，在"发送参数"和"接收参数"栏内设置邮箱及密码信息，然后单击"测试"按钮，如图 12-37 所示。如果输入正确将会弹出一个提示文本框"测试邮件发送成功"。

（2）切换到"密码保护"选项卡，输入新密码并确认密码，单击"应用"按钮，如图 12-38 所示。

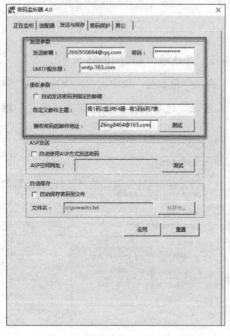

图 12-37

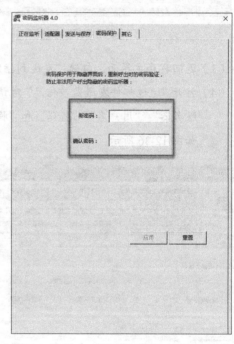

图 12-38

（3）切换到"其他"选项卡，设置热键，最好不要使用软件的默认设置，勾选"启动时隐藏界面"和"系统启动时自动启动"复选框，单击"应用"按钮，如图 12-39 所示。

（4）切换到"适配器"选项卡，根据需要选择要监听的网络适配器，如拨号网络适配器、网卡等，以适应不同的上网方式。如果选择一个适配器后监听不到密码，可以尝试选择其他适配器，如图 12-40 所示。

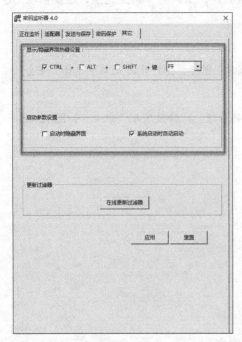

图 12-39

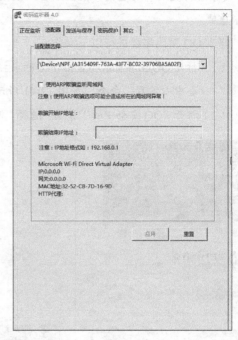

图 12-40

【提示】

对于局域网中的计算机，如果不能监听到其他计算机上的密码，也可以勾选"使用 ARP 欺骗监听局域网"选项。单击"隐藏"按钮，就可以监听密码了。

对于指定 IP 地址范围的 ARP 欺骗，应尽量缩小 ARP 欺骗的 IP 地址范围，以降低 ARP 欺骗对网络的影响。

由于设置了隐藏软件界面，一切都是在隐藏处进行的，通常不会被发现，但一定要记住自己设置的热键；否则自己也将无法打开软件来查看密码。

对于这种防不胜防的局域网内部密码监听，可以采用以下方法进行防范。

（1）安装杀毒软件，并及时升级到最新版本。

（2）如果已经被监听了，则需要找到安装"密码监听器"的机器，对其注册表进行修改。

12.4 保护 QQ 安全

一旦 QQ 密码被盗，就可能会导致重要信息泄露，从而造成损失。用户应该采用一些有效措施防止自己的 QQ 密码泄露。

12.4.1 定期修改 QQ 密码

QQ 密码使用时间过长，就会很容易被他人破译，所以为了避免这点，定期修改 QQ 密码很重要。

修改 QQ 密码需要进行以下操作。

（1）打开 QQ 主界面，单击右下方的"主菜单"图标，在打开的菜单中选择"安全"/"安全中心首页"命令，如图 12-41 所示。

（2）打开"QQ 安全中心"界面，选择"密码管理"/"修改密码"命令，如图 12-42 所示。

图 12-41

图 12-42

（3）如果之前设置了密保手机，需要先输入密保手机号，单击"确定"按钮，如图 12-43 所示。

（4）单击"免费获取验证码"按钮，然后输入收到的验证码，单击"确定"按钮，如图 12-44 所示。

（5）在打开的界面中，输入新密码并确认该密码，单击"确定"按钮即可，如图 12-45 所示。

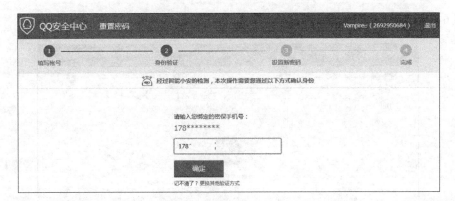

图 12-43

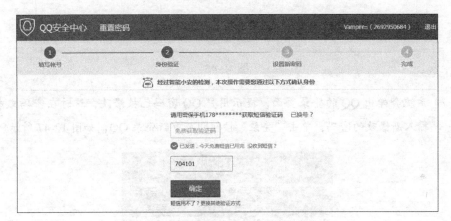

图 12-44

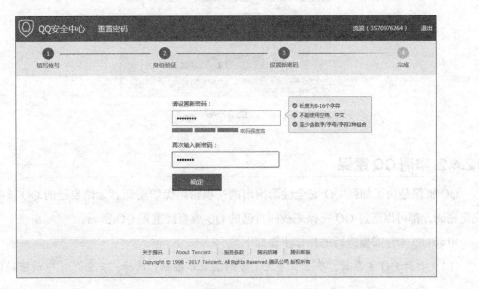

图 12-45

（6）然后会显示"重置密码成功"字样，如图 12-46 所示。

图 12-46

（7）系统会弹出 QQ 的登录页面，提示用户 QQ 密码已被修改，这时在密码文本框中输入新修改的密码，单击"登录"按钮即可重新登录 QQ，如图 12-47 所示。

图 12-47

12.4.2 申请 QQ 密保

QQ 密保是为了加强 QQ 安全性而推出的一项密码保护功能。无论自己的 QQ 被盗还是忘记密码，都可以通过 QQ 密保来找回自己的 QQ 或直接重置 QQ 密码。

申请 QQ 密保需要进行的操作步骤如下。

（1）打开 QQ 主界面，单击程序左下方的主菜单按钮，选择"安全"/"申请密码保护"命令，如图 12-48 所示。

（2）在打开的"QQ 安全中心"对话框中单击左侧的"密保问题"选项，然后单击"立
　　即设置"按钮，如图 12-49 所示。

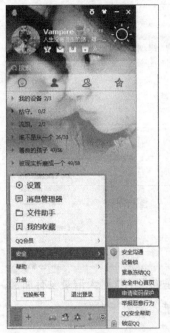

图 12-48

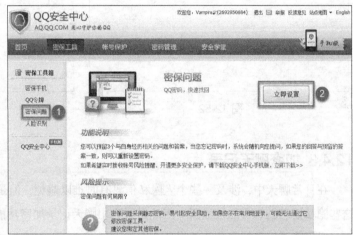

图 12-49

（3）由于之前已经设置过密保手机，这时系统会弹框提示用户进行短信验证，按要求
　　操作即可，如图 12-50 所示。

（4）根据提示选择密保问题并输入答案，单击"下一步"按钮，如图 12-51 所示。

图 12-50

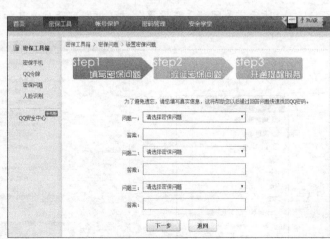

图 12-51

（5）验证密保问题，按提示输入问题对应的答案，单击"下一步"按钮，如图12-52所示。

（6）然后会提示用户密保问题已设置成功，如图12-53所示。

图 12-52

图 12-53

12.4.3 加密聊天记录

在日常聊天中，涉及一些个人隐私信息有时难以避免，但是如果QQ聊天记录没有加密，这些隐私信息就有可能被泄露。因此需要启用聊天记录加密功能，防患于未然。

启用聊天记录加密功能的操作步骤如下。

（1）在QQ程序主界面中，单击窗口左下角的主菜单按钮，在弹出的菜单中选择"设置"命令，如图12-54所示。

（2）打开"系统设置"对话框，切换到"安全设置"选项卡，然后单击左侧窗格中的"消息记录"选项，勾选"启用消息记录加密"复选框，输入并确认密码，如图12-55所示。关闭"系统设置"对话框即可开启消息加密。

图 12-54

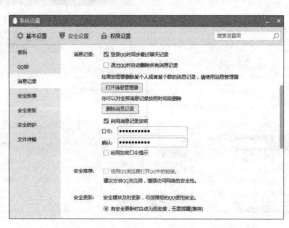

图 12-55

（3）再次登录 QQ 时输入 QQ 密码后需要再次输入消息密码才能登录 QQ，如图 12-56
所示。

图 12-56

【注意】

因为 QQ 也要不断地查找漏洞并完善自己，所以软件更新换代比较频繁，以上某些操
作会稍有变化，请大家稍作变通。

12.4.4 QQ 密码的安全防护

要想让自己的 QQ 密码得到更好的保护，除了通过设置密保外，平时在使用 QQ 软件或
设置密码时还应注意以下问题。

（1）及时升级 QQ 软件。通过升级 QQ 软件，可以将上一个版本所暴露出来的漏洞进
行修补，以提高安全性。升级 QQ 软件后，有时 QQ 软件中还会增加一些新的保密技术，如
nProtect 键盘加密技术，它能在用户输入密码时对键盘信息进行实时加密，这样就更能确保
密码的安全。通过对 QQ 软件的升级，从而完善原有功能并增加新的功能，是每个 QQ 用户
应该养成的正常使用习惯。

（2）公共场合清除记录。在网吧等公共场合使用 QQ 后，应将本地记录删除，防止其
他人使用聊天记录查看器等工具从本地记录中找到一些敏感信息。通过在登录时选择"网吧
模式"进行登录，即可在退出 QQ 时自动打开是否删除本地记录的对话框。

（3）设置复杂的 QQ 密码。目前重新更改 QQ 密码时，都需要设置较为复杂的密码才
能更改成功，这也是为了保护用户的 QQ 号码安全。

（4）为 QQ 的附加功能设置密码。在登录 QQ 硬盘、QQ 通信录或进行 Q 币支付时，通
过设置不同的密码，也可以提高这些 QQ 附加功能的安全系数，防止黑客进行破坏活动。

第13章

网络游戏安全防范

在互联网时代，网络游戏已经成为一种重要的商业形式。随着网游市场的进一步扩大，游戏中的虚拟道具也可以具备真实货币的价值，这对于玩家来说就会产生一定的威胁。因为会有不法分子对玩家的游戏账号和密码展开攻击，最终盗取游戏金币及昂贵的装备以获利。

案例：少年玩网游半小时被骗两千

在互联网快速发展的时代，有不少未成年人沉迷于网络游戏，甚至不惜高价购买游戏用品。近日，东营一名年仅 12 岁的男孩小军（化名）迷恋上一款手游后，被不法分子以出售装备为由诈骗 2000 元。

3 月 12 日，小军和母亲到滨海公安局基地分局玉苑派出所报警，称小军在玩手机网络游戏时钱被骗走了。原来，3 月 11 日下午，12 岁的小军迷上了一款手机网络游戏，他看游戏中的好友"英雄皮肤"很炫很酷，想偷偷花钱买一套。后来，小军在游戏中碰到了一个叫"网友手游专卖店"的玩家，说可以给小军提供炫酷的皮肤和装备，但需要小军支付 60 元钱。小军想想 60 元钱也不贵，就加了对方为 QQ 好友，通过妈妈手机 QQ 红包购买了价值 60 元的 Q 币。

令小军没想到的是，支付完成后对方却说系统故障交易不成功，要求小军充值 300 元作为永久保存金，并承诺会将这 300 元退还给小军。涉世未深的他完全不知道自己已经陷入圈套，并向对方汇款。很快，对方又以账号登录的 IP 地址不同，要求小军交 660 元保证金，同时也承诺会全额退还给小军。这时的小军深信不疑，继续向对方转账。

保证金交了之后，骗子告诉小军 IP 地址已经验证成功，又以小军的游戏账号异常为由，要求小军完成最后一项程序，再继续充值 800 元。小军一直以为这些钱都是会全额退回来的，所以继续通过妈妈的手机充值。就在小军完成了所谓的最后一个程序时，贪婪的骗子又以小军长时间未验证为由要求小军最后一次打款验证。

发现妈妈 QQ 红包余额不足后，担心受责怪的小军决定向对方要钱，结果骗子却拉黑了小军 QQ。就这样，在短短的半个小时内，小军先后向骗子支付 2000 元，直到晚上才战战兢兢地告诉妈妈被骗的经过。

据办案民警介绍，由于不少未成年人对骗局的辨别能力不高、社会经验少，因此成为不法分子诈骗的目标。为保护 QQ、微信账户安全，警方建议家长对支付平台设置支付密码，绑定的银行卡内不要放置大额钱款，并且时刻关注资金流，避免孩子过度沉迷于网络游戏。

近几年来，盗号问题已经严重阻碍了网游市场的健康发展，许多玩家在其中损失了大量金钱。本章主要介绍网游账号失窃的原因、过程及应对方案。

13.1 网游账号失窃原因及应对方案

1. 网络外挂传播

很多网络游戏玩起来是非常累的，玩家想要使账号级别高一些，每天至少要花费 8 个小时以上的时间才可以，而使用外挂则可以节省玩家的时间。使用外挂登录游戏，玩家可以不必再在计算机前进行操作，外挂就可以代替玩家打怪升级。但没有免费的午餐，游戏外挂往往是要收费的，每个月收取玩家的包月费。另外，外挂是网络游戏盗号最大的原因。

对于有些外挂，玩家需要将账号和密码输入到外挂中才能使用，也就是说，要将游戏账号和密码输入到外挂的后台，由外挂后台控制你的账号上线和下线。在这种情况下，外挂开发者可以随意登录你的账号，盗取你的装备和游戏币也就轻而易举了。

对于另一些外挂，虽然用户不需要将账号和密码输入到外挂后台，但外挂有可能内置了木马或其他后门程序，可以监控你的游戏运行，窃听或截取玩家的账号和密码，这也是目前大部分游戏玩家被盗号的重要原因。

只要你使用外挂，那么所有外挂的开发者都可以轻松盗窃你的账号，收费外挂开发者为了收取包月费而不会轻易盗窃你的账号，但免费外挂开发者则是将盗号作为唯一目的，只要你使用，很快你的账号就会被盗，所以建议不使用免费外挂。

2．木马盗号

正常情况下，网络游戏的客户端还是比较安全的，但你的计算机却未必安全，黑客可以通过多种途径在你的计算机内植入木马或后门程序，这样你登录游戏的行为就会被记录下来，并发送给黑客，可能不到一分钟，你的游戏账号和密码就已经到了盗号者的邮箱。

个人计算机相对还要安全一点，如果在网吧上网，这种被木马盗号的现象就更为严重了。

应对方法：玩网络游戏要经常用专业木马查杀工具对计算机进行查杀，确保计算机安全之后再登录游戏。去网吧上网，在登录游戏之前要重启一次计算机，并查杀木马之后再登录游戏。

3．钓鱼网站

许多不法分子利用欺骗性邮件或游戏内公告诱使玩家进入钓鱼网站、填写账号及密码，盗号者在后台直接获取玩家的账号和密码。通常情况下，钓鱼网站的风格、内容设置与游戏官方网站极其相似，玩家很难看出其破绽，钓鱼欺诈网站也是一种较常见的盗号方式。

应对方法：不要相信任何中奖信息，没有天上掉馅饼的好事。不要在其他任何非官方的网站填写自己的账号信息，对于任何人发来的中奖信息都不要相信。

4．多人使用同一个账号

在网络游戏中，许多盗号者会与玩家拉近关系，之后便以代练、帮助充值、买装备等方式向玩家索要账号和密码，然后将账号内的高级装备洗劫一空。这种方式看似笨拙，但成功率却非常高。

应对方法：不要把游戏账号告诉其他玩家，除非你在现实世界中认识对方。即使是你在游戏中认识了很久的好友，也不要轻易将账号告诉对方；否则对方可能会见财起意，盗取你的账号。

13.2　曝光网络游戏盗号

如今网络游戏可谓是风靡一时，而大多数网络游戏玩家都在公共网吧中玩，这就给一些不法分子以可乘之机，即只要能够突破网吧管理软件的限制，就可以使用盗号木马轻松盗取大量的网络游戏账号。本节介绍一些常见网络游戏账号的盗取及防范方法，以便于玩家能切实保护好自己的账号和密码。

13.2.1　利用远程控制方式盗取账号攻防

使用远程控制方式来盗取网游账号是一种比较常见的盗号方式，通过该方式可以远程查看、控制目标计算机，从而拦截用户的输入信息，窃取账号和密码。

针对这种情况，防御起来并不难，因为远程控制工具或木马肯定要访问网络，因此只要在计算机中安装有"金山网镖"等网络防火墙，就一定逃不过网络防火墙的监视和检测。因为"金山网镖"一直将具有恶意攻击的远程控制木马加到病毒库中，这样有利于最新的金山毒霸对这类木马进行查杀。

使用"金山网镖"拦截远程盗号木马或恶意攻击的具体操作步骤如下。

（1）启动"金山网镖"程序，在程序主界面中可以查看当前网络的接收流量、发送流量和当前网络活动状态，如图13-1所示。

（2）切换到"应用规则"选项卡，在该界面中即可对互联网监控和局域网监控的安全级别进行设置。另外，还可对防隐私泄露相关参数进行开启或关闭的设置，如图13-2所示。

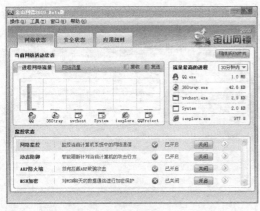

图 13-1

图 13-2

（3）选择左侧窗格中的"IP规则"选项，在弹出的面板中单击"添加"按钮，如图13-3所示。

（4）打开"IP规则编辑器"对话框，在相应文本框中输入要添加的自定义IP规则名称、描述、对方的IP地址、数据传输方向、数据协议类型、端口及匹配条件时的动作等。设置完成后，单击"确定"按钮，如图13-4所示。

图 13-3

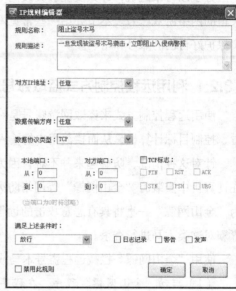

图 13-4

（5）返回主界面，即可看到刚添加的IP规则，如图13-5所示。单击选中该规则，单击界面右下方的"设置此规则"按钮，即可重新设置IP规则。

（6）选择"工具"/"综合设置"菜单命令，如图13-6所示。

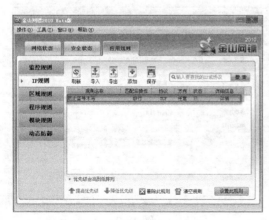

图 13-5

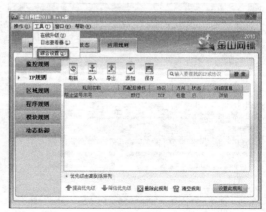

图 13-6

（7）在打开的"综合设置"对话框中，可对是否开机自动运行"金山网镖"及受到攻击时的报警声音进行设置，如图13-7所示。

（8）在左侧窗格中切换到"ARP防火墙"选项，即可在打开的界面中对是否开启木马防火墙进行设置，如图13-8所示。

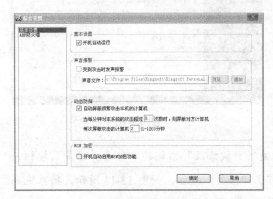

图 13-7

图 13-8

（9）设置完成后，单击"确定"按钮，即可保存综合设置。这样一旦本机系统遭受木马或有害程序的攻击，"金山网镖"即可给出相应的警告信息，用户可根据提示进行相应的处理。

13.2.2 利用系统漏洞盗取账号的攻防

利用系统漏洞来盗取网游账号，是一种通过系统漏洞在本机植入木马或远程控制工具，然后通过前面的方式进行盗号活动。针对这样的盗号方法，网游玩家可以使用很多漏洞扫描工具，如"金山清理专家""超级兔子"等找到本机系统的漏洞，然后根据提示及时把系统漏洞打上补丁，做到防患于未然。

使用"超级兔子"扫描系统漏洞并为系统打补丁的操作步骤如下。

（1）启动"超级兔子"程序，"超级兔子"主程序即可自动对本机系统进行检测，如图13-9所示。

（2）检测完成后，即可显示出系统漏洞扫描和修复、驱动程序更新信息、系统垃圾、IE修复、检测危险程序等检查结果。单击"发现您的系统允许远程协助"右侧的"查看并修复"按钮，如图13-10所示。

（3）打开详细漏洞窗口，为确保计算机的安全，可以单击"Windows远程协助"右侧的"禁用"将该功能禁用。

图 13-9   图 13-10

（4）返回程序主界面，单击"发现 IE 相关项目被修改"右侧的"查看并修复"按钮，即可打开详细漏洞窗口。然后单击"立即修复"按钮，如图 13-11 所示。待系统漏洞补丁安装之后，系统提示重启计算机，重启后即可生效。

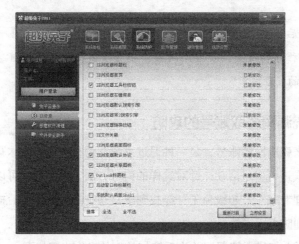

图 13-11

这样即可防范盗号木马或有害程序利用系统漏洞来盗取玩家账号、密码等隐私信息。所以说，提高防范意识就是最好的防范方法。

13.2.3 常见的网游盗号木马

常见的网游盗号木马有以下几种。

（1）NRD 系列网游窃贼。这是一款典型的网游盗号木马，通过各种木马下载器进入用户计算机，利用键盘钩子等技术盗取《地下城与勇士》《魔兽世界》《传奇世界》等多款热门网游的账号和密码，还可对受害用户的计算机屏幕进行截图，窃取用户存储在计算机上的图片文档和文本文档，以此破解游戏密保卡，并将这些敏感信息发送到指定邮箱中。

（2）魔兽密保克星。该盗号木马是将自己伪装成游戏，针对热门网游《魔兽世界》游戏。该游戏会把 wow.exe 改名后设置为隐藏文件，木马却以 wow.exe 名称出现在玩家面前。如果玩家不小心运行了木马，即使账号绑定了密码保护卡，游戏账号也会被盗取。

（3）密保卡盗取器。这是一款针对网游密保卡的盗号木马。它会尝试搜寻并盗取用户存放于计算机中的网游密保卡，一旦成功将最终导致游戏账号被盗。

（4）下载狗变种。这是一个木马下载器，利用该工具可以下载一些网游盗号木马和广告程序，从而给用户造成虚拟财产的损失并带来频繁的弹窗骚扰。

13.2.4 容易被盗的网游账号

目前网络游戏已经成为很多人另外一个生活的世界，网络游戏中的很多装备甚至级别高的账号本身也成为了玩家的财产，在现实世界中也可以用现金来进行交易。于是，一些不法之徒已经开始盯上了网络游戏，通过盗取网络游戏的账号来牟取不当之财。

以下几种网络游戏最容易被盗。

（1）有价值的账号。账号的等级越高，或网络游戏中的人物装备越好，其价值就越高。如果是某玩家新申请的账号，就算被盗，该玩家也不会在意的。

（2）在网吧或公共场合玩网络游戏的账号。由于这种场合的计算机谁都能用，这直接为盗号者提供了方便。

（3）网络账号公用。很多玩网络游戏的人喜欢几个人共同使用同一个账号，这样升级比较快，但是这样一来就增加了账号被盗的可能性，只要这些人中有一个人的机器中了盗号木马，该游戏账号就很有可能被盗。

13.2.5 防范游戏账号破解

为防止自己登录的游戏账号与密码被黑客暴力破解，一般需采取以下几种防御措施。

（1）尽量不要将自己的游戏账号和密码暴露在公共场合和其他网站，更不要使用"自动记住密码"功能登录游戏。

（2）尽可能将密码设置得复杂一些，位数最少在 8 位以上，且需要数字、字母和其他字符混合使用。

（3）不要使用关于自己的信息，如生日、身份证号码、电话号码、居住的街道名称和门牌号码等作为游戏的密码。

（4）再复杂的密码也可被黑客破解，只有经常更换密码，才可以提高密码的安全系数。

（5）要申请密码保护，即设置安全码，而且安全码不要与密码相同。因为安全码也不能保证密码不被破解，所以用户在设置好安全码后，还要尽量保护自己的密码。

（6）完善用户登录权限和软件安装权限，并尽可能地使用一些锁定软件在短暂离开时锁定计算机，避免其他人非法使用自己的计算机。

13.3 解读网站充值欺骗术

在玩网络游戏的过程中，有的玩家需要用金钱来买更精良的装备，就需要在相应充值功能区使用现实金钱换取游戏中的点数。针对这种情况，一些黑客就模拟游戏生产商界面或在游戏界面中添加一些具有诱惑性的广告信息，以诱惑用户前往充值，从而骗取钱财。

13.3.1 欺骗原理

游戏网站充值欺骗术的原理和骗取网上银行账号密码信息的原理比较相似，都是使用钓鱼网站、虚假广告等欺骗手段。

还有一些黑客伪造网游的官方网站，且各个链接也都能链接到正确的网页中，但是会在主页的页面中添加一些虚假的有奖信息，提示玩家已经中了大奖，让玩家通过登录网址了解相关的具体细节及领取方式。待玩家打开相应网址后，会提示输入账号、密码、角色等信息，一旦输入这些资料后，玩家的账号信息就会被黑客盗取，然后黑客会直接登录该账号，并转移此账号中的贵重物品。

13.3.2 常见的欺骗方式

网络骗术层出不穷，让人防不胜防，尤其是在网络游戏中，一不小心就栽入了盗号者布下的陷阱。所以不要随意轻信任何非官方网站的表单提交程序，一定要通过正确的方式进入网游公司的正式页面才能确保账号安全。

黑客常用的欺骗手段有以下几种。

（1）冒充"系统管理员"或"网易工作人员"骗取账号密码。

这种方法比较常见，盗号者一般是申请"网易发奖员""点卡验证员"等名字，然后发送一些虚假的中奖信息。针对这种情况，可以采取以下几种防范措施。

- 一般在游戏中只有一个"游戏管理员"，其他任何管理员都是假冒的，而且"游戏管理员"在游戏中一般是不会向用户索取用户的账号和密码的。
- "游戏管理员"如果有必要索取用户的账号、密码时，也只会让用户通过客服专区或邮件的形式提交。

- 游戏官方只会在主页上以公告的形式向用户公布任何与中奖有关的信息，而不会出现在游戏中。
- 如果在玩游戏的过程中发现有人发送类似骗取账号、密码的信息，可以马上向在线的"游戏管理员"报告，或者通过客服专区提交。

（2）利用账号头卖等形式骗取账号和密码。

这种方法是利用虚假的交易账号来骗取玩家的账号。盗号者通常以卖号为名，把账号卖给用户，但是在得到钱过几天后就通过安全码找回去；或假装想购买用户的账号，以先看账号为名骗取账号。其防范方法如下。

- 拒绝虚拟财产交易，尤其是拒绝账号交易。
- 不要将自己的账号、安全码或密码告诉不信任的玩家。

（3）发送虚假修改安全码修改信息欺骗用户。

盗号者会通过游戏频道向他人发送类似"告诉大家一个好消息，网易账号系统已被破解了，可以通过登录 http://xy2on*.***.com 页面修改安全码！"的通知。一旦用户登录该页面并输入自己的账号、密码等信息，该用户的这些信息就会被盗号者窃取。

该种欺骗方式的防范措施如下。

- 不要轻易相信这些骗人的信息。
- 如果要修改安全码，则一定要到游戏开发公司的官方网站上修改。

（4）冒充朋友，在游戏中索要用户账号、点卡等信息。

该种盗号方式的特点是：盗号者自称是游戏中用户的朋友或某朋友的"小号"，然后便称想要看用户的极品装备，或帮用户练级、充值点卡等，从而向其索要账号、密码；而当用户将账号、密码发给对方后，其账号就会立刻被下线，当再次尝试登录时将会提示密码错误。其防范方法是不要轻易将自己的游戏账号和密码随意告诉他人。

13.3.3 提高防范意识

网络游戏坑家提高安全防范意识是保证账号、密码不被盗取的关键因素，除上述介绍的防范措施外，游戏玩家还要注意防范本机中的网络安全及木马病毒的攻击。

其主要表现在以下几个方面。

（1）在浏览器页面中选择"工具"/"Internet 选项"命令，如图 13-12 所示。打开"Internet 属性"对话框，切换到"安全"选项卡，单击"自定义级别"按钮，如图 13-13 所示。打开"安全设置"对话框，单击"重置为"下拉列表，选择"高"选项，然后单击"确定"按钮即可将 Internet 的级别设置为高，如图 13-14 所示。

图 13-12

图 13-13

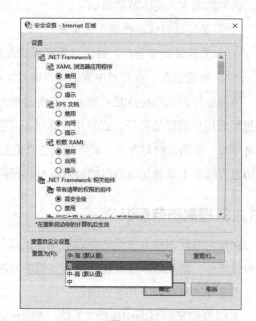

图 13-14

（2）如果在网吧中登录自己的游戏账号，一定要小心网吧的计算机上是否安装有记录键盘操作的软件或被安装了木马。在使用网吧计算机时打开"Windows 任务管理器"窗口，在其中查看是否有来历不明的程序正在运行。如有可疑情况则立即将该程序结束任务。最好在上机前先使用木马检查工具扫描一下机器，看是否存在木马程序，并且重启计算机。

（3）不要安装和下载一些来历不明的软件，特别是外挂程序。同时不要随便打开来历不明电子邮件的附件。

（4）在输入游戏账号和密码时，最好不要用"Enter"键和"Tab"键，要使用错位输入法或使用"小键盘"和"密码保护"功能，可以防止计算机中的盗号木马的监视。

（5）在使用聊天软件时，不要随意接收不明程序，如果确实需要，要立即进行查毒再运行。

（6）启动 Windows 的自动更新程序，以确保所使用的操作系统具备防御最新木马的能力。

13.4　手游面临的安全问题

现如今，随着手机游戏的广泛流行，用户正在面临着手机游戏安全问题，那么本节就来了解手机游戏都面临着哪些安全问题。

13.4.1　手机游戏计费问题

计费破解的问题，实际上在客户端（CP）可以做，在服务端（渠道）也可以做。有些人出于赚钱或是个人兴趣爱好的原因，破解游戏计费或是计入一些代码牟利。他们将修改的游戏包发布到网站论坛上，而个别渠道审核不严也为他们提供了机会。安卓类的单机游戏最容易破解。

安卓系统本身十分开放，它基于 Java 语言，在理解方面会更加容易，而且网络上也有很多教程和破解工具。一个完全不懂的小白用户，从学习教程到利用工具破解游戏，所需要的时间只要 30 分钟，如"烧饼修改器"。

从网上找到一份教程学习，下载一款游戏并运行。游戏在刚开始的时候会预先给一些金币，而游戏内会有一些购买道具的商店。进入这个页面后，把修改器打开，搜索某个数值，如 500 金币，会搜索到很多数据。这时花少量的钱购买道具，比如说购买 500 金币，同时增加或是消耗一定道具，观察内层数据的变化。经过一两轮的筛选就会发现几个变化的数值。通过修改数据就可以达到不花钱一样玩游戏的目的了。

而手机网游也难逃这种命运，在淘宝和部分手游交易类的网站也开始出现。向卖家提供账号和密码，直接可以调级和调装备。对普通用户来说，不需要了解任何技术知识也可以达到一定效果。而对 CP 和渠道来说，他们损失了直接的收益。

手机游戏经常在玩到某一关卡时，会提示用户需要购买才能玩接下来的关卡，常用的方式就是发短信购买。而一些用户常常以简单的修改从而免费来玩，下面以破解"开心消消乐"为例，来曝光这种破解方式。

（1）以"手机管家"为例进行设置。打开"手机管家"，选择"权限管理"选项，如图 13-15 所示。

（2）进入"权限管理"界面，选择"应用权限管理"选项，如图 13-16 所示。

（3）打开"应用权限管理"界面，切换到"权限管理"选项卡，选择"发送短信"选项，如图 13-17 所示。

图 13-15

图 13-16

图 13-17

（4）然后选择游戏"开心消消乐"，在弹出的"发送短信"界面内选择"禁止"选项，将游戏的发送短信的权限关闭，如图 13-18 所示。此时再进入游戏支付界面单击"确定"按钮即可。

（5）打开信息设置界面，选择"短信中心"选项，如图 13-19 所示。

（6）打开短信中心界面，修改"短信中心号码"，一般删除一个 0 或添加一个 0，然后单击"确定"按钮，不必删除完毕，以防恢复时造成不必要的麻烦，如图 13-20 所示。修改短信服务中心号码后手机便无法发送短信。

（7）修改完成后即可进入游戏话费支付方式，可看到购买成功提示信息，如图 13-21 所示。

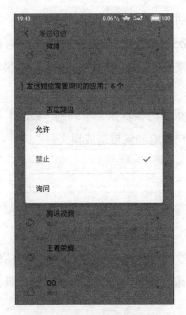

图 13-18

图 13-19

图 13-20

图 13-21

13.4.2 手游账号的明文传输易被窃取的问题

盗号问题困扰着各个游戏时代的玩家，而目前的手游账号信息多是明文传输，更加容易被窃取。虽然开发者、渠道都会做一些用户管理系统，但这些系统中是存在风险的。

手游玩家面临的问题主要是目前手游账号多是明文传输或是管理。

即使用户没有 root、没有装一些病毒软件的情况下账号也可能会被偷。黑客可以从网络边界下手，因为手游的传输是明文的，如果用户连接一些"假 WiFi"，黑客可以很容易获取用户的账号和密码。

另外，在选择渠道下载的时候也会出现问题，很多时候玩家会下载到"盗版"游戏，它们中很多会捆绑病毒或是加一些广告，这些会对用户体验和流量造成损失。

13.4.3 游戏滥用权限的问题

除了直接伪装、篡改手机游戏、嵌入恶意代码等危害外，大量手机应用"越权"调取关键权限的行为同样存在潜在的安全隐患。

有些手机游戏会在运行后监控电话、读取手机号码、IMEI 号码且获得发送短信的权限，在与之功能无必要关联情况下掌握过多权限，尽管未利用其进行恶意破坏，但已具备和存在利用控制权限进行恶意扣费、窃取隐私的能力。

有些手机游戏还会在安装后读取位置信息，且获得可随时开启 / 关闭 WiFi、开启 / 关闭 GPRS 网络的权限，一旦其被黑客利用，可操控其自动下载软件，甚至连接到存在安全风险的 WiFi 网络中等，存在大量潜在隐患。

13.4.4 热门游戏被篡改、二次打包的问题

在手游的发布和运用中也常会出现这类的问题。例如，二次打包的现象，一款游戏发布到某些渠道后，有人偷偷地下载下来重新打包。而在这种打包过程中可以做很多的事情，特别是一些单机游戏可以做计费的破解，这直接造成了 CP 的损失。而一些热门游戏可能会被加入一些广告代码，为自己带来收入。同时黑客也会收集一些用户的信息，如各类账号等，从而进行某些推广安装。

虽然渠道也在做一些防止二次打包的事情，但这个过程很难实现，特别是那些换皮游戏是很难审核的。通常选择热门游戏作为伪装和篡改对象，如"植物大战僵尸""疯狂泡泡龙""英雄守卫""水果忍者""最后的防线"等。由于消费者追捧热门应用的心理，加上普通人难以区分正版盗版，以及应用市场安全监管能力的不足，令恶意广告和病毒木马上传，利用某种渠道传播到用户手机中。

13.5 安全下载手机游戏

手机游戏一旦在有病毒的网站下载将带来难以想象的麻烦，所以下载游戏一定要在游戏

官方网站下载。本节就向用户介绍如何安全下载手机游戏。

13.5.1 通过官网下载

官方网站下载游戏可以说是最安全的，只要你没有进入钓鱼网站，那么你下载的绝对是最安全的游戏，无论是计算机还是手机。

1. 在计算机上下载游戏后再传至手机上的具体步骤

（1）在百度的搜索框内输入要下载的游戏名称，如"王者荣耀"，然后单击"百度一下"按钮，在下面的列表框中单击该游戏的官网进入，如图 13-22 所示。

图 13-22

（2）进入官网，可以看到该游戏的一些宣传消息。拖动下拉滑块，找到并单击"下载游戏"按钮，可以在弹出的窗口中看到不同的版本，如图 13-23 所示。

图 13-23

（3）使用计算机在官网上下载游戏完成后，将手机连接到计算机，把游戏传入手机并使用手机读取安装，就可以实现游戏的安全安装了。

（4）使用手机进行搜索，可以直接下载到手机中，最好在 WiFi 环境下下载，如图 13-24 所示。

图 13-24

2. 以华为荣耀手机为例的手机游戏下载具体步骤

（1）打开手机"应用市场"功能，如图 13-25 所示。在搜索框内输入要下载的游戏名称，如"开心消消乐"，然后单击 🔍 按钮，如图 13-26 所示。

图 13-25　　　　　　　　　　图 13-26

（2）找到想要下载的游戏，单击"安装"按钮即可进行下载，如图13-27所示。

图13-27

13.5.2 第三方软件下载

通过第三方软件下载游戏，也是用户常用的方式，如豌豆荚、腾讯手机管家等。

1. 通过豌豆荚下载手游的具体步骤

（1）豌豆荚是日常中较为常用的下载手机游戏的方式之一，可以通过豌豆荚方便手机游戏下载，在官网上下载并安装豌豆荚，选择计算机版下载，如图13-28所示。

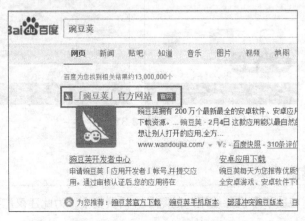

图13-28

（2）打开"豌豆荚"界面，切换至"游戏"选项页，可看到休闲益智、动作竞技等游戏分类，可在分类中寻找要下载的游戏，也可根据游戏排行榜来下载，如图 13-29 所示。

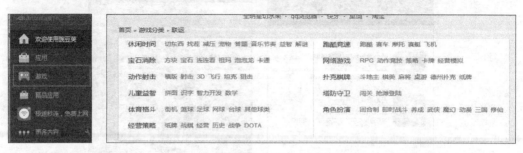

图 13-29

2. 通过腾讯手机管家下载手游的具体步骤

（1）打开"腾讯手机管家"界面，选择"软件管理"选项，如图 13-30 所示。

（2）进入软件管理界面，在搜索框输入想要下载的游戏名，然后单击 按钮进行搜索，如图 13-31 所示。

图 13-30

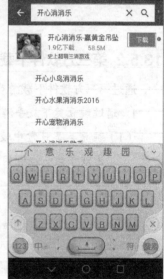

图 13-31

13.5.3 手机游戏安全防护措施

手机木马、恶意广告插件严重威胁了手机游戏用户的隐私、话费安全，为此建议广大手机用户提高手机安全意识，通过以下五大建议确保手机安全。

（1）从正规的渠道购买手机。水货手机是目前手机木马、恶意广告插件的主要传播渠道，由于刷入或内置入 ROM 的程序通常很难用常规手段卸载或清除，建议用户尽量通过正规渠道购买手机，获得放心保障。

（2）从正规安全的渠道下载应用。建议用户可通过专业的下载平台下载应用，确保下载安全。

（3）不要见码就刷。二维码已成为手机木马的另一主要传播渠道，手机用户最好安装如"360 手机卫士"等具备二维码恶意网址拦截的手机安全软件进行防护，以降低二维码染毒的风险。

（4）安装专业安全软件。为全面确保手机用户的游戏安全，手机用户可下载安装手机安全软件定期给手机进行体检和病毒查杀。另外，手机用户还可以使用该软件的隐私权限监控、软件联网管理等功能，及时监控恶意软件的过度权限要求和后台私自联网等恶意行为，阻止木马恶意行为，保护手机安全。

（5）不要随意单击短信链接。目前很多手机游戏木马通过短信链接传播，为此建议用户切勿随意单击收到的短信链接，及时安装手机安全软件并开启恶意网址检测，避免落入欺诈陷阱。

第 14 章

自媒体时代的个人信息安全

案例：微信被盗，朋友遭殃

微信是腾讯公司推出的一款网络应用产品，类似于 QQ，用户可借助微信与好友进行实时的文字、语音、视频等聊天，并且可以互相发送图片、文件、视频等内容。最初 QQ 主要是在计算机上使用，后来逐渐可以在手机上使用；但微信不同，这款产品刚推出就定位于手机即时通信，绑定于手机，以方便用户可以随时、随地与好友交流。

微信自推出之后，很快就迅速普及。对于大多数手机用户来说，可能没有 QQ，但不会没有微信，因为相对来说智能手机的普及程度更高，并且微信的玩法更为简单，也更加方便。

王女士今年 55 岁了，前阵子办理了退休手续。离开了工作岗位，生活变得不一样了，她女儿怕妈妈不适应，所以就在王女士的手机上安装了微信，并教会她怎样玩。一段时间之后，王女士手机里已经有 200 多个微信好友，大多是单位的同事、原来 QQ 里的朋友。对于微信，王女士也非常喜欢，且乐此不疲。

一天晚上 10 点左右，刚要休息的王女士接到了好多朋友打来的电话或是发来的短信，问她是不是真要借钱。后来还有朋友利用手机彩信发来截图，显示王女士的微信号向很多好友发送了借钱的消息。

王女士赶紧登录微信，发现密码错误，此时王女士就意识到微信被盗了，由于无法登录微信，所以只能利用手机群发短信通知。但仍然晚了，后来她收到朋友回复，已经有两位好友汇出了 1.5 万元。

有位汇过钱的好友邓女士说，她和王女士是高中时候的同学，关系非常要好，并且王女士还曾经给予过她非常大的帮助，现在王女士需要钱，就没有多想，直接把钱转过去了。之所以没有提前打电话或是发短信确认，邓女士说那样显得太生分，会不好意思的。

后来，王女士反思，她的微信密码设定过之后就从来没改动，与 QQ 号码一样，估计不法分子是破解了她的 QQ 号码，进而利用她的微信进行了诈骗。对于邓女士来说，好心办了错事，自己损失了钱财不说，还让王女士觉得特别愧疚。

本章就来认识一下什么是自媒体，以及在自媒体时代应该如何维护个人信息安全，主要介绍平常经常使用的移动通信软件、QQ 和微信的账号安全。

14.1 自媒体

14.1.1 自媒体概述

自媒体又称"公民媒体"或"个人媒体"，自媒体平台包括博客、微博、微信、豆瓣、QQ 空间、百度官方贴吧、论坛 /BBS 等。

在互联网刚兴起时，我们所接触的网络主要是以新浪、搜狐、网易等大型门户网站为代表的"资讯时代"，其主要形式是：门户网站起到了传统的报纸、电视等媒体的作用，整合新闻和故事，网民可以在这些网站阅读和浏览。

随着互联网的不断发展，各种形式的论坛和 BBS 悄悄兴起，网络进入了论坛社交时代，以猫扑、天涯、人人网等为代表的网络平台聚集了大量的网民，大家彼此可以留言、跟帖进行交流。

而在 2009 年以后，随着互联网的进一步发展，并且移动互联网兴起，网络进入了碎片化阅读时代。传统的门户网站已经不再一家独大，以微博、微信、豆瓣等网站为代表的自媒体平台兴起，网民在这类平台上可以随意发表观点，网络的形态是"我们说，我们听，人人能够参与"，这是一个个人化的自媒体时代。

14.1.2 当前主要的自媒体平台

1. 异军突起的黑马——微信

微信（见图 14-1）是一个不被看好的产品，这话在如今微信火遍大江南北甚至远销海外的环境下显得不可思议。但事实是，微信刚推出时，既面临自家龙头产品 QQ 的竞争，同时还有早在 2006 年就火了一把余温尚在的飞信虎视眈眈，更别说纷繁杂乱的陌陌、米聊、来8往等。然而，时至今日，微信用户将突破 10 亿，10 亿！这个腾讯家的二孩儿给世界巨头 Google、Facebook 都带来了巨大的压力。和 QQ 一样，腾讯聪明地将 QQ 积累下来的巨大的用户群黏连至微信，相辅相成，在 QQ 垄断

图 14-1

国内即时通信软件的宏伟布局后，微信成为这个移动时代腾讯的声音，一个巨大的、精彩的平台。如今，利用微信别具一格的朋友圈等功能，机会正在被源源不断地发掘，微信已经不只是一款即时通信工具。

2. Twitter 的继任者——新浪微博

因为一些客观原因，风靡世界的 Twitter 等并未能进入中国市场，这块空白及时被敏锐的新浪填补。新浪微博于 2009 年推出，至今注册用户已超 5.3 亿，稳坐中国微型博客类服务网站的头把交椅（见图 14-2）。新浪微博类似 Twitter 建立公共社交平台，同时邀请各路明星、名人加入，制造名人效应，引起巨大关注，大量政府机构、官员、企业、

图 14-2

个人注册其中，权威的入驻让微博平台引起"群益效应"，草根发声越发有力，这样的吸引力将微博用户数量推高至让人惊讶的水平。

3. 中国版的 Facebook——人人网

Twitter 没能进入中国市场，Facebook 自然也没能幸免，从这个角度看来，人人网（见图 14-3）比新浪微博更有远见，它的前身是中国最早的校园 SNS 社区，成立于 2005 年 12 月。校内网的创立为当时论坛云集的中国互联网注入一股新鲜血液，同时，因为其精准定位受众群体为在校学生，一经推出便几乎垄断了中国大学生校园网站的市场。至 2009 年，迫于新浪微博的压

图 14-3

力，校内网正式更名为人人网，改名的同时改变自己"学生社交网站"的形象，扩展新用户，然而，一系列不成功的策略使人人网走在下坡路上。如今，人人网的主要用户依然集中在学生群体，虽然影响力已远远不如最大的对手新浪微博，但其校园 SNS 的老本行依然具有竞争力。

4. 文青的乐园——豆瓣

"爱电影、爱音乐、爱旅行、爱生活的一切、爱一切的美好"，这是豆瓣（见图 14-4）的主题，这个依靠书、影音起家的网络服务网站，在中国中产阶层崛起的大环境下快速成长，许多受过良好教育的年轻群体将豆瓣看作生活的必要补充和调剂，这样的定位本是小众，但是在中国，十几亿人的小众也是庞大的数字，这给豆瓣带来了巨大的成功，从一

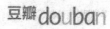

图 14-4

个分享图书的小站点到如今几乎渗透大部分文化领域并依然蓬勃发展的流量大户，借着高速发展的中国文化产业大潮，豆瓣的未来让人充满期待和想象。

5. QQ 的个人花园——QQ 空间

QQ 倚仗用户众多，QQ 空间（见图 14-5）没费多大力就拥有了巨大的用户群体。2005 年是一个空白的充满机会的年代，QQ 空间是那个年代成功的典型范例。比起同期的校内网，QQ 空间通过大量用户对 QQ 的黏性，弥补 QQ 的不足，给予 QQ 用户一个个性空间。同时，因为 QQ 用户的广泛性，QQ 空间的用户定位尺度也非常宽广，基于如此大的用户基数，任何 QQ 空间的衍生产品都能找到目标用户，这使其红极一时。然而，经过十几年的发展，QQ 空间也面临问题，

图 14-5

过度依赖 QQ 引流、用户质量高低不一、目标功能杂乱等亟待解决。虽然如此，QQ 空间在腾讯这棵大树下，还是有着不可忽视的地位。

6. 理性集散地——知乎

知乎（见图 14-6），类似于百度知道，但要更为严谨一些，是一个真实的网络问答社区，

社区氛围友好与理性，连接各行各业的精英。用户分享着彼此的专业知识、经验和见解，为中文互联网源源不断地提供高质量的信息。知乎网站 2010 年 12 月开放，3 个月后获得了李开复的投资，一年后获得启明创投的近千万美元。知乎过去采用邀请制注册方式。2013 年 3 月，知乎向公众开放注册。不到一年时间，注册用户迅速由 40 万攀升至 400 万。

图 14-6

7. 呼朋唤友——百度贴吧

百度贴吧（见图 14-7）是百度旗下的独立品牌，贴吧的使命是让志同道合的人相聚。贴吧的组建依靠搜索引擎关键词，不论是大众话题还是小众话题，都能精准地聚集大批同好网友，展示自我风采，结交知音，搭建别具特色的"兴趣主题"互动平台。贴吧目录涵盖社会、地区、生活、教育、娱乐明星、游戏、体育、企业等方方面面，是全球最大的中文交流平台，它为人们提供一个表达和交流思想的自由网络空间，并以此汇集志同道合的网友。

图 14-7

贴吧与 QQ 群、微信群、豆瓣小组等不同，此社群媒体采用开放的形式，将内容呈现给更多的普通网友。

14.1.3 个人网络自媒体账号的盗取

认识了自媒体，那么一般来说这些自媒体账号是如何被他人盗取的呢？下面就来列举一下，大家在日常生活中应加以注意。

1. 在外面连接免费 WiFi

之前曾经介绍过，外出时千万不能贪图便宜，使用一些免费的WiFi（见图 14-8）；否则黑客利用建立的 WiFi 轻易就可以获取你使用的各种网络账号和密码。一旦用户连上他们建立的 WiFi，打开网站输入自己的账号和密码，数据马上就能在骗子的后台同步显示出来，盗取银行密码只需 1 秒，外出切勿乱用免费 WiFi，更不要用免费 WiFi 进行网银和支付宝操作。

图 14-8

2. 图新鲜，乱扫二维码

近年来，微信官方极力推荐二维码的普及，商家也利用二维码来推广和营销自己的产品，这会给许多手机用户以错误的信号，认为二维码是个好玩的东西，可以随便玩，于是扫描了植有病毒或木马的二维码，这样不法分子可以轻易获取你的网络账号和密码。图 14-9 所示为二维码的一般形式。

图 14-9

3. 使用公用计算机不注意安全防护

当前计算机网络的普及程度非常高，我们去一些酒店或是娱乐场所，商家都备有一些公用计算机，供消费者免费使用。在使用这些计算机上网时，一定要注意聊天软件、微博等自媒体账号的安全防护。最好的方法是打开软件提供的软键盘登录，或者是利用输入法自带的软键盘登录，这样不会被键盘类木马记录。

此外，用完公用计算机之后，一定要退出自己的网络账号。

4. 换手机号后没有解除与网络账号的绑定

许多人更换手机号码是常有的事，但如果有些自媒体账号绑定了原来的手机号，后来手机弃用注销，但没有解除和原账号的绑定，就很可能遭遇风险。结果弃用的手机号码被重新激活后，新号码的使用者可以在注册网络账号时，通过找回密码可掌握你的账号。

5. 一个密码"治百病"

一个网民可能有非常多的网络账号，有些人怕记错或是记混淆，往往给所有网络账号都设定同样的密码，这样是不可取的。一旦某个账号和密码被盗，相应的可能是你大量的网络账号、密码同时出问题，当前的不法分子是非常聪明的，他们一旦盗窃了你的某个账号，就会用同一个密码去试你不同平台的账号。

6. 设定的密码过于简单

许多用户为了便于记忆，给账号设定的密码非常简单，这样就很容易被黑客破解。对于大多数的网络平台来说，设置密码时一般要用字母与数字混编的形式，并且密码的长度不宜少于 8 位，这样可以提高账号的安全度。

14.1.4 自媒体的使用方法

目前，以微博、微信、QQ 空间等为代表的自媒体平台已经成为主流的信息传播渠道，已成为放大信息、聚集意愿的重要平台。这些自媒体平台以读取方便、发布快捷及时而受到广大网友的欢迎。中国有数亿的用户在使用这些平台，而且这一数量还在快速增长。但是，自媒体平台在快速传播信息的同时，也带来一些副作用。例如，虚假不实的谣言、恶意炒作，大量随意的、偏颇的甚至是完全错误的信息使人难辨真伪。

作为新时代的网络用户，应该正确、健康地使用自媒体平台，具体应该注意以下事项。

1. 守住两个底线，严格文明自律

青少年网民，应该自觉以国家法律约束自己，以中华民族的道德标准约束自己，要守住法律和道德这两个底线，坚持以健康心态对待微博、微信等自媒体平台，以文明语言，以实事求是的态度写作和分享健康的内容。

2. 增强责任意识，不要盲目跟风

网络自媒体账号是当前信息的传播来源，每一条信息发布后就可能在网上形成快速传播，因此，作为信息的发布者要勇于担负起责任，对他人发布的信息要加以分析，辨明信息的真伪善恶，不盲目信从，不盲目转发，不盲目跟风，要传播具有正能量的内容，抵制不健康的内容和谣言。

3. 拒绝商业利益，抵制恶意炒作

对于当前自媒体平台上的一些以商业推销为目的的行为要抵制，特别是要自觉抵制网上的恶意炒作，做到不参与、不围观、不转帖，让别有用心的不法分子无用武之地。

14.2 QQ 账号安全

本节就以大众广泛使用的社交软件——腾讯 QQ 为例，介绍其存在的安全问题及防范措施。

14.2.1 QQ 被盗的几种情形

1. QQ 被盗，但密码没有被修改

有时候我们的 QQ 被盗，但不法分子并没有更改密码，只是利用我们的 QQ 号发送了大量的垃圾信息给别人。发现这种情况后，第一时间不是更改密码，而是立刻对你的计算机进行杀毒，查杀病毒及木马，在确保计算机安全之后，再更改密码。

查毒、改密码之后，接下来应该是更改 QQ 签名和状态，用以提醒你的 QQ 好友不要上当，借钱的信息不要理会，发送的文件不要接收，发送的链接不要点开。

之后，需要进入自己的 QQ 空间，看看说说、分享、日志、相册等信息有没有异常，如果这些应用都被篡改为一些乱七八糟的信息，应该及时删除；然后再看看你所加入的一些 QQ 群的群空间等能发信息的地方，有没有自己的 QQ 号发布过非法消息，如果有应及时删除，否则这些信息可能被举报，那么你的 QQ 号可能被官方暂时封停，限制登录。

2. QQ 被盗，密码已经被改

大多数时候，你的 QQ 号被盗后，不法分子会将你的 QQ 密码改掉，这样你无法使用原密码登录。那么你首先要做的也是对计算机进行杀毒，之后就是利用之前设定的密码保护来更改密码，所谓密码保护就是你提前设定的一些问题，不法分子是无法回答这些问题的，只有你知道这些问题的答案，答对之后就可以更改密码了。将密码修改，即表示追回了被盗的 QQ 号，最后就应该按照之前介绍的流程进行操作了，更改个人签名向好友说明情况，也可

以快速向大量好友发送信息说明情况。

3. QQ被盗，密码被改，并且你没有设置密码保护

QQ被盗后，如果你发现密码被修改了，而你在之前并没有设置密码保护，这种情况处理起来就会比较麻烦。

密码被改后，你无法登录，也无法利用密码保护问题来找回密码，那你就只剩下申诉这一条路了。申诉是指利用你对QQ的熟悉程度，包括之前主要在哪些地方登录、一些好友的QQ号等信息来证明这个QQ号是你的，让腾讯官方帮你找回这个QQ号。

14.2.2 盗取QQ密码的常用工具

在使用QQ的过程中，经常会听到哪个朋友的QQ号码被盗了，那么这些QQ号码是怎么被盗的呢？我们平时在使用QQ的过程中应该注意哪些方面才能防止QQ被盗呢？下面以3种常见的QQ号码盗号手段为例，曝光QQ号码被盗过程，并给出防范方法。

1. "QQ简单盗"盗取QQ密码曝光与防范方法

"QQ简单盗"是常用的盗取QQ号码工具，它采用进程插入技术，使得软件本身不会产生进程，因而很难被发现。"QQ简单盗"能够自动生成木马，只要将该木马发送给目标用户，并使其在目标计算机中运行该木马，就可以达到盗取目标计算中QQ密码的目的。

* 曝光

黑客盗取QQ的具体操作步骤如下。

（1）下载并解压"QQ简单盗"压缩包，打开"QQ简单盗"主窗口。填写收发信邮箱、发信箱密码及smtp服务器，单击"测试发信"按钮，如图14-10所示。

（2）提示用户查看测试信件信息，单击"OK"按钮，如图14-11所示。

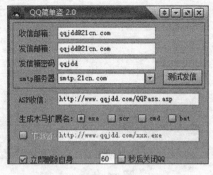

图14-10

图14-11

【注意】

填写smtp服务器时要注意与发信邮箱相对应，否则可能无法收到测试信件。

（3）返回主界面，单击"选择木马图标"按钮，选择生成的木马图标，如图 14-12 所示。

（4）打开"另存为"对话框，选择准备好的图标，输入文件名后，单击"打开"按钮，如图 14-13 所示。

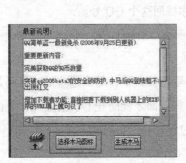

图 14-12

图 14-13

（5）返回主界面，在主界面查看即将生成的木马图标，单击"生成木马"按钮，如图 14-14 所示。

（6）打开"另存为"对话框，选择木马存储位置及文件名，并单击"保存"按钮，如图 14-15 所示。

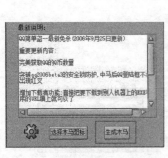

图 14-14

图 14-15

（7）查看木马生成提示信息，单击"确定"按钮，如图 14-16 所示。

（8）木马生成成功，在存储位置可查看到已经生成的木马，如图 14-17 所示。

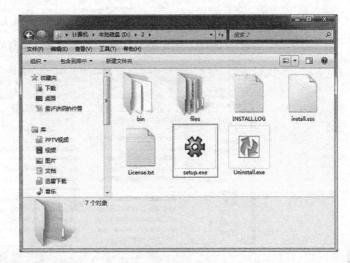

图 14-16   图 14-17

将生成的木马发送给目标用户，只要目标用户在目标计算机中运行该程序，黑客就能够获取该计算机中的 QQ 密码。

· 防范

对于在公共场所上网的 QQ 用户应该特别注意被这种方法盗取 QQ，如果条件允许，最好是先用杀毒软件对计算机杀毒之后再进行登录。同时，也不要轻易接收 QQ 好友发过来的不明文件，说不定就是一个盗取 QQ 的软件，一旦运行了，QQ 也就没有任何安全性可言了。

2. "好友号好好盗"盗取 QQ 号码曝光

"好友号好好盗"是一款非常实用的远程盗号软件，可在对方好友在线时对其 QQ 号码进行盗取。该软件使用图片进行伪装，直接通过 QQ 传回密码，还具有加密传递信息的功能。该工具的具体使用步骤如下。

（1）打开"好友号好好盗"主界面，在"你的 QQ 号"文本框中输入自己的 QQ 号码。单击"选择一个 JPEG 图片"文本框后面的"浏览"按钮，如图 14-18 所示。

图 14-18

（2）打开"你要给网友看什么图片"对话框。在自己计算机上选择一个要给网友看的图片，
单击"打开"按钮，即可添加该图片，如图14-19所示。

图14-19

（3）返回主界面，单击"指定保存的文件名"
文本框后面的"浏览"按钮，如图14-20
所示。

（4）打开"你要将木马放在哪里"对话框，指
定保存的路径及文件名，单击"打开"按钮，
如图14-21所示。

图14-20

（5）返回主界面，查看选择的图片和指定的要
保存的文件名，单击"生成木马"按钮，如图14-22所示。

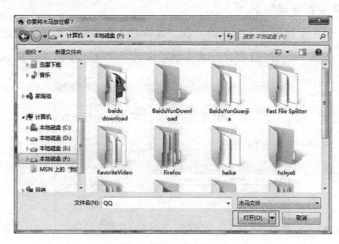

图14-21

（6）木马制作完毕，单击"确定"按钮即可，如图14-23所示。此时就可以将生成的木马发给聊天的好友了，还可以设置运行的次数和强制关闭对方QQ的时间。

图14-22

图14-23

【提示】

如果对选择图片和具体操作不熟悉，也可以单击"我比较懒"按钮使用软件自带的图片，每一步都会有提示。

当对方接收到带木马的文件之后，最好和自己的好友继续聊天，如果发现对方突然下线，则可能是木马已经起作用了。等对方再次上线之后，再发个信息过去，让对方回信息。如果没有遇到问题，对方的QQ号码和密码便会通过QQ信息发送过来。

3. "QQExplorer"在线破解QQ号码曝光与防范方法

QQ在即时通信领域中占有举足轻重的地位，因此，QQ的安全一直是大家最头疼的问题，稍有不慎，用户的QQ就拱手让人了，即使随时都注意了QQ的安全，但对于QQ在线破解却也是防不胜防了。

• 曝光

QQExplorer是一款比较常用的在线破解QQ密码的工具，其功能强大、设置简便，可以从网上下载并解压"QQExplorer"压缩包，双击"QQExplorer"应用程序图标，即可打开"QQExplorer"主界面。使用它在线破解QQ的具体操作步骤如下。

（1）运行QQExplorer，输入盗取的QQ号码（此号码必须在线）及代理服务器的IP地址和端口号码。单击"添加&测试"按钮，如图14-24所示。

（2）检测此服务器是否正常，单击"开始"按钮，即可开始在线密码破解，如图14-25所示。

【提示】

如果觉得寻找QQ代理服务器列表麻烦，可使用一些现成的QQ代理公布软件。

• 防范

其在线破解改变了本地破解的被动破解方式，只要是在线的QQ号码都可以破解，适用范围较广，因此一定要当心。因为它仍然采用穷举法技术，所以在枚举密钥位数长度及类型时，校验时间很长，破解效率却不高。

图 14-24   图 14-25

这种方法还受到计算机速度、网速等诸多因素的影响，比本地破解更慢、更麻烦。因此，对于这种破解方式，设置足够复杂的密码是一个非常有效的预防手段。

14.2.3 QQ 被盗的原因

1．密码过于简单

很多人在设置 QQ 密码的时候就使用常用国标码或是一些纯数字的密码，这些密码只要用普通的猜解软件就能轻易破解出来（见图 14-26）。

图 14-26

2．在网吧等公共场合使用过 QQ

一些网吧本身就是黑小网吧，系统维护得也不好，上网的顾客又不会保护计算机的安全，浏览各个危险网页，导致计算机中毒严重。在网吧使用计算机登录 QQ 时，一定要重新启动计算机，网吧的计算机一般关机后就会一键还原，不要在锁屏界面直接输入上网账号。

3．单击危险链接

当好友或是陌生人发来一个危险链接，且一旦单击这些陌生的链接，特别是有危险提示符号的链接，QQ 就很容易被盗了，如图 14-27 所示。

图 14-27

链接前面有黄色或蓝色"？"或是红色"！"号，这种提示链接是有风险的，千万不要单击，单击了就容易中毒被盗号，如图 14-28 所示。

只有链接前面显示是绿色的"√"号的时候才是安全的链接，如图 14-29 所示。

图 14-28

图 14-29

4．在网页或是小游戏上输入了 QQ 账号和密码

一个小游戏或是网页让你输入 QQ 账号和密码，千万不要轻易输入。这些小游戏制作低劣，存在很大的不确定性和安全风险，千万不要输入自己的 QQ 号和密码，也不要进行授权。

QQ 账号被盗取之后，不法分子利用你的 QQ 欺诈你好友的钱财，造成不可估量的经济损失。请保护好自己的 QQ 账号和密码安全，尽早绑定手机号码，设置异地登录手机验证，有效地防止 QQ 号码被盗。

14.2.4 让 QQ 账号更安全

既然 QQ 账号存在这么多的安全隐患，应该采取什么措施来提前防患于未然，使得 QQ 账号更加安全呢？下面就来讲解使 QQ 账号更加安全的方法和步骤。

（1）首先登录 QQ，单击左下角的"主菜单"图标，选择"安全"/"安全中心首页"命令，如图 14-30 所示。

（2）打开安全中心首页，从中可以看到自己的 QQ 账号的安全级别及存在的风险，如图 14-31 所示。

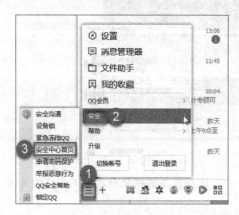
图 14-30

图 14-31

（3）将存在的风险项依次进行排查，单击"立即验证"按钮即可，进入密保手机确认界面，若没有更换手机号码，则直接单击"输入完整号码验证"按钮；若已经更换了手机号码，则单击"我换号了"按钮，如图 14-32 所示。

（4）在"确认手机号"文本框中输入完整的手机号码，单击"确认"按钮，如图 14-33 所示。

图 14-32

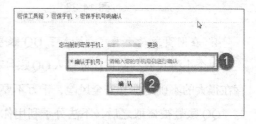
图 14-33

（5）输入无误后出现确认成功提示窗口，单击"返回首页"按钮，如图 14-34 所示。

（6）返回首页后继续消除所存在的风险项，单击"立即验证"按钮，如图 14-35 所示。

（7）出现"验证密保问题"对话框，对注册 QQ 账号时所设置的密保问题进行回答，回答完成后单击"验证"按钮，如图 14-36 所示。

（8）当然，可能由于申请账号的时间太久导致许多用户已经忘记了当时设置的密保问题的答案，不要着急，返回首页，找到右侧"我的密保工具"区域的"密保问题"选项，单击"修改"按钮，如图 14-37 所示。

图 14-34

图 14-35

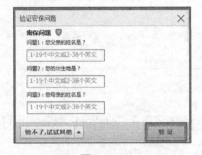

图 14-36

图 14-37

（9）在"修改密保问题"页面的"step 1：填写密保问题"中自行选择 3 个问题，注意应填写真实性的信息，避免再次遗忘，输入完成后单击"下一步"按钮，如图 14-38 所示。

（10）修改密保问题的"step 2：验证密保问题"，对上一步所选择输入的密保问题再次进行填写，已确认所填信息，填写完成后，单击"下一步"按钮，如图 14-39 所示。

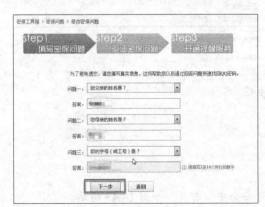

图 14-38

图 14-39

（11）修改密保问题的"step3：开通提醒服务"，此时其实已经说明修改密保问题完成，如图 14-40 所示。

（12）再次返回首页，单击"立即绑定"按钮，如图 14-41 所示。

图 14-40   图 14-41

（13）可以根据自己的手机选择是下载"iPhone 版"还是"Android"版，如图 14-42 所示。

图 14-42

14.2.5 QQ 账号申诉流程

这里介绍一下 QQ 账号申诉的流程。

（1）如上一小节第（1）步相同，首先打开安全中心首页，如图 14-43 所示。

（2）单击"找回密码"链接会弹出 QQ 安全中心的网页，在该网页的导航栏中，将光

标移动到"密码管理"一项，然后在弹出的下拉菜单中选择"账号申诉"命令，
如图 14-44 所示。

图 14-43 图 14-44

（3）进入申诉操作界面，然后根据提示输入就可以了。要注意，一定要输入尽量详细
的信息，这样可以提高申诉成功的概率，因为申诉是要花费一定时间的；如果输
入的信息不够详细，申诉失败，那么就会浪费很长时间进行再次申诉。输入完成后，
单击"确定 并同意以下协议"按钮即可，当然也可以随时从右侧菜单栏中选择"查
询申诉进度"选项来查看申诉进程，或者选择"辅助好友申诉"选项来邀请好友
帮助账号的申诉，提高申诉速度，如图 14-45 所示。

图 14-45

14.3 微信账号安全

微信是腾讯公司于 2011 年 1 月 21 日推出的一个为智能终端提供即时通信服务的免费应

用程序。微信支持跨通信运营商、跨操作系统平台，通过网络快速发送免费（需消耗少量网络流量）语音短信、视频、图片和文字，同时，也可以使用通过共享流媒体内容的资料和基于位置的社交插件"摇一摇""漂流瓶""朋友圈""公众平台""语音记事本"等。

截至 2016 年第二季度，微信已经覆盖中国 94% 以上的智能手机，月活跃用户达到 8.06 亿，覆盖 200 多个国家、超过 20 种语言。此外，各品牌的微信公众账号总数已经超过 800 万个，移动应用对接数量超过 85000 个，广告收入增至 36.79 亿元，微信支付用户则达到了 4 亿左右。

微信提供公众平台、朋友圈、消息推送等功能，用户可以通过"摇一摇""搜索号码""附近的人"、扫二维码方式添加好友和关注公众平台，同时微信将内容分享给好友及将用户看到的精彩内容分享到微信朋友圈。

14.3.1 微信号被盗的后果

随着微信的广泛普及，涌现出一批不法分子，专门利用微信平台盗取微信用户的个人信息，威胁账号安全，甚至造成了财产损失。微信账号被盗取的后果有以下几个。

（1）用户的微信账号被盗，最直接的后果就是用户的个人隐私会大量泄露。因为在开通微信时，你可能会填写大量的个人信息进行注册，这部分信息只有一部分是公开的，而不公开的部分随着账号被盗，也就被不法分子掌握了。

（2）微信账号被盗后，不法分子大多会仿冒你的身份，向你的微信好友发送借钱的信息，由于很多好友与你的关系亲近，对你的一些要求尽量满足，这样不法分子的诈骗行为就更容易得手了。

此外，不法分子盗窃你的微信之后，还可能会发送一些广告或是营销信息，引起微信好友的反感。

（3）破坏用户与微信好友的关系。不法分子冒用你的身份去借钱、诈骗或是发送广告信息之后，会影响你的名誉，破坏你在好友心目中的可信赖程度，还有可能破坏你与好友的关系。

14.3.2 加强微信的安全防护

既然微信已经融入我们的日常生活，而微信账号被盗取后又会产生许多严重的后果，那么应该提高微信使用的安全性有以下几个方面。

1. 密码设定及保护

很多用户使用同样的账号（如邮箱等）注册多种自媒体账号，如微博、微信、豆瓣等，并且设置相同的密码，这就有可能一旦密码被盗，多个网站的账号都会被盗的现象。比如QQ 号被盗了，微信号也就跟着被盗。所以用户尽量不要在多个网站或自媒体平台使用同样的密码。

另外，为了保护用户的微信，建议用户将微信绑定手机号码，这样可以更加有效地保护账号安全；即便账号出问题了，也可以第一时间将密码找回。

2. 加陌生好友要链慎

很多时候会有陌生的微信用户加你好友，如果这类用户没有使用真实名字，而个人资料又显得很诡异时，建议不要加他们为好友。此外，许多陌生微信用户会用养眼的网络图片包装自己，头像、相册均为美女帅哥，这类用户也要谨慎添加，这种账号十有八九是有问题的。

3. 不要轻易打开连接

在微信上，并不算熟悉的好友给你发送信息，内有网页链接，一定不要打开。如果不小心打开了，网页上要求输入账号和密码时，应立即关闭。

即便是熟人发送的网页链接，也要谨慎，如果不是特别感兴趣的话题，不要打开；此外，也要提前判断该链接是否有问题，在确认没问题后再打开。

4. 坚决抵制不良信息

微信聊天过程中，如果聊天的内容一旦涉及金钱、见面等敏感字眼时，用户就要小心了，类似这种见面约会的案例有很多，被骗财、骗色的案例更是数不胜数。可以这样认为，在微信中，凡是脱离"社交"本质的话题，用户都应该谨慎处理。

此外，如果在聊天过程中发现有些用户涉嫌诈骗、发布情色信息，可以立即对其进行举报。在经过微信官方核实后，该类账号会被处理，情节严重的会被永久封号，这样可以还给大家一个更为健康的环境。

14.3.3 LBS 类功能不要一直开启的原因

LBS（基于位置的服务）是指通过无线电通信网络或外部定位方式，获取移动终端用户的位置信息，为用户提供相应服务的一种增值业务。用通俗的话来说，就是利用卫星定位，获取用户手机所在的位置，然后在微信中可以与特定位置的用户进行交流。

例如，"附近的人"功能是指微信用户通过定位服务搜到大量你附近的微信用户，然后彼此可以进行交流；"摇一摇"功能则是利用定位功能搜到其他正在使用此功能的用户；还有"漂流瓶"等功能。

用户利用"摇一摇""附近的人"等功能，可以在某些特定的位置，快速增加自己的微信好友，并与他们沟通和交流。但是应该注意，这类功能在方便你就近与其他微信用户交流的同时，也有一定的安全隐患。以"附近的人"为例，使用该功能时，系统会获取你的位置信息，并保留一段时间。也就是说，你的居住地、微信号、爱好习惯等是在网上公开一段时间的，任何在你附近使用"附近的人"功能的用户都可以搜索到你，这是有很大安全隐患的，所以建议用户在使用 LBS 类功能完毕后及时清除位置信息，在公共场合更要关闭这种定位功能。

14.3.4　个人微信账号被盗后的做法

用户的微信账号被盗之后，应该第一时间设定冻结账号，找回密码之后，再解冻账号。正常登录微信后，要及时向你的好友解释你账号被盗的情况，并向被打扰的好友道歉。

下面介绍个人微信账号冻结及解冻的操作方法。

1. 绑定了 QQ 号的微信账号

（1）微信号被盗后，应该先通过计算机登录110.qq.com网站，申请冻结微信账号，单击"冻结微信"按钮，以保证账号信息的安全，并尽量避免盗号者利用账号进行欺诈行为，如图 14-46 所示。

（2）微信账号冻结后，先通过计算机登录 aq.qq.com，修改你的 QQ 密码（执行"密码管理"/"修改密码"命令），如图 14-47 所示。如果不小心忘记了密保问题，可以通过账号申诉来找回密码，具体方法步骤可以参考本章第 14.2.4 小节和第 14.2.5 小节。

图 14-46

图 14-47

（3）修改 QQ 密码后，通过计算机登录 110.qq.com，单击"解除微信冻结"链接即可解除微信账号的冻结，然后微信号可正常登录，如图 14-48 所示。当你再次登录微信账号时，微信官方还会发送一条验证码信息到你此前绑定的手机。

2. 没有绑定 QQ 账号的微信账号

（1）冻结微信账号。因为你的账号没有绑定 QQ，所以需要你拨打微信客服热线 0755-83767777 申请冻结微信账号。

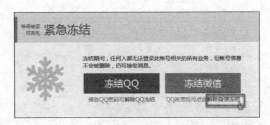

图 14-48

（2）对账号安全信息进行修改。电话或是在网站联系微信客服，修改你微信号绑定的手机和邮箱等信息。

（3）解冻账号。在处理好账号的安全信息之后，联系微信客服申请解除账号冻结，开启账号保护并清除非本人的登录手机信息，保障账号的使用安全（如开启设备保护、清除常用手机信息）。

第 15 章

无线网络与 WiFi 安全防范

随着计算机技术的迅速发展，无线网络逐渐渗入到人们生活的各个领域。无线网络既包括允许用户建立远距离无线连接的全球语音和数据网络，也包括为近距离无线连接进行优化的红外线技术及射频技术，与有线网络的用途十分类似，最大的不同在于传输介质的不同，利用无线电技术取代网线，可以和有线网络互为备份。本章将详细讲解无线网络与 WiFi 安全防范。

案例: WiFi 安全很重要

公共场所免费 WiFi 信号越来越多, 更多人习惯进入酒店、餐馆、商场等公共场所后, 先搜一下附近有没有 WiFi 信号。但不少手机用户并不清楚的是, 在享受免费 WiFi 便利的同时, 风险往往也会悄然而至。网络黑客往往通过钓鱼 WiFi 的方式, 窃取大量用户信息, 甚至盗刷银行卡。我们收集盘点 WiFi 钓鱼案例, 提醒蹭网族 "且连且小心"。

最大数额: 6 万多元两天只剩 500 元

2014 年 4 月, 江苏南京市民张先生使用公共场所的 WiFi 后, 计算机被黑客入侵, 在 U 盾、银行卡都在的情况下, 网银上的 6 万多元被人在两天内盗刷 69 次, 只剩下 500 元。而且他的手机还被黑客做了手脚, 接收消费提醒短信的功能也被屏蔽, 所以发生的 69 次交易他根本没收到任何短信提示, 钱不知不觉中就被转走了。

最轰动: 麦当劳连 WiFi 被骗 2000 元

2014 年 6 月, 一位年轻女子在麦当劳门前高举写有 "我在这里手机网购, 丢了 2000 块, 连 WiFi 虽易, 丢钱更易, 且连且小心" 抗议牌的事件引发了众多用户的关注, 也使人们开始关注免费 WiFi 的安全性。

最幸运: 朋友提醒免于上当

湖北的陈小姐在某五星级酒店开会时, 习惯性地连接酒店免费 WiFi 上淘宝, 在选中商品后下单并准备付款时, 她的 QQ 显示在另一台计算机登录。陈小姐再用手机登录后, 又显示 QQ 在别处计算机登录。几番拉锯战后, 陈小姐发现一个链接发给了所有好友。经好友提醒后, 陈小姐赶紧将银行卡冻结, 这才免受了财产损失。尽管如此, 她仍被吓出一身冷汗。

案例总结

WiFi 是普通网民高速上网、节省流量资费的重要方式, 虽然面临一些安全陷阱, 但不可能因噎废食。根据以上发生的案例这里提供了五大安全使用建议。

第一, 谨慎使用公共场合的 WiFi 热点。官方机构提供的而且有验证机制的 WiFi, 可以找工作人员确认后连接使用。其他可以直接连接且不需要验证或密码的公共 WiFi 风险较高, 背后有可能是钓鱼陷阱, 尽量不使用。

第二, 使用公共场合的 WiFi 热点时, 尽量不要进行网络购物和网上银行的操作, 避免重要的个人敏感信息遭到泄露, 甚至被黑客银行转账。

第三, 养成良好的 WiFi 使用习惯。手机会把使用过的 WiFi 热点都记录下来, 如果 WiFi 开关处于打开状态, 手机就会不断向周边进行搜寻, 一旦遇到同名的热点就会自动进行连接,存在被钓鱼的风险。因此当进入公共区域后，尽量不要打开 WiFi 开关，或者把 WiFi 调成锁屏后不再自动连接，避免在自己不知道的情况下连接上恶意 WiFi。

第四，家里路由器管理后台的登录账户、密码，不要使用默认的 admin，可改为字母加数字的高强度密码；设置的 WiFi 密码选择 WPA2 加密认证方式，相对复杂的密码可大大提高黑客破解的难度。

第五，不管在客户端还是计算机端都应安装安全软件。对于黑客常用的钓鱼网站等攻击手法，安全软件可以及时拦截提醒；有的还能有效防止家用路由器遭到攻击者劫持，防止网民上网裸奔。

15.1 无线路由器基本设置

无线路由器已经越来越普及，大多数用笔记本或只能用手机的人，都希望能直接用 WiFi 连接上网，方便、省流量。但是很多刚接触无线路由器的人，并不知道无线路由器怎么用。下面以较为普遍的 TP -Link 无线路由器为例介绍如何设置无线路由器。

15.1.1 无线路由器外观

先来了解一下无线路由器的各个接口。无线路由器的外观大同小异，除了 Reset 按钮的位置可能不一致，其他基本相同，如图 15-1 所示。

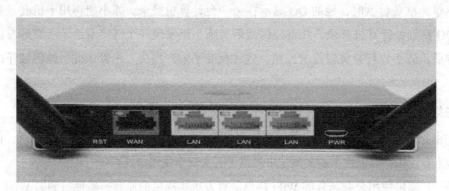

图 15-1

- WAN 端口：连接网线。
- LAN 端口：连接计算机（任选一个端口就行）。
- RST 按钮：将路由器恢复到出厂默认设置。

连接好无线路由器和网线、调制解调器，如图 15-2 所示。确保网络畅通，所有指示灯都要正常亮着，如图 15-3 所示。

图 15-2

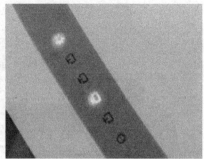

图 15-3

15.1.2　无线路由器参数设置

下面介绍无线路由器参数的设置方法。

（1）在没有路由器之前，是通过计算机直接连接宽带来上网的，那么现在要使用路由器共享宽带上网，当然首先要用路由器来直接连接宽带了。因此要做的第一步工作就是连接线路，把前端宽带线连到路由器（WAN 口）上，然后把计算机也连接到路由器上（LAN 口）。

【提示】

如果您的宽带是电话线接入的，请按照图 15-4 中①、②、③、④依次接线；如果是直接网线入户的，请按照图 15-4 中②、③、④的顺序接线口，其物理接线（如果是小区宽带，直接把宽带线插到 WAN 口即可）示意图如图 15-4、图 15-5 所示。

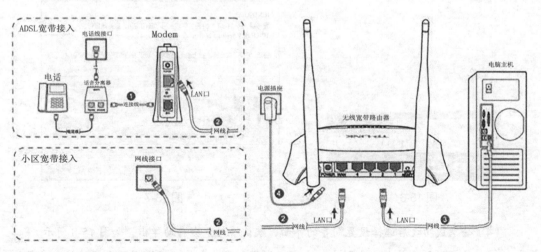

图 15-4

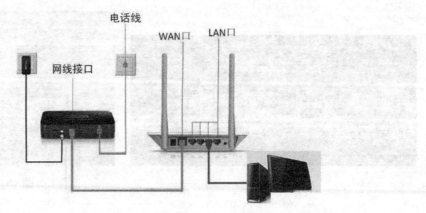

图 15-5

【注意】

插上电之后，路由器正常工作后系统指示灯（SYS 灯■或小齿轮✿图标）是闪烁的。线路连好后，路由器的 WAN 口和有线连接计算机的 LAN 口对应的指示灯都会常亮或闪烁，如果相应端口的指示灯不亮或计算机的网卡图标显示红色的叉■，则表明线路连接有问题，尝试检查网线连接或换一根网线试试。

（2）打开网页浏览器，在地址栏输入192.168.1.1，打开路由器的管理界面，如图15-6所示。

（3）需要登录之后才能设置其他参数，默认的登录用户名和密码都是 admin，可以参考说明书，如图15-7所示。

图 15-6

图 15-7

（4）登录成功之后选择设置向导的界面，默认情况下会自动弹出，如图15-8所示。

（5）选择设置向导之后会弹出一个窗口说明，通过向导可以设置路由器的基本参数，直接单击"下一步"按钮即可，如图15-9所示。

图 15-8

（6）根据设置向导一步一步设置，选择上网方式，通常 ADSL 用户选择第一项 PPPoE，如果用的是其他的网络服务商，则根据实际情况选择下面两项，选完单击 "下一步" 按钮，如图 15-10 所示。

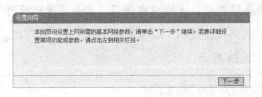

图 15-9

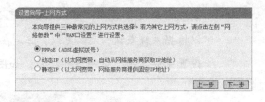

图 15-10

【提示】

如果是用 ADSL 上网，如长城宽带、电信 ADSL、联通宽带等，选择 PPPoE（ADSL 虚拟拨号）。

（7）输入从网络服务商申请到的账号和密码，输入完成后直接单击 "下一步" 按钮，如图 15-11 所示。

图 15-11

【提示】

如果计算机有无线网卡，可以使用 160WiFi 来让计算机变成无线路由。如果计算机网卡驱动没有安装好，可以使用驱动人生网卡版一键解决所有驱动问题，如图 15-12 所示。

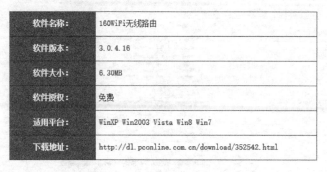

软件名称:	160WiFi无线路由
软件版本:	3.0.4.16
软件大小:	6.30MB
软件授权:	免费
适用平台:	WinXP Win2003 Vista Win8 Win7
下载地址:	http://dl.pconline.com.cn/download/352542.html

图 15-12

15.1.3 设置完成重启无线路由器

下面介绍设置完成后重启无线路由器的方法。

（1）进入无线设置，设置 SSID 名称，这一项默认为路由器的型号，这只是在搜索的时候显示的设备名称，可以根据自己的喜好更改，方便搜索使用。其余设置选项可以根据系统默认，无需更改，但是在"网络安全选项"必须设置密码，防止被蹭网。设置完成单击"下一步"按钮，如图 15-13 所示。

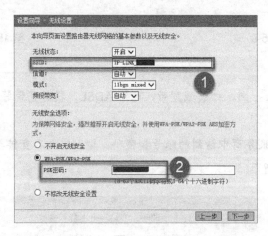

图 15-13

【注意】

设置一个 SSID 好记的名字，可以让手机、笔记本等快速找到自家的 WiFi 信号。无线

WiFi 密码,必须是选择 WPA-PSK/WPA2-PSK 模式,密码可以用手机号等,总之,密码越长越好。

(2)无线路由器的设置大功告成,重新启动路由器。

一般来说,只要熟悉上述步骤,就可以说是懂得了无线路由器怎么用了。至此,无线路由器的设置完毕,接下来开启你的无线设备,搜索 WiFi 信号直接连接就可以无线上网了。

15.1.4 搜索无线信号连接上网

接下来说一下搜索连接的过程。

(1)在计算机的右下角会有无线网的标志,单击该图标,如图 15-14 所示。

(2)在出现的网络页面中,将 WLAN 设置为开,如图 15-15 所示。

图 15-14   图 15-15

(3)将 WLAN 打开后即可看到能连接的无线网络,选择你想连接的无线网络,单击"连接"按钮,如图 15-16 所示。

(4)输入正确的密码,单击"下一步"按钮即可连接成功,如图 15-17 所示。

图 15-16   图 15-17

15.2 傻瓜式破解 WiFi 密码曝光及防范

WiFi 万能钥匙是一款常见的破解周围公共 WiFi 密码的软件，此方法主要是利用 WiFi 特征匹配来查看已共享的 WiFi 信息实现破解目地。

15.2.1 WiFi 万能钥匙手机破解 WiFi 密码曝光

下面介绍 WiFi 万能钥匙手机端的具体用法。

（1）下载"WiFi 万能钥匙"并安装至手机，打开手机列表中的"WiFi 万能钥匙"，在程序主界面中单击"开启"按钮以打开手机中的 WiFi 开关。程序自动搜索周围存在的开放的 WiFi 网络，单击要连接的无线网络，程序自动进行连接。

（2）搜索到的 WiFi 被加密，程序会在 WiFi 列表中对应图标上显示一个"小锁"图标，如图 15-18 所示。

（3）选择想要连接的网络，单击"钥匙连接"按钮，如图 15-19 所示。

图 15-18

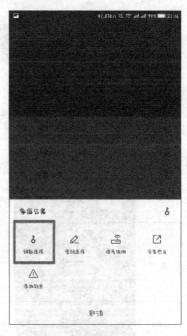

图 15-19

（4）深度扫描，正在尝试解锁，如图 15-20 所示。

（5）成功破解 WiFi 密码，网络已连接，如图 15-21 所示。

图 15-20   图 15-21

15.2.2 WiFi 万能钥匙计算机破解 WiFi 密码曝光

除了在手机上使用 WiFi 万能钥匙破解 WiFi 密码外，在计算机上也可以使用 WiFi 万能钥匙进行破解。下面介绍在计算机上使用 WiFi 万能钥匙破解 WiFi 密码的方法。

（1）进入 WiFi 万能钥匙官方网站，下载并安装计算机版 WiFi 万能钥匙，如图 15-22 所示。

（2）打开 WiFi 万能钥匙主界面，选择想要破解的 WiFi，然后选择"自动连接"，软件会自动帮你破解 WiFi 密码，如图 15-23 所示。

图 15-22   图 15-23

（3）WiFi 开始连接，如图 15-24 所示。

（4）WiFi 密码破解成功，WiFi 连接成功，如图 15-25 所示。

图 15-24　　　　　　　　　　　　　　　　　图 15-25

15.2.3 防止 WiFi 万能钥匙破解密码

不少用户已悄然患上 WiFi 依赖症，对他们来说人生最痛苦的事，莫过于能搜到一个信号满格的 WiFi，却不知道密码。正是有这样的 WiFi 连接需求，移动设备端随之出现了一大波号称能破解 WiFi 密码的 App。让不少 WiFi 拥有者忧心忡忡，担心自家 WiFi 密码被破解，被人蹭网。那么到底该如何设置 WiFi 密码才不会被 WiFi 万能钥匙破解呢？

图 15-26 所示为 7 组密码的测试数据。

测试密码一览		
密码组合	WEP	WPA、WPA2
单一纯数字	11111111111	111111111
两个纯数字	1111122222	11112222
不同的数字	1234567890	12345678
单一英文字母	AAAAAAAAAA	AAAAAAAA
纯英文字母	AAAAABBBBB	AAAABBBB
不同的英文字母	ABCDEFGHIJK	ABCDEFGH
英文+数字	12345ABCDE	1234ABCD

图 15-26

1. 实战 1：破解 WEP 加密

结论：当密码设置为单一数字组成的密码时，才会被 WiFi 万能钥匙所破解，面对其余几种类型的密码时，都无能为力。

WEP 是 802.11b 标准里定义的一个用于无线局域网的安全性协议，也是最早出现的 WiFi

加密方式。由于其设计上存在缺陷，密钥在传递的过程中非常容易被截获，很容易被破解。再加上 802.11n 网络中并不支持这种加密方式，所以现在用 WEP 给 WiFi 加密的个人用户其实并不多。那么 WiFi 万能钥匙 App 会不会针对这个缺陷加以利用，破解 WiFi 密码就如探囊取物一般轻松呢？

将这 7 组密码分别进行了深度解锁，在破解第一组 10 个 1 组成的纯数字密码时，WiFi 万能钥匙表现得很出色，三下五除二就把密码破解了，看网页、看视频都很好用。不过好的开始与最后的成功并没有直接联系，在后面的 6 组密码中，即便是换成 10 位单一英文字母的密码，WiFi 万能钥匙就完全抓瞎了。而密码只要稍微复杂一点，如两个数字组成，那么 WiFi 万能钥匙就完全无能为力了。最后的结果表明，即便不算先进的 WEP 加密，在 WiFi 万能钥匙面前依然是难啃的骨头。

2．实战 2：破解 WPA 加密

结论：用 AES 密码时，只能破解单一数字密码；用 TKIP 密码时，7 组密码无一破解成功。

为了弥补 WEP 的严重缺陷，WiFi 联盟提出了新的解决方案，这就是 WPA 加密。在 D-Link DIR-615 无线路由器中，WPA 加密又有两种密码类型，下面分别进行破解。

WiFi 万能钥匙在面对并不安全的 WEP 时，都表现惨淡，遇到更先进的 WPA 加密时，表现就更困难了。使用 AES 密码时，与 WEP 加密一样，破解第 1 组 10 个 1 组成的纯数字密码也没有什么问题，只不过破解的时间长了不少。但是面对后面的 6 组密码时，WiFi 万能钥匙依然是束手无策，算法换了一种又一种，都未能成功。如果换成 TKIP 密码，这下 WiFi 万能钥匙就完全万能为力了，连 10 个 1 组成的纯数字密码都无法破解，更不用说其他 6 组密码了。

3．实战 3：破解 WPA2 加密

结论：App 表现与破解 WPA 项目相同。

WPA2 是基于 WPA 的一种新的加密方式，在 D-Link DIR-615 无线路由器中，与 WPA 一样，也有两种密码类型。测试的结果与前面 WPA 基本一致，在 AES 密码时，破解单一纯数字密码是没有什么压力的，换成 TKIP 密码就啥也破解不了。

总结：万能钥匙就是一个纸老虎！

15.3　Linux 下利用抓包破解 WiFi 密码曝光

实现破解周围 WiFi 密码的方式有许多种，下面曝光一种强力破解 WiFi 密码的方法，在 Linux 下利用抓包工具来破解周围 WiFi 密码。

15.3.1 虚拟 Linux 系统

想要破解 WiFi 密码，首先需要安装一个虚拟机，然后在虚拟机中安装 Linux 系统，安装步骤如下。

（1）在百度搜索 cdlinux.iso，下载并保存 cdlinux.iso，如图 15-27 所示。

（2）下载 "vmware workstation" 虚拟机软件，用于在 Windows 系统下虚拟 CDLinux 系统，如图 15-28 所示。

图 15-27　　　　　　　　　　　　　　　图 15-28

（3）安装并运行 "vmware workstation" 虚拟机软件，在程序主界面中单击 "创建新的虚拟机" 按钮，如图 15-29 所示。

（4）选择安装类型，选中 "典型" 单选钮，单击 "下一步" 按钮，如图 15-30 所示。

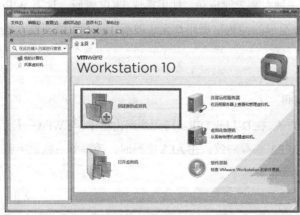

图 15-29　　　　　　　　　　　　　　　图 15-30

（5）选中 "安装程序光盘映像文件" 单选钮，通过单击 "浏览" 按钮选择已下载的 CDLinux 系统镜像文件，单击 "下一步" 按钮，如图 15-31 所示。

（6）选中 "Linux" 单选钮，单击 "下一步" 按钮，如图 15-32 所示。

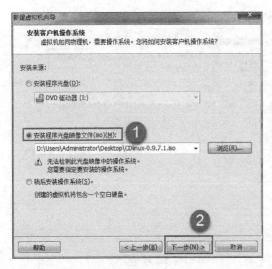

图 15-31

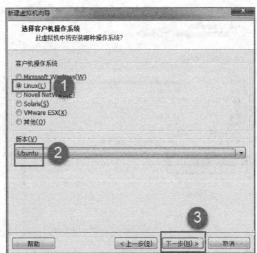

图 15-32

（7）输入"虚拟机"的名称，单击"下一步"按钮，如图 15-33 所示。

（8）将"磁盘空间"设置为"10GB"以上，单击"下一步"按钮，如图 15-34 所示。

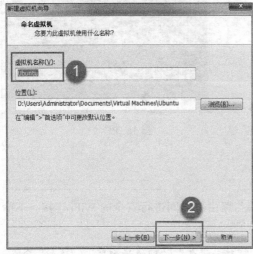

图 15-33

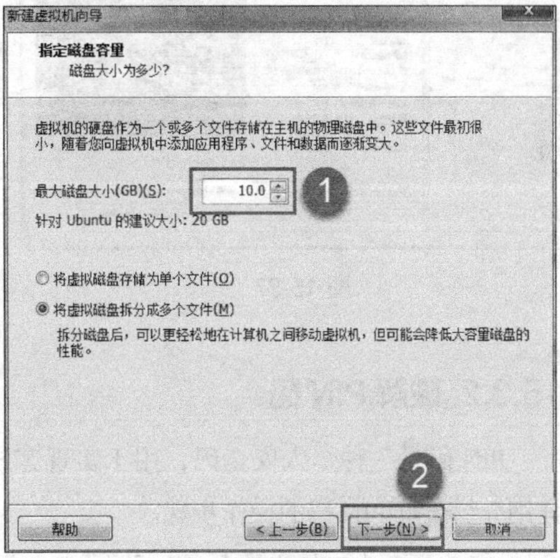

图 15-34

（9）弹出新的界面，单击"自定义硬件"按钮，如图 15-35 所示。

（10）设置合适的"内存"，通常内存设置为实际物理内存的 1/2，最后单击"确定"
按钮完成设置，如图 15-36 所示。

（11）选中已创建的虚拟机，单击"开启此虚拟机"按钮即可启动虚拟机，如图 15-37 所示。

（12）虚拟机已启动，查看系统界面，如图 15-38 所示。

图 15-35

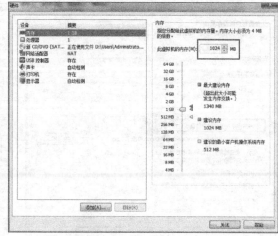

图 15-36

图 15-37

图 15-38

15.3.2 破解 PIN 码

PIN 码是一种个人安全码，用于实现客户端与路由器之间进行安全的 WiFi 连接。下面详细介绍破解 PIN 码的操作步骤。

（1）打开虚拟机主界面，选择"虚拟机"/"可移动设备"/"网络适配器"/"连接"命令，如图 15-39 所示。

（2）网络连接成功，如图 15-40 所示。

（3）双击桌面上的"minidwep-gtk"程序，在弹出的"警告"窗口中单击"OK"按钮，如图 15-41 所示。

（4）选择"加密方式"，此处根据路由器 WiFi 加密类型来选择，选择"WPA/WPA2"，然后单击"扫描"按钮，如图 15-42 所示。

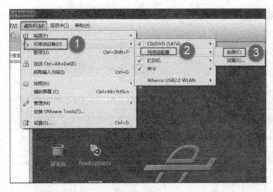

图 15-39　　　　　　　　　　　　　　　　　图 15-40

图 15-41　　　　　　　　　　　　　　　　　图 15-42

（5）搜索并列出周围所有的热点，需要找到含有"WPS"的无线网络，因为只有这类
网络才可以破解，如果看不到含有"WPS"字样的无线网络，则单击"Reaver"按钮，
如图 15-43 所示。

（6）弹出新的窗口，单击"OK"按钮，如图 15-44 所示。

图 15-43　　　　　　　　　　　　　　　　　图 15-44

（7）查看弹出的数据，当数据有变化时，表明是 WPS 加密方式，可实现破解，如
图 15-45 所示。

（8）选中一个"WPS"无线网络，单击"启动"按钮正式进入破解过程，如图 15-46 所示。

图 15-45 　　　　　　　　　　　　　　　　图 15-46

（9）已获得"握手包"，单击"OK"按钮，如图 15-47 所示。

（10）选择一个字典，单击"OK"按钮，如图 15-48 所示。

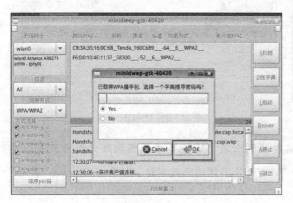

图 15-47 　　　　　　　　　　　　　　　　图 15-48

（11）耐心等待破解，可以看到已破解的密码，单击"OK"按钮即可，如图 15-49 所示。

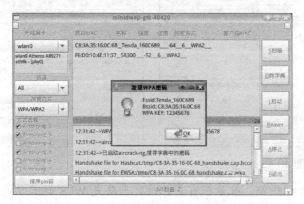

图 15-49

15.3.3 破解 WPA 密码

WPA 加密方式是一种不安全、低级的无线加密方式，如果无线网络采取这种加密方式，那么就可以使用以下方法进行破解。

下面详细介绍破解步骤。

（1）双击"Linux"桌面上的"minidwep-gtk"程序，打开主界面，选择"加密方式"为"WPA/WPA2"方式，然后单击"扫描"按钮，如图 15-50 所示。

（2）扫描完成，找到并选中要破解的采取 WPA 加密方式的无线网络，单击"启动"按钮，如图 15-51 所示。

图 15-50

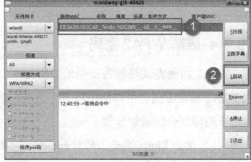

图 15-51

（3）程序自动处理监听状态，当有其他客户端连接路由器时，就会自动截获握手包，同时弹出窗口，要求使用字典，此时单击"OK"按钮，如图 15-52 所示。

（4）选择一个字典文件，单击"OK"完成添加操作，如图 15-53 所示。

图 15-52

图 15-53

（5）等待破解完成，可以看到 WPA 加密方式的密码被成功破解的提示，单击"OK"按钮即可，如图 15-54 所示。

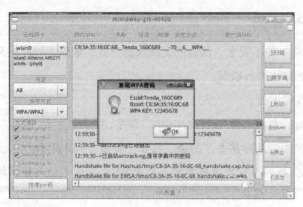

图 15-54

15.3.4 破解 WPA2 密码

WPA2 加密方式是极为安全的加密方式，通常情况下其破解难度极大，如果无线网络采用 WPA2 加密方式，可以使用以下方法进行破解。

下面详细介绍破解步骤。

（1）双击 Linux 桌面上的"minidwep-gtk"程序，打开主界面，选择加密方式为"WPA/WPA2"，然后单击"扫描"按钮，如图 15-55 所示。

（2）扫描热点完成，可以发现该热点的加密方式为"WPA2"，选中该热点，单击"启动"按钮进入破解过程，如图 15-56 所示。

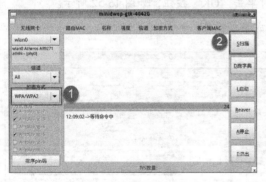

图 15-55

图 15-56

（3）破解程序正式进入"抓包"过程，如图 15-57 所示。

（4）完成抓包后客户端连接该热点。程序自动获取"握手包"并提示使用字典进行破解，单击"OK"按钮，如图 15-58 所示。

（5）选择本地的一个字典文件，单击"OK"按钮，如图 15-59 所示。

图 15-57

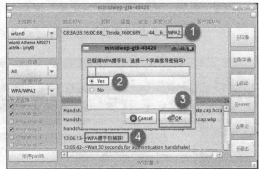

图 15-58

（6）等待的就是破解工作的完成，可以看到 WPA2 加密方式的密码被成功破解的提示，单击"OK"按钮即可，如图 15-60 所示。

图 15-59

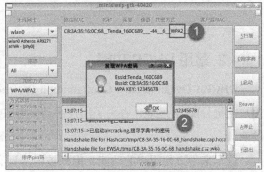

图 15-60

15.4 无线路由安全设置

随着无线路由的广泛使用，被蹭网的现象也屡见不鲜。大多网络入侵都是因为无线路由器没有进行相应的安全设置而引发的。下面介绍几种基础的安全设置方法可以帮你远离大部分的威胁。

15.4.1 修改 WiFi 连接密码

如果发现自己的网络速度变慢，那么可能有其他人来蹭网了，修改 WiFi 连接密码是一种简单且常用的方法。下面介绍详细的设置步骤。

（1）登录到对应的路由器系统界面，单击"无线安全设置"，如图 15-61 所示。

（2）打开"无线网络安全设置"窗口，可以看到PSK密码选项，修改后面文本框中的密码并单击"保存"按钮即可修改成功，如图15-62所示。

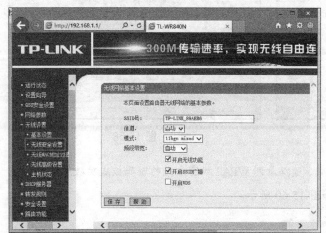

图 15-61

图 15-62

15.4.2 禁用 DHCP 功能

DHCP（Dynamic Host Configuration Protocol，动态主机分配协议）的主要功能就是帮助用户随机分配 IP 地址，省去了用户手动设置 IP 地址、子网掩码及其他所需要的 TCP/IP 参数的麻烦。

这本来是方便用户的功能，但却被很多别有用心的人利用。一般的路由器 DHCP 功能是默认开启的，这样所有在信号范围内的无线设备都能自动分配到 IP 地址，这就留下了极大的安全隐患。攻击者可以通过分配的 IP 地址轻易得到很多你的路由器的相关信息，所以禁用 DHCP 功能非常必要，如图 15-63 所示。

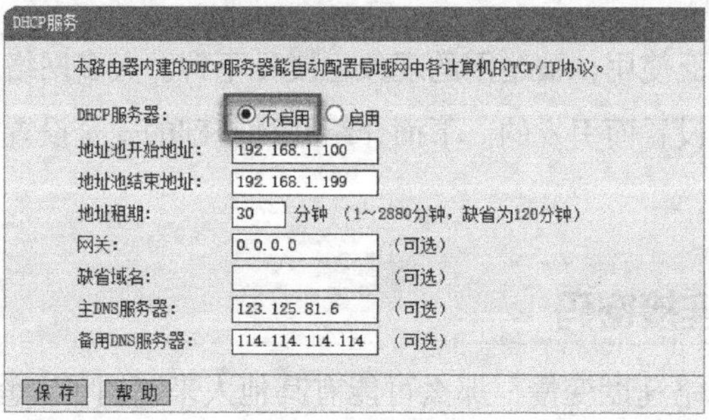

图 15-63

15.4.3 无线加密

现在很多的无线路由器都拥有了无线加密功能，这是无线路由器的重要保护措施，通过对无线电波中的数据加密来保证传输数据信息的安全。一般的无线路由器或 AP 都具有 WEP 加密和 WPA/WPA2 加密功能。

WEP 一般包括 64 位和 128 位两种加密类型，只要分别输入 10 个或 26 个十六进制的字符串作为加密密码就可以保护无线网络。WEP 协议是对在两台设备间无线传输的数据进行加密的方式，用以防止非法用户窃听或侵入无线网络，但 WEP 密钥一般是保存在 Flash 中，所以有些黑客可以利用网络中的漏洞轻松进入你的网络。

WEP 加密出现得较早，现在基本上都已升级为 WPA 加密，WPA 是一种基于标准的可互操作的 WLAN 安全性增强解决方案，可大大增强现有无线局域网系统的数据保护和访问控制水平；WPA 加强了生成加密密钥的算法，黑客即便收集到分组信息并对其进行解析，也几乎无法计算出通用密钥。

WPA 的出现使得网络传输更加安全可靠。需要指出的是，一般无线路由器在出厂时无线加密功能都是关闭的，但如果放弃此功能的话，那么网络就是一个极度不安全的网络，因此建议设置后启用此功能。

WPA2（WPA 第二版）是基于 WPA 的一种新的加密方式。WPA2 是 WPA 的升级版，现在新型的网卡、AP 都支持 WPA2 加密。WPA2 则采用了更为安全的算法。CCMP 取代了 WPA 的 MIC，AES 取代了 WPA 的 TKIP。同样地，因为算法本身几乎无懈可击，所以也只能采用暴力破解和字典法来破解，如图 15-64 所示。

图 15-64

15.4.4 关闭 SSID 广播

简单来说，SSID 便是你给自己的无线网络所取的名字。在搜索无线网络时，你的网络名字就会显示在搜索结果中。一旦攻击者利用通用的初始化字符串来连接无线网络，极容易入侵到你的无线网络中，所以强烈建议关闭 SSID 广播。

　　还要注意，由于特定型号的访问点或路由器的默认 SSID 在网上很容易就能搜索到，如 netgear、linksys 等，因此一定要尽快更换掉。对于一般家庭来说选择差别较大的命名即可。

　　关闭 SSID 后再搜索无线网络就会发现，由于没有进行 SSID 广播，该无线网络被无线网卡忽略了。不过关闭 SSID 会使网络效率稍有降低，但安全性会大大提高，因此关闭 SSID 广播还是非常值得的，如图 15-65 所示。

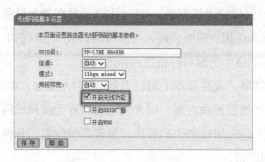

图 15-65

15.4.5 设置 IP 过滤和 MAC 地址列表

　　因为每个网卡的 MAC 地址是唯一的，所以可以通过设置 MAC 地址列表来提高安全性。在启用了 IP 地址过滤功能后，只有 IP 地址在 MAC 列表中的用户才能正常访问无线网络，其他的不在列表中的就自然无法连入网络了。

　　另外需要注意，在"过滤规则"中选中"允许列表中生效的 MAC 地址访问无线网络"单选钮，这样其他用户就不能再连入网络。对于家庭用户来说这个方法非常实用，家中有几台计算机就在列表中添加几台即可，这样既可以避免邻居"蹭网"，也可以防止攻击者的入侵，如图 15-66 所示。

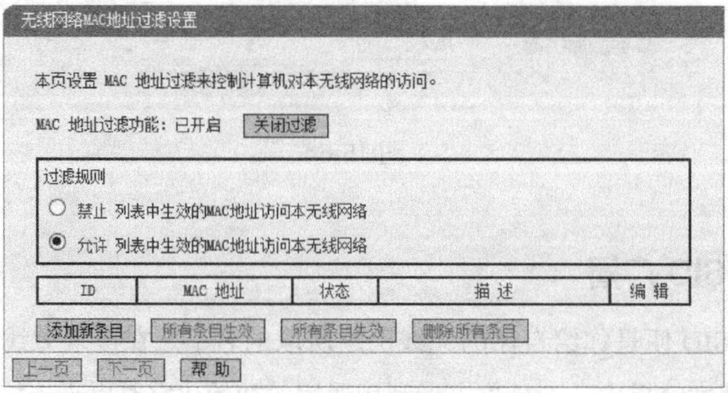

图 15-66

15.4.6 主动更新

搜索并安装所使用的无线路由器或无线网卡的最新固件或驱动更新，消除以前存在的漏洞。还有下载安装所使用的操作系统在无线功能上的更新，这样可以更好地支持无线网络的使用和安全，使自己的设备能够具备最新的各项功能。

还要提示一下，如果忘记了自己设定的密码，可以将设备恢复到出厂状态，即按住复位键即可，但一定要记得重新设置。

无线网络的速度越来越快，无线网络也应该越来越安全。其实只要进行上述简单的几个设置就可以把你的安全等级提升不少。无线网络环境不是连接上这么简单，把安全工作做到家才能让使用更安心、畅快。上面介绍的几种方法虽然简单，但却很实用，如果你的无线路由器还没有应用上面的方法，笔者建议你现在就去进行这些设置，如图 15-67 所示。

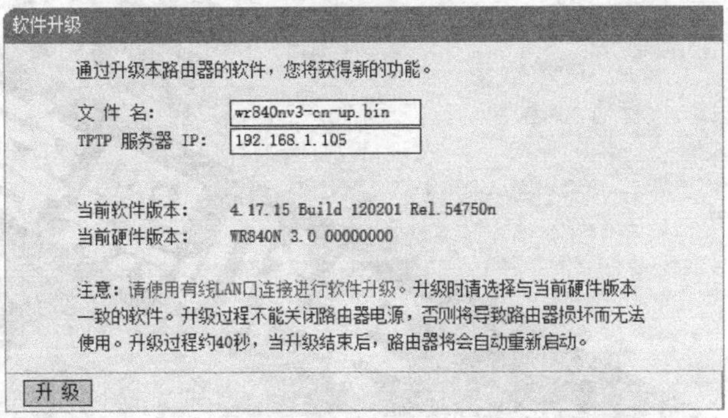

```
软件升级

通过升级本路由器的软件，您将获得新的功能。

文 件 名:        wr840nv3-cn-up.bin
TFTP 服务器 IP:    192.168.1.105

当前软件版本:    4.17.15 Build 120201 Rel.54750n
当前硬件版本:    WR840N 3.0 00000000

注意: 请使用有线LAN口连接进行软件升级。升级时请选择与当前硬件版本
一致的软件。升级过程不能关闭路由器电源，否则将导致路由器损坏而无法
使用。升级过程约40秒，当升级结束后，路由器将会自动重新启动。

升 级
```

图 15-67

第 16 章

手机黑客攻防

当前，随着无线传输技术和手机自身智能技术的不断发展，使手机越来越智能化，其形式上也越来越接近计算机，致使越来越多的病毒、木马和黑客也开始扩大其攻击的范围，从传统的计算机发展到基于网络的攻击，又从网络的攻击发展到当前针对手机的攻击和破坏。

案例：互联网信息黑色产业链

数月来，从《恐怖！700 元就买到同事行踪，包括乘机、开房、上网吧等 11 项记录》开始，到互联网黑灰产业链调查，南都持续关注公民个人信息、隐私泄露与被盗。

近日，南都记者再次调查发现，手机恶意程序可以做到侵入用户手机，获取个人短信、通信录等信息，用户却毫不知情。然而，这类恶意程序在 QQ 群里、淘宝网上被肆意售卖。即使不会制作，花费 20 元甚至 5 元就能买到。在这个产业链上，还有人专门出售钓鱼网站，以供恶意程序传播。南都记者花了不到 200 元，请人制作一个空壳 App，以"安装送话费"挂到网上，短短 13 天内，就有 656 次单击量，更有 36 人安装、运行了 App。如果此 App 是恶意程序，恐怕这些人都已中招。

手机恶意程序悄然传播

家住贵州的初三学生曾勤绩（化名）遇到一件烦心事。2016 年 12 月 31 日开始，他的手机频繁被扣费，甚至有一次短短 10 分钟就收到 35 条短信，提示他开通了天翼阅读、口袋问答等 16 项业务，被扣费 156 元。当时他正用手机上网查询作业答案，突然弹出来一个二级页面，提示"输入手机号查看答案"，不料刚输入手机号，35 条扣费短信就"轰炸"了过来。曾勤绩只好给各个公司打电话，要求取消业务。对此，一家公司的技术人员表示，他们常收到类似的投诉，原因一般是手机用户下载了恶意程序。"这样的情况，在手机市场上非常普遍。"腾讯手机管家安全专家陈列告诉记者，用户无缘无故被扣费，这个功能只能算手机恶意程序中的小儿科。根据《腾讯安全 2016 年度互联网安全报告》，2016 年中国手机网民有 6 亿多人，恶意程序感染人次却超过 5 亿。可怕的是，大部分程序都能删除短信、隐藏图标。这就意味着，黑客可以发送短信开通业务，用户却毫不知情。

"手机恶意程序已经形成一条黑色产业链，制作、传播、诈骗、洗钱，各个环节已近完备。"陈列告诉南都记者。

网店公然销售恶意程序

南都记者历时数周调查发现，这条黑色产业链门槛并不高，即使看不懂代码，也有很多人违法进入这个行业。以危害程度较低的恶意程序——"静默安装"为例，淘宝就有大量店铺出售。其中一位店主张先生表示，他能修改 App 的源代码，伪装成普通 App 的模样，下载安装后，一时半会看不出异样。夜里用户睡着时，这个程序能控制手机，捆绑下载其他 App，整个制作过程只需要 2000 元。而此后要做的，只是诱导用户下载这款山寨 App。张先生认为，这类程序"没有恶意"。"捆绑安装其他 App，只是做一个广告推广，怎么能说有恶意呢？"然而，根据工信部《移动互联网恶意程序监测与处置机制》，存在窃取用户信息、擅自使用付费业务、发送垃圾信息、推送广告等行为的，均被认为是"恶意程序"。

南都记者发现，该店铺同时售卖 App 的源代码，其中包括某国企的办公系统。张先生声称，这些 App 都是对方公司邀请他参与制作的，未经对方同意便拿来贩卖，是他工作之余的"私活"。像这样承接"静默安装"业务的，在淘宝上还有多人。记者走访发现，这些卖家均不认为自己的行为有所不当。像"静默安装"这样的资源消耗类程序，已经占据黑色产业链的半壁江山。《腾讯安全 2016 年度互联网安全报告》显示，在 2016 年检出的 6682 万次手机恶意程序中，84% 属于资源消耗类，能控制手机自动联网、下载、发送短信等。

除了静默安装以外，大量淘宝店还公然出售钓鱼网站的模板。这些模板多数伪装成色情网站，用户可以看到 5 ~ 10 秒的色情影片，此后网页跳出提示，"无法继续播放，因为检测到你没有安装某某播放器。"如果用户单击下载，最后可能会发现，自己安装的是另一款程序。一位淘宝店主声称，他并不使用这些钓鱼网站，只是把模板卖给别人。但对于买家用来推广什么程序，店主则称"不清楚"。然而，把恶意程序植入色情钓鱼网站，却是黑色产业链的常见做法。一位互联网安全专家告诉记者，他检测过网上流传的"色情播放器"，发现基本都带有恶意程序。

5 块钱就能买到恶意程序

南都记者卧底发现，另有一款名为"锁机"的恶意程序，门槛更低，只需 20 元甚至 5 元就能买到。记者通过检索，发现大量 QQ 群贩卖锁机程序。用户下载锁机程序后，手机会被锁定，无法进行其他操作。此时，手机屏幕上会显现制作者的联系方式："解锁找某某，只需 20 元。"甚至还有初中生参与其中。

阿鹏开发出锁机病毒时，正在上初三。他告诉记者，自己先是中了别人的病毒，花了 25 元解锁后，才接触到这个技术。2016 年 4 月，阿鹏开始学习安卓技术，两个月后，第一个锁机程序制作完成。此时，阿鹏在网上发布消息，宣称只要安装这款程序，就能免费升级 QQ 会员。用户中招后，通过阿鹏留下的联系方式，转去 20 元钱，才能顺利解锁。不过，阿鹏自称这番敲诈手法给他带来还不到 200 块收益。"大多数用户联系我，并不会给钱，而是把我骂一顿，然后去手机店修理。"阿鹏的锁机程序，甚至被收录进某大型公司的年度互联网安全报告，他也乐于向别人展示这个成果。"我们这个年纪的，都喜欢炫耀。"阿鹏也被一些别有用心的人盯上。去年 6 月开始，每天都有 10 多人找到阿鹏，请他做锁机程序，让他传授锁机技术。多方利益围猎，仍未引起他的警觉。别人甚至无需验证，就能直接添加他为 QQ 好友。"能给我的 QQ 空间涨人气。"阿鹏引以为豪。新学期开始，阿鹏已经不再处理生意，理由是"没有时间"。最后，他也告诉记者，放弃生意的真正原因是因为不赚钱。"太多人在做了，如果真能赚钱，我会轻易放弃吗？"阿鹏告诉记者，6 月放暑假时，一个锁机病毒还能卖到 20 块钱，学生们开学后，QQ 群里生意冷清，一个病毒只能卖 5 块钱。

支付宝短信偷偷被转走

与锁机程序同样低门槛，却更加危险的程序，叫"拦截马"（也称"拦截码"）。同样地，也存在大量 QQ 群，公然售卖这一程序。

南都记者在一个名为"AIDE 拦截码"的 QQ 群里发布求购消息，立即有 5 人私聊记者，声称"有货"，开价从 20 元到 50 元不等。最终，记者与"潇子傲"谈好价格，不到 3 分钟，记者就收到了这款程序。"只要别人下载安装，你就可以接到他手机的全部短信。"

记者的同事亲身体验，发现安装时并不需要任何权限。安装完成后，屏幕上显示图标，同事单击图标，却瞬间闪退，图标也从屏幕上消失。此后同事每收到一条短信，都能自动发送到记者手机中，短信资费由同事承担。"潇子傲"又提示记者，只要再转账 300 元，他就能教授制作"拦截马"的方法。据悉，"拦截马"的制作流程非常简单，短短几行代码，可以免费下载、互相抄袭，只需把自己手机号、邮箱地址输入其中，一个手机病毒就制作完成了。用户安装病毒后，短信将发送到制作者的手机、邮箱中，用户浑然不知。

在"白帽黑客"顾钰伟（化名）的帮助下，南都记者进入某不法分子的邮箱，发现该邮箱已监控了 5 个人的手机，这 5 台手机的短信和通信录号码都被收录进来。

那么，如何防范病毒多发生在安卓平台？

"白帽黑客"顾钰伟认为，手机病毒多发生于安卓平台，是因为"国内安卓环境太差了，随便一个应用都要你的联系人权限，恨不得把所有权限获取一遍"。而当这些应用的服务器被入侵，公民的个人隐私也将遭泄露。

iOS 更加封闭、更加安全

"相比安卓系统，iOS 更加安全。"深圳市非凡之星网络科技有限公司的研发经理朱鹏说，iOS 的 App 开发商，需要向苹果公司申请账号，共有企业、公司、个人 3 种类型的账号。除了企业账号可以使用独立服务器、供人下载外，公司、个人账号制作的 App，都需要上传至苹果的官方应用市场，审核严格。"对于资质齐全、效益良好的企业来说，一般又不会制作恶意程序，因此 iOS 设备较少中毒。"朱鹏也介绍，安卓手机安全隐患更大，根本原因不在于系统本身，而是安卓的开放性所导致的，程序能够获取的权限较多。然而谷歌公司仍宣称将坚持开源政策。在美国时间 2017 年 3 月 10 日的谷歌云大会上，谷歌副总裁 Vint Cerf 称，互联网本身就有开源的属性，没有开源就没有互联网，没有互联网就没有谷歌公司。与此同时，苹果公司正变得更加"封闭"。2017 年 3 月 8 日，iOS 系统的 App 开发者收到邮件，主要内容是，禁止在 App 里进行某些技术的热更新。这意味着，一些 App 的更新将无法在应用内直接进行，而是必须移步官方应用市场重新下载。"苹果公司的这一政策，意味着 iOS 将更加封闭、更加安全。"朱鹏告诉记者，官方应用市场下载的 App 可能刚开始无毒，却能通过热更新植入病毒。

防病毒安装杀毒软件

那么该如何防范日益猖獗的手机病毒呢?

"给一个安全专家都会给的建议,安装一款杀毒软件。"顾钰伟说。"不要随意扫描二维码或通过第三方链接下载文件,应前往正规应用市场下载。"朱鹏建议。

16.1　初识手机黑客

随着手机的不断普及,人们对手机的依赖已经达到了前所未有的高度,而对手机安全造成威胁的,正是防不胜防的网络黑客。如何防黑、反黑、制黑,已成为所有用户共同面对的巨大挑战。本节先向大家介绍智能手机操作系统及手机安全防范的基础知识。

16.1.1　智能手机操作系统

智能手机的操作系统是一种运算能力及功能比传统功能手机更强的操作系统,使用最多的操作系统有 Android、iOS、Symbian、Windows Phone 和 BlackBerry OS。它们之间的应用软件互不兼容。智能手机可以像个人计算机一样安装第三方软件,并且能够显示与个人计算机所显示出来一致的正常网页,它具有独立的操作系统和良好的用户界面,拥有很强的应用扩展性并且能方便随意地安装和删除应用程序。

1. Android

Android 是一种以 Linux 为基础的开放源代码操作系统,主要使用于便携设备。目前尚未有统一中文名称,一般被称为"安卓"。Android 操作系统最初由 Andy Rubin(安迪·鲁宾)开发,最初主要支持手机。2005 年由 Google 收购注资,组建开放手机联盟开发改良,并逐渐扩展到平板计算机及其他领域上。Android 的主要竞争对手是苹果公司的 iOS。

Android 的 Linux kernel 控制包括安全(Security)、存储器管理(Memory Management)、程序管理(Process Management)、网络堆栈(Network Stack)和驱动程序模型(Driver Model)等。

Android 平台有以下几大优势。

(1)开放性。

Android 开发平台允许任何移动终端厂商加入 Android 联盟中来,显著的开放性可以使其拥有更多的开发者。开放对于 Android 的发展而言,有利于积累人气,这里的人气包括消费者和厂商,而对于消费者来讲,最大的受益正是丰富的软件资源。开放的平台也会带来更大竞争,这样,消费者将可以用更低的价位购得心仪的手机。

(2)丰富的硬件选择。

由于 Android 的开放性,众多厂商会推出千奇百怪、功能特色各具的多种产品。但是功能上的差异和特色不会影响到数据同步甚至软件的兼容，使用起来非常方便。

（3）不受任何限制的开发商。

Android 平台提供给第三方开发商一个非常宽泛、自由的环境，不会受到各种条条框框的阻扰，可想而知会有多少新颖别致的软件诞生。但也有其两面性，对于血腥、暴力、色情方面的程序和游戏如何控制正是留给 Android 的难题之一。

（4）无缝结合的 Google 应用。

Google 服务如地图、邮件、搜索等已经成为连接用户和互联网的重要纽带，而 Android 平台手机将无缝结合这些优秀的 Google 服务。

2．iOS

iOS 的智能手机操作系统的原名为 iPhone OS，其核心与 Mac OS X 的核心同样都源自于 Apple Darwin。它主要是给 iPhone 和 iPod Touch 使用。

iPhone OS 的系统架构分为 4 个层次，包括核心操作系统层（Core OS layer）、核心服务层（Core services layer）、媒体层（Media layer）和可轻触层（Cocoa Touch layer）。系统操作占用大约 1.1GB 的存储空间。

iOS 由两部分组成，即操作系统和能在 iPhone 和 iPod Touch 设备上运行原生程序的技术。

16.1.2 手机 Root

安卓手机 Root 与苹果手机越狱后可以使手机使用更多的功能，但是经过 Root 与越狱后的手机也会让很多恶意程序窃取信息甚至是破坏硬件。

1．Root 概述

Root 通常是针对 Android 系统的手机而言，它使得用户可以获取 Android 操作系统的超级用户权限。Root 通常用于帮助用户越过手机制造商的限制，使得用户可以卸载手机制造商预装在手机中的某些应用，以及运行一些需要超级用户权限的应用程序。Android 系统的 Root 与 Apple iOS 系统的越狱类似。

2．Root 的好处及风险

（1）获取 Root 权限的主要好处。

- 可以备份系统。
- 修改系统的内部程序。
- 可以把一些程序应用安装在 SD 卡上，减轻手机负担，删除后台无用运行程序，增加手机运行内存，加快手机运行速度。
- 通过直接替换系统内的文件或刷入开发者修改好的 zip 安装包，可以修改手机的开机画面、导航栏、通知栏、字体等。

- 可以刷入第三方的 recovery，对手机进行刷机、备份等操作。
- 可以汉化手机系统。拥有 Root 权限，就可以加载汉化包，实现系统汉化。这主要是针对那些自带默认语言为非中文汉语的安卓手机，这些手机原本是面向非中文国家和地区销售的，但最后有中文用户也在使用，为了能更好地使用这些手机，符合这些人的操作使用习惯，就必须对这些手机系统进行汉化。

（2）存在的风险。

Root 后用户可以访问和修改几乎所有的手机文件，这些内容可能是手机制作商不愿意用户修改和触碰的东西，因为 Root 后有可能影响到手机的稳定，还容易被一些黑客入侵。

（3）如何避免一键 Root 恶意软件侵害你的手机。

- 不使用手机端一键 Root，使用计算机端大品牌 Root 软件进行 Root，如刷机精灵等 Root 破解工具。
- 不从来历不明渠道下载应用，下载应用一定要选择官方认证应用版本下载。
- 刷机时不刷入来历不明的 ROM 包，应下载带有 ROM 安全检测的 ROM 市场下载 ROM，如 ROM 之家等。
- 使用手机需注意，当手机提示一些应用获取不需要的权限时应禁止，如提示用户获取位置信息或短信权限等。

3. 如何获取 Root 权限

安卓手机获取 Root 权限，一般需要第三方工具，下面以卓大师为例进行讲解。

（1）在浏览器中搜索"卓大师"，从官网上下载并安装到计算机中，如图 16-1 所示。

（2）在手机"设置"中找到"开发者选项"，打开"USB 调试"选项，如图 16-2 所示。

图 16-1

图 16-2

（3）用数据线将手机连接至计算机，卓大师刷机专家会自动识别出用户的手机，然后单击"一键 Root"按钮，如图 16-3 所示。

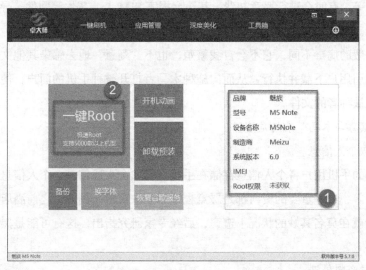

图 16-3

（4）进入新界面，单击"获取 Root"按钮，如图 16-4 所示。

（5）然后程序就开始获取 Root 了，如图 16-5 所示。Root 成功后就可以删除系统应用了。

图 16-4

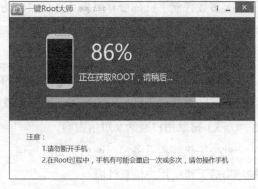

图 16-5

16.2 手机黑客的攻击方法

16.2.1 手机病毒与木马

手机病毒是一种具有传染性、破坏性的手机程序，可用杀毒软件进行清除与查杀，也可以手动卸载。手机病毒可利用短信、彩信、电子邮件、浏览网站、铃声和蓝牙等方式进行传播，会导致用户手机死机、关机、个人资料被删、向外发送垃圾邮件泄露个人信息、自动拨打电话、发短（彩）信等，有时会进行恶意扣费，甚至会损害 SIM 卡、芯片等硬件，导致使用者无法正常使用手机。

木马与一般的病毒不同，它不会自我繁殖，也不"刻意"地去感染其他文件，它通过将自身伪装以吸引用户下载并执行，从而向施种木马者打开被种手机的门户，使施种者可以任意毁坏、窃取被种者的文件。

1. 手机病毒与木马带来的危害

（1）窃取个人信息。

越来越多的手机用户将个人信息存储在手机上，如个人通信录、个人信息、日程安排、各种网络账号等，这些重要的资料都是恶意程序的窃取对象。例如，之前酒店业名人希尔顿的手机通信录就在莫名其妙的状况下遭窃，后经专家研究指出，这有可能是黑客通过蓝牙入侵所导致的。

（2）交易资料外泄。

手机也可以进行在线交易及付款，所以银行账号、密码等也可能会被黑客盗窃，造成手机用户的经济损失。

（3）窃取照片或文件资料。

大多数智能手机都带有照相及文档编辑功能，所以使用者存储在手机上的照片或文档也可能会被黑客窃取。

（4）窃取手机及 SIM 卡信息。

感染病毒的手机会将自身的手机串号和 SIM 卡的 SIAM 信息反馈给手机病毒制造者，从而使被感染手机和手机号码被利用，可能会被用来发送广告短信或用作其他用途。

（5）窃取用户通话及短信内容。

此类手机病毒具备窃听通话、窃取短信、监听手机环境音和定位地理位置等功能，使得被感染后手机的用户信息外泄。

（6）收发恶意信息。

被病毒感染的手机可能会在用户不知情的情况下发送垃圾信息。虽然一些垃圾短信并不带有危害性，但是却耗费了发信人的资费，并且浪费了收信人的宝贵时间。而且如果垃圾短信中包含有病毒就会导致收件人也被感染，成为了病毒和垃圾短信的帮凶或僵尸机器。

还有一些被感染的手机会将自己的号码或信息上传到恶意地站，从而接收到一些别有用心的恶意信息，一旦访问了信息中涉及的恶意网站或下载运行了其中的文件，便会造成不良后果。

（7）造成经济损失。

一旦手机用户不慎感染了存在屏蔽业务短信行为的恶意软件，将让手机任由其通过后台实施恶意扣费等行为。例如，某种恶意软件及其变种在感染用户手机后，会通过外发短信给 SP 号码的形式从中扣取用户的手机资费。

恶意软件植入用户的智能手机之后，还会主动外拨电话至指定的 SP 业务号码。由于此号段会单独收取高额的 SP 费用，一旦拨打此号码将给用户带来相当多的资费损失。

（8）破坏手机软硬件。

恶意病毒制造者可能会通过手机操作系统平台漏洞攻击手机导致机器死机。

频繁地开关机，可能会造成手机零件或寿命的损害。

手机病毒可能伪装成防毒厂商的更新包，诱骗用户下载安装后使手机安全软件无法正常使用。

（9）手机按键功能丧失。

例如，SYMBOS_LOCKNUT 木马可使手机按钮功能丧失。

（10）格式化手机内存。

手机内的存储卡，也可能会面临被格式化的风险。

（11）黑客取得手机系统权限。

黑客可以在不经使用者的同意，取得手机系统部分甚至全部权限。例如，专攻 WinCE 手机的后门程序，中毒手机会被黑客从远端下载文件，或者执行特定指令。据传某木马一旦被执行，会造成手机自动关机，甚至烧坏内部晶片。不过这方面的信息未经证实，仍属传闻。

（12）破坏 SIM 卡。

早期黑客通过 SIM 卡的信息存取长度的漏洞来展开对 SIM 卡的直接破坏。

2. 手机病毒防范

（1）手机厂商环节措施。

手机病毒存在的一种情况就是利用手机的先天漏洞。所以手机生产商应该在手机的研制阶段尽量避免手机漏洞的出现，从根本上杜绝手机病毒。

（2）通信网络运营商环节措施。

手机的大部分数据是通过运营商的网关进行传送。通信运营商在核心网关进行杀毒和防毒可以有效地阻止手机病毒的扩散。所以，通信运营商应该加强网络服务器及网关上的杀毒软件和防火墙的设置，对过往数据进行筛选，把手机病毒扼杀在"摇篮"中。

（3）手机用户环节措施。

使用正版手机，正版手机的安全认证更加严密。市场中智能手机的操作系统各异，防毒能力不同，需要在手机上安装第三方应用软件时尽量去官方网站下载，因为官方网站对软件安全性的检查是非常谨慎的。这样可以大大减少手机由于软件下载造成的中毒现象。

安装合适的手机杀毒软件，杀毒软件可以实时监测手机用户的数据流量，及时查杀异常数据。

慎重对待陌生信息。当收到陌生的短信或彩信，最好不要查看而直接将其删除，避免被不法分子植入恶意软件，谨慎处理未知电话，当来电号码显示为乱码时，尽量不接听或立即把电话关闭；不要随意接收陌生蓝牙请求，特别是接收蓝牙传送文件时需谨慎对待，以免收到病毒文件。

16.2.2 手机蓝牙攻击

蓝牙是一种支持设备短距离通信的无线电技术，一般有效距离在 10m 以内。能在移动电话、PDA、无线耳机、笔记本计算机和相关外设等之间进行无线信息交换。利用"蓝牙"技术，能够有效地简化移动通信终端设备之间的通信，也能够简化设备与互联网之间的通信，从而使数据传输变得更加迅速、高效。蓝牙采用分散式网络结构及快跳频和短包技术，支持点对点及点对多点通信，工作在全球通用的 2.4GHz ISM（即工业、科学、医学）频段。其数据速率为 1Mb/s。采用时分双工传输方案实现全双工传输。

1. 蓝牙的工作原理

蓝牙对于手机乃至整个 IT 业而言，已经不仅仅是一项简单的技术，而是一种概念。当蓝牙联盟信誓旦旦地对未来前景作着美好的憧憬时，整个业界都为之震动。抛开传统连线的束缚，彻底地享受无拘无束的乐趣，蓝牙给予我们的承诺足以让人精神振奋。

（1）蓝牙通信的主从关系。

蓝牙技术规定在每一对设备之间进行蓝牙通信时，必须一个为主角色，另一个为从角色，这样才能进行通信。在通信时，必须由主端进行查找，发起配对，建链成功后双方即可收发数据。从理论上讲，一个蓝牙主端设备可同时与 7 个蓝牙从端设备进行通信。一个具备蓝牙通信功能的设备可以在两个角色间切换，平时工作在从模式，等待其他主设备来连接，在需要时可以转换为主模式，向其他设备发起呼叫。一个蓝牙设备以主模式发起呼叫时，需要知道对方的蓝牙地址、配对密码等信息，配对完成后，可直接发起呼叫。

（2）蓝牙的呼叫过程。

蓝牙主端设备发起呼叫，首先是查找，找出周围处于可被查找的蓝牙设备。主端设备找到从端蓝牙设备后，与从端蓝牙设备进行配对，此时需要输入从端设备的 PIN 码，有的设备会不需要输入 PIN 码。配对完成后，从端蓝牙设备会记录主端设备的信任信息，此时主端即可向从端设备发起呼叫，已配对的设备在下次呼叫时不再需要重新配对。已配对的设备，作为从端的蓝牙设备也可以发起建链请求，但做数据通信的蓝牙模块一般不发起呼叫。链路建立成功后，主从两端之间即可进行双向的数据或语音通信。在通信状态下，主端和从端设备都可以发起断链，断开蓝牙链路。

（3）蓝牙一对一的串口数据传输应用。

在蓝牙数据传输应用中，一对一串口数据通信是最常见的应用之一，蓝牙设备在出厂前即提前设置两个蓝牙设备之间的配对信息，主端预存有从端设备的 PIN 码、地址等，两端设备通电开机即自动建链，透明串口传输，无须外围电路干预。在一对一应用中从端设备可以设为两种类型：一种是静默状态，即只能与指定的主端通信，不被别的蓝牙设备查找；另一种是开发状态，既可被指定主端查找，也可以被别的蓝牙设备查找并建链。

【提示】

PIN 码（FIN1）即 Personal Identification Number，是 SIM 卡的个人识别密码。如果未经使用者修改，运营商设置的原始密码是 1234 或 0000。如果启用了开机 PIN 码，那么每次开机后就要输入 4 位数 PIN 码，PIN 码是可以修改的，用来保护自己的 SIM 卡不被他人使用。需要注意的是，如果连续 3 次错误输入 PIN 码，手机便会自动锁卡，并提示输入 PUK 码解锁，这时已经接近了危险的边缘，如果你不知道自己的 PUK 码就暂时不要动了，拿上服务密码拨打客服热线，客服会告诉你初始的 PUK 码，输入 PUK 码之后就会解锁 PIN，就可以重置密码了。因此，如果擅自修改了 PIN 码，一定要牢记。

2．拦截攻击与防范

早在数年前蓝牙手机面世之时，其安全漏洞就已被提及。AL 数字安全公司的通信安全人员就曾通过一个设计的计算机程序来扫描蓝牙手机的传输波段，并利用其弱点绕过持有人设定的密码，以获取目标电话通信簿里的联系人信息和图片信息。但是，蓝牙手机的安全漏洞并没有引起手机生产厂商足够的重视，从而导致其被高科技扒手利用。一些攻击者可以未经邀请就通过蓝牙与手机连接，发送匿名信息，或者远程拦截支持蓝牙的手机，这样手机中的所有资料就暴露在了攻击者面前。在业内，这两种行为被命名为"拦截"和"抄袭攻击"。

拦截攻击是针对手机用户常见的攻击方式，因此针对拦截攻击必须要有有效的防范措施。

（1）禁用蓝牙。

禁用蓝牙是最简单也是最有效的对策。不过这也意味着你将无法使用任何蓝牙手机配件或设备。另一个好办法是当你需要使用时再开启蓝牙，而在使用者众多的地方或收到匿名短

信时关闭蓝牙。

（2）使用不可见/隐藏模式。

调整手机设置，将蓝牙模式设置为不可见/隐藏模式，这也是更为实用的方法。在这种方式下，当攻击者搜索蓝牙设备时，你的手机不会出现在攻击者的名单中。同时，你也可以继续使用手机上的蓝牙功能与其他设备相连接。

（3）不要接收。

当收到陌生人发送来的名片时，为防止拦截，可以选择不接收短信。在拥挤的公共场所需要提高警惕。

（4）更改手机名称。

如果你保留手机默认的名称，攻击者可以很容易地在你的手机里找到详细的隐私信息。而且，你的手机名称让攻击者更容易确定你的手机是否脆弱。

16.2.3 手机拒绝服务攻击

拒绝服务攻击即攻击者想办法让目标机器停止提供服务，是黑客常用的攻击手段之一。攻击者进行拒绝服务攻击，实际上是让服务器实现两种效果：一是迫使服务器的缓冲区满，不接收新的请求；二是使用 IP 欺骗，迫使服务器把合法用户的连接复位，从而影响合法用户的链接。

1. 常见的手机拒绝服务攻击

（1）蓝牙泛洪攻击。

蓝牙泛洪攻击利用的是逻辑链路控制与适配协议（L2CAP）。这一协议是蓝牙通信组的一部分，传送服务质量（QS）信息和保证任何两个蓝牙功能手机之间数据包的正确传输。换句话说，蓝牙的 L2CAP 层与 TAP/IP 协议组的 ICMP 功能有点相似，而且这一协议有这样的特点，即检查和阻止任何在数据传输过程中可能出现的错误。另外，L2CAP 层允许蓝牙工具向另一工具发出回音的请求，以检查它的存在。

蓝牙工具能同时处理的连接数量是有限的，一旦达到最大值，该工具就不能建立其他任何的新连接了。12ping 工具要求对每一个发送给远程蓝牙工具的回音都建立一个连接，这就意味着泛洪攻击通过 12ping 工具可以使目标手机的蓝牙功能瘫痪。当成功实施蓝牙泛洪攻击后，目标手机便会崩溃、终止或重启。受害者将不能发现其他的蓝牙设备，也不能接受任何连接的要求。

（2）BlueJacking 攻击。

BlueJacking 攻击指手机用户使用 Bluetooth 蓝牙技术匿名发送名片的行为，攻击者使用一台或多台手持设备对目标手机发送大量的匿名蓝牙信息以扰乱并破坏用户的正常工作状态。

（3）非正常的 OBEX 信息攻击。

在这类攻击中，非正常的 OBEX 数据包被发送到目标手机。一旦易受攻击的手机接收了非正常数据包，就会立即中断活跃的操作和重启。而所有操作，包括通话、文本信息、游戏等就会全部丢失。如果若干次执行这样的攻击，受害者的电池就会衰竭。然而，一旦手机重新启动，所有攻击操作又会恢复。

（4）非正常的 MIDI 文件攻击。

如果一些特别设计的 MIDI 音频文件被发送到易受攻击的手机上，一旦手机演示了非正常的 MIDI 音频文件，系统会崩溃、终止或重启。

2．手机拒绝服务攻击防范

针对手机拒绝服务攻击，应该采取以下措施进行预防。

（1）下载和安装最新的补丁，并将手机系统更新至最新的版本。

（2）不要接收陌生人（通过蓝牙或红外线）发送的信息。

（3）保持手机蓝牙在隐藏模式。

（4）不要与陌生人的手机进行配对。

（5）使用较长、难以猜中的 PIN 码。

16.2.4　手机电子邮件攻击

电子邮件攻击是目前商业应用中最多的一种商业攻击，也将其称为邮件炸弹攻击，就是对某个或多个邮箱发送大量的邮件，使网络流量加大占用处理器时间，消耗系统资源，从而使系统瘫痪。目前有许多邮件炸弹攻击，虽然它们的操作有所不同，成功率也不稳定，但是有一点可以肯定的是，它们可以隐藏攻击者而不被发现。

1．邮件在网络上的传播方式

电子邮件标志为 @，是一种用电子手段提供信息交换的通信方式，是互联网应用最广泛的服务。通过网络的电子邮件系统，用户可以以非常低廉的价格、非常快速的方式，与世界上任何一个角落的网络用户联系。

电子邮件可以是文字、图像、声音等多种形式。同时，用户可以得到大量免费的新闻、专题邮件，并实现轻松的信息搜索。电子邮件的存在极大地方便了人与人之间的沟通与交流，促进了社会的发展。

2．手机电子邮件攻击与防范

（1）间谍攻击。

由于大多数邮件都以纯文本的形式发送，因此这些邮件极易被抄录下来并在 Sniffer 间谍工具的帮助下被侦察到。几乎所有由互联网服务商和移动电话网络运营商提供的日常邮件服务系统，或是外部未经认证的网络系统都要将邮件从源服务器发送到目标服务器。在邮件发送期间，攻击者可采用多种方式获取用户的敏感邮件信息。

另一个与移动电话邮件用户相关的问题就是当一个用户被确认后，其用户名和密码将会以纯文本的方式发送至邮件服务器。这样攻击者就很容易通过 Sniffer 间谍工具获取用户的密码，从而进行一些非法活动。而如果选择默认保存密码，攻击者可以十分容易地通过基本的密码破译工具盗取密码。

（2）蠕虫攻击。

很多人使用邮件客户端，而这正是许多病毒制造者攻击的最好对象。现在，邮件系统已经成为蠕虫和病毒传播的主要途径。不幸的是，大量蠕虫和病毒通过手机用户使用的邮件客户端的漏洞得以大量传播。如果使用移动电话收取或发送邮件，将无法抵御病毒的入侵。通常情况下，病毒是可在用户之间传播的恶意程序，而蠕虫自身则可以在有漏洞的移动电话之间自由传播。

（3）匿名邮件攻击。

对于攻击者来说，发送匿名邮件是一件很容易的事情。大多数心理网络犯罪不是通过即时信息施行就是通过邮件施行的。因此，不论是公司还是个人，在使用邮件的时候都应该谨慎。

（4）防范措施。

- 从网上下载并安装过滤工具，最大限度地侦察阻挡危险邮件。
- 下载补丁。大多数的邮件后台包括发送邮件，在打补丁后能够在一定程度上阻挡垃圾邮件的入侵。
- 保护好个人隐私。避免用自己的邮件地址注册网络比赛、竞赛活动等。如果有必要，可以新创建一个独立账户用于这些用途。

16.3 手机 App 安全防范

2016 年的央视"3·15"晚会上曝光了部分不良 App 不仅暗藏收费陷阱，还会拦截运营商发送的服务确认短信，并自动替用户发送二次确认短信。它们往往采取抱团形式，相互推荐相互安装，在这些 App 面前，用户的个人隐私、财产往往暴露无遗。事实上，伴随着移动互联网的兴起，越来越多的不法分子也将作案平台从原先的 PC 转移至移动互联网，不法分子往往选择在盗版应用、色情应用中植入恶意代码，用户一旦下载使用这些应用，就会在毫不知情的情况下被吸资扣费、消耗流量甚至泄露隐私。

接下来，就以常用的几款手机 App 为例，向大家介绍如何做好手机 App 的安全防范工作。

16.3.1 用车软件

随着信息技术的不断发展和智能手机的不断普及，手机对人们生活的帮助也扩展到了方方面面，许多用车 App 的出现也给人们的出行提供了极大的便利。本小节就以"滴滴出行"为例对此类软件的安全问题进行简单介绍。

2012 年诞生的滴滴现已成为广受用户欢迎的城市出行应用，覆盖全国超过 400 个城市，每天为全国近 2 亿用户提供了便捷的召车服务。"滴滴出行"满足多样的出行需求，主要有以下几种经营模式，即快车模式、出租车模式、专车模式、顺风车模式等，如图 16-6 所示。

图 16-6

"滴滴出行"给人们带来便利的同时，也给人们带了许多安全隐患。在使用"滴滴出行"时需要注意以下几点。

1. 账号与安全

注册软件后要完善账户信息。进入"设置"/"账号与安全"标签页，单击"实名认证"选项，如图 16-7 所示。进入"实名认证"标签页，在相应的文本框中输入"真实姓名"及"身份证号"，然后单击"提交审核"按钮，如图 16-8 所示。系统会弹出提示框，提示用户实名信息认证后将无法修改，是否确认提交，这里单击"确认提交"按钮，如图 16-9 所示。

图 16-7

图 16-8　　　　　　　　　　　　　　　图 16-9

:

　　提交成功后，系统会给出提示，单击"确定"按钮，如图 16-10 所示。然后系统会给出提示：恭喜您实名认证成功，如图 16-11 所示。返回"账号与安全"标签页，单击"密码设置"选项，如图 16-12 所示。

图 16-10　　　　　　　　　　图 16-11　　　　　　　　　　图 16-12

　　进入"安全验证"界面，单击"获取验证码"按钮，收到验证码后输入，单击"下一步"按钮，如图 16-13 所示。进入"设置登录密码"标签页，设置密码后，单击"确认"按钮，如图 16-14 所示。然后系统会给出提示：设置成功，单击"我知道了"按钮即可，如图 16-15 所示。

图 16-13　　　　　　　　　　图 16-14　　　　　　　　　　图 16-15

如果用户不想使用该软件了，也可以在"账号与安全"标签页内单击"注销账号"选项进入"注销账号"界面，单击下方的"注销账号"按钮即可，如图 16-16 所示。

2. 小额免密支付

为了方便用户支付，"滴滴出行"还为用户提供了小额免密支付功能。进入"我的钱包"标签页，单击"支付方式"选项，如图 16-17 所示。进入"小额免密支付"界面，可以添加不同的支付方式，如图 16-18 所示。

图 16-16

图 16-17

图 16-18

3. 保证支付安全

使用"滴滴出行"后，支付时要保证安全，不要使用公共的 WiFi 网络，应该使用自己的流量。支付时要注意周边环境，不要让他人看到。

4. 支付不成功时不要重复支付

5. 及时更新软件

16.3.2 订餐软件

作为一个懒人，饿了不想做饭怎么办？在这个信息高速发展的社会，只要有网络，只需一个手机 App，足不出户就可以尝到各式各样的美食。本小节就以美团和大众点评为例，向大家介绍订餐软件的安全防范。

1. 美团

美团网成立于 2010 年，是一个汇集美食、外卖、酒店、旅游、电影等生活服务于一体的综合信息网站。美团秉承着消费者至上的价值观，在业内率先推出了"7天内未消费无条件退款"和"美团券过期未消费无条件退款"等消费者保障条款，为消费者放心消费提供了权益保障。接下来就向大家介绍美团 App 的安全使用策略。

（1）进入美团 App，切换到"我的"标签页，如图 16-19 所示。单击用户名下方的"个人信息"链接。

（2）进入"个人信息"界面，在这里用户可以对自己的头像、昵称、生日、收货地址等进行修改，如图 16-20 所示。

（3）返回"我的"标签页，单击右上角的设置图标，如图 16-21 所示。

图 16-19　　　　　　　　　　图 16-20　　　　　　　　　　图 16-21

（4）进入"设置"页面，单击"账户与安全"选项，如图 16-22 所示。

（5）进入"账户与安全"页面，在这里可以进行换绑手机、社交账号绑定、修改登录密码、设置密码问题等操作，如图 16-23 所示。

（6）单击"换绑手机"选项，如图 16-24 所示。

（7）进入"选择验证方式"界面，单击"短信"右侧的"立即验证"按钮，如图 16-25 所示。

（8）进入安全验证界面，单击"发送验证码"按钮，将收到的验证码输入到相应位置，然后单击"验证"按钮，如图 16-26 所示。

（9）验证成功后，进入"验证新手机号"界面，在相应的位置输入新的手机号、验证码，然后单击"绑定"按钮，如图 16-27 所示。

图 16-22

图 16-23

图 16-24

图 16-25

图 16-26

图 16-27

（10）返回"账户与安全"界面，单击"社交账号绑定"选项，如图 16-28 所示。

（11）进入"社交账号绑定"界面，美团提供了 3 种可绑社交账号，即微信、QQ、微博，
这里以微信为例进行简单介绍，单击"微信"选项，如图 16-29 所示。

（12）进入微信登录美团界面，单击"确认登录"按钮，如图 16-30 所示。

图 16-28

图 16-29

图 16-30

（13）返回"社交账号绑定"界面，可以看到微信前的图标显示绿色，且右侧显示"已绑定"字样，如图 16-31 所示。

（14）返回"账户与安全"界面，单击"登录密码"按钮，如图 16-32 所示。

（15）进入"修改密码"界面，在相应位置输入当前密码、新密码，然后单击"确定"按钮，如图 16-33 所示。

图 16-31

图 16-32

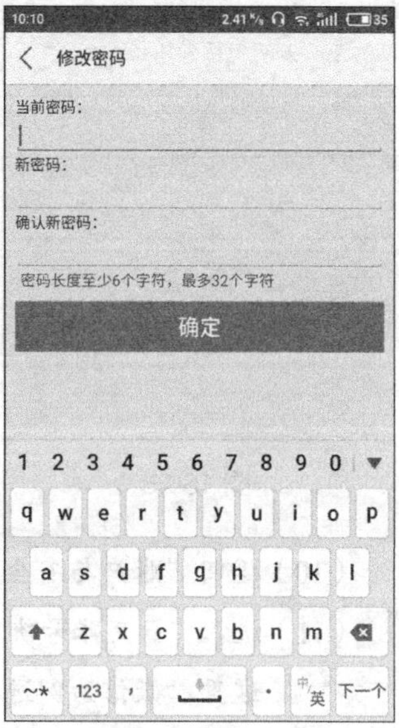

图 16-33

设置密保问题就不在此进行介绍了，用户可以根据需要自行设置。

（16）返回"我的"标签页，单击"我的钱包"选项，如图 16-34 所示。

（17）进入"我的钱包"界面，单击"支付设置"选项，如图 16-35 所示。

（18）进入"支付设置"界面，可以进行修改及找回支付密码、开启小额免密、开启指纹支付等操作，如图 16-36 所示。由于篇幅问题，在此就不向大家对各项操作进行详细介绍了。

图 16-34

图 16-35

图 16-36

2. 大众点评

"大众点评网"是全国最早的消费点评网站之一，致力于提升消费者的生活质量，提供值得信赖的本地商家、消费评价和优惠信息等几乎所有本地生活服务行业。大众点评 App 的功能及界面与美团类似，就不一一介绍了。其个人信息及支付设置的界面如图 16-37 和图 16-38 所示。

图 16-37

图 16-38

16.4　手机的防护策略

一些"终止应用程序""衍生变种家族""无线入侵""伪装免费软件""窃取资讯"等计算机病毒常见的破坏手段，现在手机病毒也跟着模仿来入侵手机用户，可以说手机病毒已经在我国初露头角。不过，手机用户也不要太过担心，因为手机病毒的危害性还不是很大，其影响的范围也有一定的局限性。如果用户使用的是一款很普通的手机，那么其中病毒的概率几乎是零。而如果使用的是具有上网功能的 WAP 手机或智能手机，也可以通过一些防范措施来保护手机的安全。

16.4.1　关闭手机蓝牙

具有蓝牙功能的手机与外界虽然传输数据非常便捷，但是对于不明白的信息来源最好不要打开，以免手机遭到攻击。针对这种情况，建议拥有蓝牙功能的手机用户注意以下事项。

1. 不使用时要关闭

如果希望保护具有蓝牙功能的手机安全，一个首要的原则是在不需要使用蓝牙的时候将其关闭。对于移动电话来说，可以在蓝牙设置页面中将蓝牙关闭；而对于计算机上的蓝牙适配器，则可以通过附带的工具软件和操作系统本身的蓝牙软件将其设置为不可连接状态。

2. 设置蓝牙的安全功能模式，可见模式存在安全隐患

使用一些探寻蓝牙设备的工具，可以发现周围处于不可见状态的蓝牙设备。蓝牙设备可以设置为可见、不可见、有限可见 3 种模式，这些模式决定了该蓝牙设备在何种情况下可被其他蓝牙设备发现。

事实上，将蓝牙设备设置为不可见并不会对验证受信任设备造成影响，而且可以减少不必要的安全威胁。尽管将蓝牙设备设置为不可见仍然有可能被发现，但是攻击者必须进行强度高得多的扫描，相对来说设置为不可见的蓝牙设备是较难被攻击的。

3. 使用蓝牙安全设置

在蓝牙规定中定义了 3 种安全模式，即没有任何保护的无安全模式、通过验证码保护的服务级安全、可以应用加密的设备级安全，在适用的情况下尽可能应用较高的安全模式。事实上，平均每 100 部蓝牙手机中有 10% ~ 20% 设置了 1111 和 1234 这样容易猜解的密码，设置了复杂密码的蓝牙手机可以在很大程度上避免未授权访问和一些暴力破解类型的攻击。

4. 及时为手机漏洞打补丁

手机操作系统的漏洞是造成蓝牙手机安全问题的最主要原因之一，好在大部分存在安全漏洞的手机都可以通过厂商提供的系统更新来获得解决，所以蓝牙手机用户应该了解自己的设备是否有安全漏洞并及时从厂商处获取更新。另外，更多地了解蓝牙安全方面的知识，并应用一些免费的蓝牙安全工具，也可以有效地减少受攻击的可能。

16.4.2 保证手机下载的应用程序的安全性

随着手机运营商大力推行 GPRS 功能，手机上网已经非常普遍。手机上网除了可以看新闻外，还可以远程下载游戏、铃声及图片等信息，这就给某些病毒的传播提供了良好的渠道，很多木马病毒文件就隐藏在这些资源中，运行游戏的同时会将病毒同时启动，如"蚊子木马"事件就是一个很好的教训。这就要求用户在使用手机下载各种资源的时候，确保下载站点是否安全可靠，尽量避免去那些个人网站和一些不知名的 WAP 站点下载。

总之，用手机上网时，尽量到各大知名网站上去下载，以防止手机病毒从互联网向手机传播。因此，不要使用那些私人开发的第三方手机管理和应用程序。另外，在通过蓝牙或红外线将手机连接到计算机之前，先用杀毒软件扫描计算机中的文件和系统，确保没有中毒后再进行数据传输。

16.4.3 关闭乱码电话，删除怪异短信

在手机的日常使用过程中，除了要尽量少从网上下载信息和关闭蓝牙功能外，还要时时当心黑客通过其他途径来攻击手机，即随时注意检测手机的异常情况。

1. 检测乱码电话

当对方的电话拨入时，屏幕上显示的一般是来电电话号码。如果显示的是别的字样或奇异符号，用户千万不要应答，应立即把电话关闭。如果接听了该来电，就很有可能遭受黑客的攻击，手机内的所有设定都很有可能被破坏。

2. 删除怪异短信

接收和发送短信是手机的重要功能之一，这也是黑客攻击手机最常用的一种手法。手机用户一旦接收到带有病毒的短信，阅读后便可能出现手机键盘被锁、手机 IC 卡被破坏等严重后果。

针对上述问题，对于陌生人发送的短信，手机用户不要轻易打开，更不要转发，应及时删除。而对于那些不能在本机上直接删除的顽固病毒文件，应尽快关闭手机，然后将中毒手机中的 SIM 卡取出，再将其装入其他类型或品牌的手机中，就可以将带有病毒的短信删除。如果仍无法使用，则应尽快与手机服务商联系，通过无线网站对手机进行杀毒，或通过手机的 IC 接入口或红外线传输接口进行杀毒。

16.4.4 安装手机防毒软件

除了上述介绍的一些防范措施外，还应该在自己的手机中安装手机版的杀毒软件。目前，手机的杀毒软件也比较完善，可以对手机进行全盘杀毒、目标杀毒等操作；还可以对杀毒软件的病毒库进行升级和设置计划任务，即在指定的时间进行自动升级和杀毒。另外，利用手机杀毒软件还可以进行实时监控，像计算机中的防火墙一样，对短信、彩信、WAP 站点信息、程序进行实时监控。

1. 360 手机卫士

360 手机卫士是一款完全免费的手机安全软件，如图 16-39 所示。

其功能主要有以下几个方面。

（1）有效拦截垃圾短信和骚扰电话，让手机恢复宁静空间。

（2）联网云查杀恶意软件，实时监控软件安装和联网，彻底杜绝恶意扣费侵害。

（3）加密重要联系人的通信记录，防止个人隐私泄露。

（4）系统一键清理，轻松为手机运行加速。

（5）归属地显示和查询，自动加拨 IP 节约话费，并可以发送无痕短信等。

图 16-39

这些功能不仅为用户带来了全方位的手机安全及隐私保护，也让用户使用手机更加方便、快捷，如图 16-40 ~ 图 16-42 所示。

图 16-40   图 16-41   图 16-42

2. 腾讯手机管家

腾讯手机管家是一款完全免费的手机安全与管理软件，如图 16-43 所示。覆盖了四大智能手机平台，拥有通信、系统、隐私、软件及上网五大安全防护功能。在提供病毒查杀、骚扰拦截、软件权限管理、手机防盗等安全防护的基础上，主动满足用户流量监控软件管理等高端智能化的手机管理需求，如图 16-44 ～图 16-46 所示。

图 16-43

图 16-44   图 16-45   图 16-46

3. 金山手机卫士

金山手机卫士是金山网络有限公司开发的一款免费手机安全软件（见图 16-47），目前覆盖 Symbian 和 Android 两大主流移动平台。以手机安全为核心，提供有流量监控、恶意扣费拦截、防垃圾短信、防骚扰电话、风险软件扫描及私密空间等安全功能。

图 16-47

通过关闭运行中软件、卸载已安装软件、清理垃圾文件、清理短信收发件箱等加快手机运行速度；通过检查系统漏洞、扫描风险软件、检查扣费记录等解除您的手机安全隐患，保证手机及话费安全；同时还提供包括系统信息查看、进程管理、重启手机、内存压缩等实用功能，如图 16-48 ～图 16-50 所示。

图 16-48

图 16-49

图 16-50

第 17 章
网络支付防范

在互联网时代，人们乐于在网上购物，并使用网银、支付宝等方式进行网络支付。这种网络支付的方式非常方便，消费者足不出户就可以购买商品或服务，因此利用网银、支付宝或手机扫码支付等方式进行购物的用户越来越多，于是不法分子便盯上了网络支付。所以对经常使用网络支付的用户来说，一定要做好安全防范措施。

案例：二维码购物单骗局

老邹今年已经 60 岁，从一名村干部退休后，他来到市区开了一间特产店，但是由于租金节节高，入不敷出，生意最终没有维持下来。2011 年 6 月，跟别人的一次闲聊，最终让老邹决定开个网店。

某天，老邹在网上售货时，有买家说要和朋友一起购买多款商品，担心买错款式，他们就用手机做了一个二维码清单，这样老邹用手机一扫描就能知道他们要买什么了。然而，老邹用手机扫描完二维码后就跳转到一个文件下载页面，等安装并打开名为"购物清单"的 apk 文件后，看到的却是乱码，根本没有任何商品信息。

等再去联系对方，对方已经下线了。但仅仅几分钟后，老邹却收到网购充值卡成功的短信提醒，同时计算机也弹窗提示说他在异地登录并成功消费。

事实上，老邹遭遇了典型的二维码钓鱼欺诈，当他下载并运行了所谓的"购物清单"文件后，暗藏的 apk 木马就成功入侵了他的手机。

利用二维码实施木马钓鱼的伪装性很强，这种钓鱼方式主要针对的是网店卖家。骗子以买家的名义联系店主，并以看上了店铺中多件商品的名义发来二维码，要求店主用手机扫描后即可看到详情。店主卖货心切，扫描二维码后，其实是下载了一个手机木马。该木马会拦截并窃取验证码短信，盗刷银行卡内的钱财。

要避免老邹遭遇的这种骗局，最重要的一个关键词还是在于"二维码"。千万不要轻信陌生人发来的二维码信息，如果扫描二维码后打开的网站要求安装新的应用程序，则不要轻易安装；与陌生人进行网上交易或交流时，不要轻易更换交易平台。比如本案例中，双方的交易就从计算机上转移到了手机上。这种突然而且没有必要的平台转换，实际上就是为了把受害者吸引到一个他不熟悉的环境中，从而更方便地实施诈骗。

从上述案例得到的启示

不要轻易扫描来路不明的二维码。扫描二维码是一种便捷的操作手段，可实现商品信息快速查询、链接快速跳转、网络购物、手机支付、产品推广等功能。然而，单从二维码本身并看不出其中隐藏了什么内容，这也正好成了一些别有用心之人可钻的空子。他们将恶意程序和木马病毒制作成二维码在网络上大肆传播，一旦用户扫描，手机便会在后台自动下载并安装病毒程序，从而威胁你的隐私和财产安全。因此，扫描二维码前一定要确定其来源，必要时，可使用一些二维码安全鉴别软件来识别恶意二维码。

17.1 认识网络支付

17.1.1 网络支付概念

网络支付是基于电子支付的基础上发展起来的，它是电子支付的一个最新发展阶段。网络支付是基于 Internet 并且适合电子商务发展的电子支付，它是通过第三方提供的与银行之间的支付接口进行的即时支付方式。这种方式的好处在于可以直接把资金从用户的银行卡中转账到网络账户中，汇款马上到账，不需要人工确认。

网络支付，也称网络支付与结算，英文一般描述为 Net Payment 或 Internet Payment，它是指以金融电子化网络为基础，以商用电子化工具和各类交易卡为介质，采用现代计算机技术和通信技术作为手段，通过计算机网络特别是 Internet，以电子信息传递形式来实现流通和支付。因此，网络支付是带有很强的 Internet 烙印的，所以很多地方干脆称它为 Internet Payment，它也是基于 Internet 的电子商务的核心。

17.1.2 网络支付的基本功能

（1）认证交易双方、防止支付欺诈。能够使用数字签名和数字证书等实现对网上商务各方的认证，以防止支付欺诈，对参与网上贸易的各方身份的有效性进行认证，通过认证机构或注册机构向参与各方发放数字证书，以证实其身份的合法性。

（2）加密信息流。可以采用单密钥体制或双密钥体制进行信息的加密和解密，可以采用数字信封、数字签名等技术加强数据传输的保密性与完整性，防止未被授权的第三者获取信息的真正含义。

（3）数字摘要算法确认支付电子信息的真伪。为了保护数据不被未授权者建立、嵌入、删除、篡改、重放等，完整无缺地到达接收者一方，可以采用数据杂凑技术。

（4）保证交易行为和业务的不可抵赖性。当网上交易双方出现纠纷，特别是有关支付结算的纠纷时，系统能够保证对相关行为或业务的不可否认性。网络支付系统必须在交易的过程中生成或提供足够充分的证据来迅速辨别纠纷中的是非，可以用数字签名等技术来实现。

（5）处理网络贸易业务的多边支付问题。支付结算牵涉客户、商家和银行等多方，传送的购货信息与支付指令信息还必须连接在一起，因为商家只有确认了某些支付信息后才会继续交易，银行也只有确认支付才会提供支付。为了保证安全，商家不能读取客户的支付指令，银行不能读取商家的购货信息，这种多边支付的关系能够借用系统提供的诸如双重数字签名等技术来实现。

（6）提高支付效率。网络支付的手续和过程并不复杂，支付效率很高。

17.1.3 网络支付的基本特征

与传统的支付方式相比，网络支付具有以下几个基本特征。

（1）网络支付是采用先进的技术通过数字流转来完成信息传输的，其各种支付方式都是采用数字化的方式进行款项支付的；而传统的支付方式则是通过现金的流转、票据的转让及银行的汇兑等物理实体流转来完成款项支付的。

（2）网络支付的工作环境是基于一个开放的系统平台（即因特网）之中；而传统支付则是在较为封闭的系统中运作。

（3）网络支付使用的是最先进的通信手段，如因特网、Extranet 等；而传统支付使用的则是传统的通信介质。网络支付对软硬件设施的要求很高，一般要求有联网的计算机、相关的软件及其他一些配置设施；而传统支付则没有这么高的要求。

（4）网络支付具有方便、快捷、高效、经济的优势。用户只要拥有一台上网的 PC 机，便可足不出户，在很短的时间内完成整个支付过程。支付费用仅相当于传统支付的几十分之一，甚至几百分之一。网络支付可以完全突破时间和空间的限制，可以满 24/7 的工作模式，其效率之高是传统支付望尘莫及的。

（5）网络支付的技术支持。由于网络支付工具和支付过程具有无形化、电子化的特点，因此对网络支付工具的安全管理不能依靠普通的防伪技术，而是通过用户密码、软硬件加密和解密系统，以及防火墙等网络安全设备的安全保护功能来实现。

17.1.4 网络支付方式

网络支付方式有表 17-1 所示的几种。

表 17-1　网络支付方式

服务供应商	主要业务类型	业务流程	认证方式	优点	不足
银行支付模式	网上银行支付	用户登入→直接支付	密码 +U 盾	安全性高	对计算机的网络和软硬件环境要求较为严格
	银行端快捷支付	在柜面或网银注册→捆绑银行账号和预留手机号→银行向预留手机号发送动态支付口令→凭口令对外支付	注册时账户密码 + 身份证件（柜面）或 U 盾（网银），支付时凭动态口令	支付效率高、对计算机软硬件的依赖程度低	对支付限额有较严格的控制

续表

服务供应商	主要业务类型	业务流程	认证方式	优点	不足
支付机构支付模式	支付账户直接支付	用户通过支付账户（开立在支付机构的虚拟账户）提交支付指令→资金托管在支付机构的备付金专户中→商品收讫或达成其他付款条件→用户确认付款→支付机构将该笔资金付给收款人	预设密码＋动态口令（支付较大金额时）	支付效率高，流程短	用户需要预先在支付账户中存入资金
	支付机构快捷支付	通过支付机构向用户开户银行以预留手机号码、银行账号、姓名、身份证号等信息，完成身份核实和注册→用户凭在支付机构的注册信息和支付密码向银行发送支付指令→银行将用户账户中的资金汇入指定账户	预设密码＋动态口令（支付较大金额时）	一次认证、重复使用，身份核实、注册和支付流程短、效率高，对手机支付等移动支付终端提供有力支持	风险度较高
	预付卡支付	线下销售预付卡 →线上凭卡号和密码支付	预设密码	支付效率高、流程短	支付限额受到卡片面值限制

17.1.5 网络支付的发展趋势

1. 银行正着力发展互联网支付体系建设

银行作为现代经济中企业和个人的账户管理者，一直扮演着支付体系主体的角色。但在这一轮的互联网支付浪潮中，银行已经相对落后。由于支付接口往往对应着资金及客户接口，在第三方支付机构支付规模快速增加、业务范围不断扩展的压力之下，为了保持自身地位，改变在竞争中的相对被动局面，近两年银行也在大力推动自身互联网支付体系的建设。依托自身强大的技术优势、资金优势、网点优势、基础账户体系优势，尤其是其他机构难以获得的用户信任度优势，在优化流程、简化程序、提高便捷度及降低收费之后，在互联网支付领域银行将快速迎头赶上。随着银行的强势回归，可能对第三方互联网支付机构形成挤压，如通过账户额度控制压缩第三方互联网大额支付的生存空间。

2. 第三方支付机构独立账户体系形成

发展初期，第三方互联网支付机构更多是作为支付网关，为客户提供支付接口。随着平台技术的完善及用户的积累，目前以支付宝为代表的第三方支付平台自身已形成相对独立、与银行功能类似的结算账户体系。以支付宝为例，一方面，平台功能日趋完善，能为客户提供大额收付款、多层级交易自动分账和一对多批量付、转账汇款、机票订购、火车票代购等一系列支付服务；另一方面，随着支付宝账户的日渐普及，其用户可在很大程度上通过支付宝内部账户体系实现资金的收付，而无须通过银行账户体系。

3. 第三方支付机构金融扩散性增加

在不断完善支付结算这一基础性功能的情况下，第三方支付机构逐步介入资金托管、金融产品销售、基金投资、P2P等金融领域，金融属性不断增加。具体来说，表现为以下几个方面。

（1）利用用户体系优势搭建金融产品综合销售平台，对传统金融机构线下线上销售渠道形成冲击。

（2）对接金融产品截流客户资金，典型的例子为"余额宝"，通过对接基金开发碎片化理财产品，突破传统理财产品在额度、期限等方面的限制，实现账户余额理财。

（3）拥有庞大账户体系，具备供需双方市场平台优势的机构，通过搭建投融资平台，介入信贷领域，在这一领域，阿里巴巴、京东等电商及腾讯、电信运营商等大平台旗下的支付机构依托大数据优势，具备成为重要供应链投融资平台的潜力。

4. 移动互联网支付发展迅猛

伴随着移动智能终端的普及，以及移动互联网的兴起，移动支付作为一个潜力巨大的市场，正在逐渐打开，移动支付的创新也正在加速。移动支付除了具备传统互联网支付的所有功能之外，由于移动终端便于随身携带及具备即时身份识别功能，加之互联网支付本身具备便捷、低成本等优势，其集合了转账汇款及线下实时支付的功能，因而支付行为不仅在很大程度上摆脱了银行网点的约束，也具备了替代现金支付的潜力。从发展路径上看，移动支付主要有两大代表方式，一是以NFC为代表的近场支付，二是远程支付。近场支付的网络相对封闭，账户介质与读写终端数据交互，地域特性和保护性强，通过蓝牙、红外、声波等短距离通信技术，让手机终端与收款终端实现交互。远程支付则通过远程通信技术完成支付，一点接入网络，数据集中处理，在技术解决方案方面的条码支付、二维码支付、语音支付、指纹支付、声波支付等创新也层出不穷。移动互联网支付也成为互联网支付领域发展最快的区块。

17.1.6 网络支付的主要风险

网络支付系统作为电子货币与交易信息传输的系统，既涉及国家金融和个人的经济利益，又涉及交易秘密的安全；支付电子化还增加了国际金融风险传导、扩散的危险。能否有效防范网络支付过程中的风险是网络支付健康发展的关键。

互联网支付属于以提供资金转移服务为目的的支付结算业务，会因支付手段和路径的差别而产生不同风险，主要有以下几个方面。

1. 网络环境安全控制风险

大量的互联网支付业务是支付机构通过专线或互联网渠道，将支付指令发送给银行，完成最终支付。无论选择何种方式或渠道，在大幅度提高效率的同时，都存在着信息、资金被盗的风险。

（1）用户基础信息泄露风险。

对于大多数的互联网支付业务，特别是近两年发展很快的快捷支付业务，用户在初次注册时，一般只需提供手机号码、银行账号、姓名、身份证号等基础信息，个人的保管不当容易使这些基础信息泄露。另外，支付机构的日常运营和信息管理不够规范，若其未按规定留存、使用及销毁客户及交易信息，也会造成信息泄露。一旦不法分子掌握了这些信息，再通过技术手段复制手机号码，就可以进行虚假注册，在用户不知情的情况下开通账户互联网支付的功能，威胁账户安全。

（2）支付密码被破解风险。

即使用户在注册环节是真实合法的，由于快捷支付等互联网支付业务具有"一次认证、重复使用"的特点，用户一旦被虚假网址、计算机木马、恶意软件、山寨应用等网络手段攻破，以及电商平台或支付机构系统被网络攻破，就会出现支付密码泄露或被破解的风险，用户的银行账户就失去了安全防护。

2. 备付金管理风险。

备付金是指支付机构为办理客户委托的支付业务而实际收到的预收待付货币资金。备付金包括客户在支付机构开立的支付账户内资金、支付在途资金、与银行之间清算在途资金。现实中，备付金管理不当已直接威胁到用户资金安全，并产生了严重后果。

（1）支付机构挪用备付金的风险。

由于相关规章制度与约束机制尚不健全，目前支付机构对客户备付金和自有资金的分类管理主要依赖于自律。但市场上支付机构众多，管理水平参差不齐，监管实践中已发现部分支付机构擅自挪用客户备付金用于购买理财产品、备付金与自有资金混合使用、自有资金存放或拆借关联公司缺乏必要依据等情况，这些做法给备付金账户的安全带来了很大的隐患。

同时，仍有大量尚未取得支付机构牌照的电商企业，存在自行开立和管理用户支付账户、以电商公司清算账户统一管理资金的现象，资金挪用、损失的风险更高。

（2）支付机构及商户间不规范合作带来的安全风险。

很多支付机构间的业务合作是以备付金在两家以上支付机构间的转移为基础，有些转移的备付金金额高达数千万元甚至上亿元。此类业务合作挪用了客户备付金，显然违背了客户指令。同时，由于支付机构往往不参与电商运营商辖下的商户拓展工作，会加大风险防控难度，给一些不法分子提供了可乘之机。

3. 信息不对称的衍生风险

基于互联网技术的支付服务通常具有复杂性、技术性和风险性并存的特点，但由于互联网支付的相关信息披露、普及和教育程度不够，衍生了一些问题和风险。

（1）支付产品信息揭示不足的风险。

服务供应商推介产品时，往往在产品优势方面介绍较多，而对风险提示不够，一定程度上侵害了消费者的知情权和选择权。

（2）资金流向的信息不对称隐患。

用户调度资金到支付机构备付金专户后，不论是用户、金融机构还是监管部门，都缺少有效手段监测支付机构的备付金运作，存在着诸多安全隐患和问题。比如，一些互联网支付机构，利用自身清算系统与各商业银行直接对接，避开人民银行现代化支付系统的监管。虽然其用户可以免费实现多个银行账户之间的资金划转，但这种模式给资金市场头寸管理、银行间备付金调整、反洗钱等多项金融工作带来了隐患，不利于整个金融体系的稳定发展。

17.2　支付宝的安全防护

支付宝（中国）网络科技有限公司是国内领先的第三方支付平台，致力于提供"简单、安全、快速"的支付解决方案。支付宝公司从 2004 年建立开始，始终以"信任"作为产品和服务的核心，旗下有"支付宝"与"支付宝钱包"两个独立品牌。自 2014 年第二季度开始成为当前全球最大的移动支付厂商。支付宝主要提供支付及理财服务。包括网购担保交易、网络支付、转账、信用卡还款、手机充值、水电煤缴费、个人理财等多个领域。在进入移动支付领域后，为零售百货、电影院线、连锁商超和出租车等多个行业提供服务，还推出了余额宝等理财服务。

支付宝作为一款网络支付工具已经被广泛接受，那么对于经常使用支付宝的用户来说，其账户及账户内资金的安全就成为用户比较担心的问题，本节就介绍如何使用自己的支付宝账户及使账户内资金更加安全的方法与措施。

17.2.1 支付宝转账

下面以手机为例，向大家介绍使用支付宝支付的两种方式。

1. 支付宝转账的具体步骤

（1）打开手机支付宝首页，单击"转账"选项，如图 17-1 所示。

（2）进入支付宝转账界面，单击"转到支付宝账户"选项，如图 17-2 所示。

（3）进入"转到支付宝账户"界面，在"对方账户"右侧的文本框中输入对方的账号，单击"下一步"按钮，如图 17-3 所示。

图 17-1   图 17-2   图 17-3

（4）然后在打开的界面中，在"转账金额"下方的文本框中输入要交易的金额，也可以给对方留言，完成后单击"确认转账"按钮，如图 17-4 所示。

（5）进入支付密码界面，输入支付密码，如图 17-5 所示。

（6）系统会提示用户转账成功，单击"完成"按钮即可，如图 17-6 所示。

2. 支付宝扫二维码支付的具体步骤

（1）打开手机支付宝首页，单击"扫一扫"选项，如图 17-7 所示。

（2）然后将要扫描的二维码放入扫描框中，手机即可自动扫描，如图 17-8 所示。

（3）进入对方的账户信息界面，单击"转账"按钮，如图 17-9 所示。

图 17-4

图 17-5

图 17-6

图 17-7

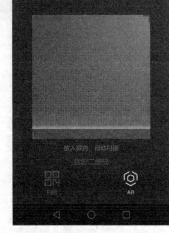

图 17-8

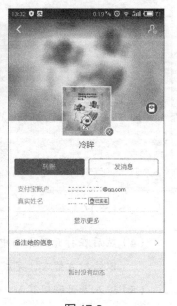

图 17-9

接下来的步骤与上述转账的操作步骤相同，在此就不赘述了。

17.2.2 加强支付宝账户的安全防护

加强支付宝账户的安全主要有以下 3 种方法，即定期修改登录密码、绑定手机、设置安全保护问题。

1. 定期修改登录密码

使用支付宝前首先要通过登录密码进行登录，密码登录错误将无法进行后续操作，其重要性不言而喻。长时间使用单一的密码很容易导致密码泄露或被黑客破译，因此定期修改密码非常重要，下面就来介绍修改支付宝登录密码的具体操作步骤。

1）使用计算机修改支付宝密码的具体操作步骤

（1）进入支付宝首页，单击"快速登录"按钮，如图 17-10 所示。

（2）选择账密登录，输入用户名和密码后单击"登录"按钮登录支付宝，如图 17-11 所示。

图 17-10

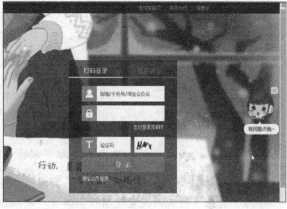

图 17-11

（3）进入支付宝，单击页面顶部的"安全中心"链接，如图 17-12 所示。

（4）进入"安全管家"页面，切换到"保护账号安全"选项卡，单击"登录密码"右侧的"重置"链接，如图 17-13 所示。

图 17-12

图 17-13

（5）打开支付宝的"重置登录密码"界面，根据界面提示输入当前登录密码、新登录密码并确认新密码，单击"确定"按钮，如图17-14所示。

（6）然后系统会提示用户密码修改成功。

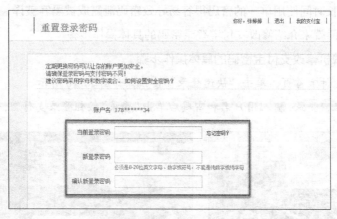

图17-14

2）使用手机修改支付宝密码的具体操作步骤

（1）进入支付宝首页，单击窗口右下方的"我的"选项，如图17-15所示。然后单击窗口右上方的"设置"选项，如图17-16所示。

（2）进入支付宝的设置选项页，单击"密码设置"选项，如图17-17所示。

图17-15

图17-16

图17-17

（3）进入支付宝的"密码设置"界面，单击"重置登录密码"选项，如图 17-18 所示。

（4）稍等片刻，系统检测环境安全后，进入修改登录密码界面，单击"立即修改"按钮，如图 17-19 所示。

（5）进入"设置登录密码"界面，在文本框中输入要设置的新密码，然后单击"保存新密码"按钮即可，如图 17-20 所示。

图 17-18   图 17-19   图 17-20

2. 绑定手机

绑定手机功能可以使支付宝的安全得到一定的提高，支付宝账户与手机绑定后，用户还能够随时随地修改密码，保证账户安全。现在申请支付宝账号时，只有绑定手机号后才可完成注册。对于已申请支付宝账户却未绑定手机号的用户，下面来介绍绑定手机的具体操作步骤。

（1）打开支付宝的"安全管家"页面，切换到"保护账号安全"选项卡，单击"手机绑定"右侧的"绑定"链接。

（2）打开支付宝的"绑定手机"界面，选择"通过支付密码"，然后单击"立即绑定"按钮。

（3）在支付密码右侧的文本框中输入支付密码后单击"下一步"按钮。

（4）在文本框中输入手机号码后，根据发送到手机上的信息填写验证码，然后单击"确定"按钮。

（5）系统会提示用户手机绑定成功。

【注意】

随着支付宝的不断优化，现在注册支付宝账号时都需要绑定手机。

3. 设置安全保护问题

设置安全保护问题，使支付宝账户更加安全。下面就来介绍设置安全保护问题的具体操作步骤。

（1）打开支付宝的"安全管家"界面，切换到"保护账户安全"选项卡，单击"安全保护问题"右侧的"设置"链接（此处由于本人之前设置过，所以显示"修改"），如图 17-21 所示。

（2）进入"添加安保问题"界面，提示用户通过"验证短信＋验证支付密码"的方式进行添加，单击右侧的"立即添加"按钮，如图 17-22 所示。

图 17-21

图 17-22

（3）进入"验证身份"界面，单击"校验码"右侧的"单击免费获取"按钮，然后输入收到的校验码和支付宝密码，单击"下一步"按钮，如图 17-23 所示。当然也可以在该页面选择其他的验证方式。

（4）进入"添加安保问题"界面，根据提示输入问题一、问题二、问题三及答案后单击"下一步"按钮，如图 17-24 所示。

图 17-23

图 17-24

（5）确认安全保护问题及答案信息没有错误之后单击"确定"按钮，如图 17-25 所示。

（6）查看提示信息：添加成功，请牢记安全保护问题答案，如图 17-26 所示。

图 17-25

图 17-26

【提示】

安全保护问题虽然不经常使用，但是仍然存在泄露的风险，为了保证用户的账号安全，建议定期修改安全保护问题，可以 3 个月修改一次。

17.2.3　加强支付宝内资金的安全防护

一般情况下，用户不会将大量资金直接存放在支付宝内，而是在使用时先通过银行卡将资金存入支付宝账户中，然后再通过支付宝支付。但当支付宝中存有一定量的资金时，就要注意支付宝的安全问题，以防他人盗取。尤其现在很多用户开通了余额宝功能，不再需要通过银行卡转账，直接从余额宝即可支付，安全问题就更应该注意。

1. 定期修改支付密码

支付密码与登录密码不同，登录密码是在登录支付宝账户时所输入的密码，而支付密码是使用支付宝进行资金支付时所输入的密码，一旦密码被他人知晓，账户里的资金将会被他人盗取。

1）在计算机上修改支付宝支付密码的具体操作步骤

（1）登录支付宝账户，在支付宝首页顶部单击"安全中心"链接，如图 17-27 所示。

（2）打开"安全管家"页面，切换至"保护资金安全"选项卡，单击"支付密码"右侧的"重置"链接，如图 17-28 所示。

（3）进入重置支付密码界面，单击"我记得原支付密码"选项，然后单击"立即重置"按钮，如图 17-29 所示。

（4）进入"验证身份"界面，在"支付密码"右侧的文本框中输入要重置的支付密码，单击"下一步"按钮，如图 17-30 所示。

（5）进入重置支付密码界面，输入并确认新的支付密码，单击"下一步"按钮，如图 17-31 所示。

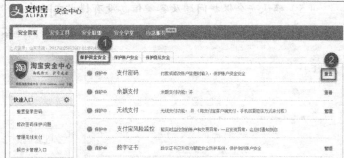

图 17-27　　　　　　　　　　　　　　　　　　图 17-28

图 17-29　　　　　　　　　　　　　　　　　　图 17-30

（6）然后程序会提示用户"设置成功，请牢记新的支付密码"，并且也会向用户所填写的邮箱发送支付宝支付密码修改报告，如图 17-32 所示。

图 17-31　　　　　　　　　　　　　　　　　　图 17-32

2）在手机上修改支付宝支付密码的具体操作步骤

（1）打开手机支付宝首页，单击窗口右下方的"我的"切换到个人主页，然后单击个人主页右上方的"设置"按钮，如图 17-33 所示。

（2）进入"设置"界面，单击"密码设置"选项，如图 17-34 所示。

（3）进入"密码设置"界面，单击"重置支付密码"选项，如图 17-35 所示。

图 17-33

图 17-34

图 17-35

（4）打开"重置支付密码"界面，单击"记得"按钮，如图 17-36 所示。

（5）在相应的文本框内输入原支付密码，完成身份验证，如图 17-37 所示。

（6）在相应的文本框内输入要重置的 6 位数字支付密码，如图 17-38 所示。

图 17-36

图 17-37

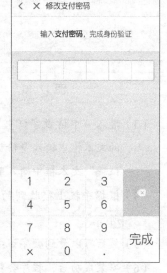

图 17-38

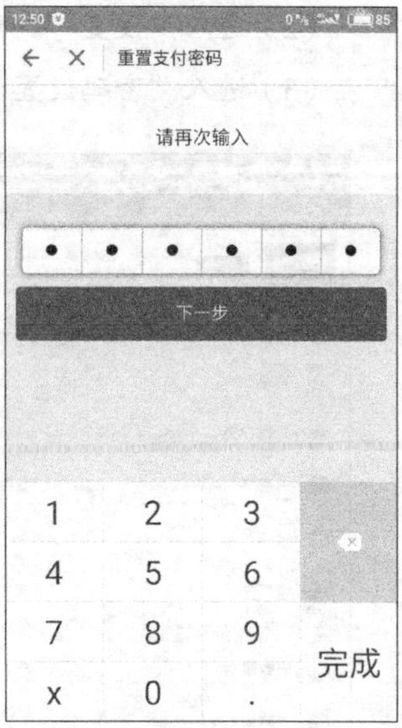

（7）再次输入要重置的6位数字支付密码，如图17-39
　　所示。随后程序会提示用户修改成功。

2. 安装数字证书

　　数字证书是一个经证书授权中心数字签名的包含公开密
钥拥有者信息及公开密钥的文件。使用了数字证书，即使用
户发送的信息在网上被他人截获，甚至丢失了个人的账户、
密码等信息，仍可以保证账户、资金安全。申请数字证书
后，用户只能在安装数字证书的计算机上支付。当用户更换
计算机或重装系统后，只需用手机校验即可重新安装数字证
书，所以使用数字证书要确保支付宝绑定的手机可以正常
使用。

　　下面来介绍安装数字证书的具体操作步骤。

（1）打开支付宝的"安全管家"页面，切换到"保护资
　　金安全"选项，单击"数字证书"右侧的"申请"
　　链接，如图17-40所示。

（2）进入"安全工具"页面，单击"申请数字证书"按钮，如图17-41所示。

图 17-39

图 17-40

图 17-41

（3）进入"申请数字证书"界面，进入第1步"填写信息"，在"身份证号码"右侧
　　的文本框中输入身份证号码，单击"使用地点"下拉框选择使用地点，然后在"验
　　证码"文本框中输入验证码，单击"提交"按钮，如图17-42所示。

（4）根据手机上接收到的"校验码"进行填写，然后单击"确定"按钮，如图17-43
　　所示。

（5）然后可以看到数字证书已经正在安装了，如图17-44所示。

（6）安装成功后，程序会提示用户数字证书已经安装成功，如图17-45所示。

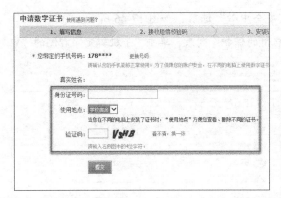

图 17-42

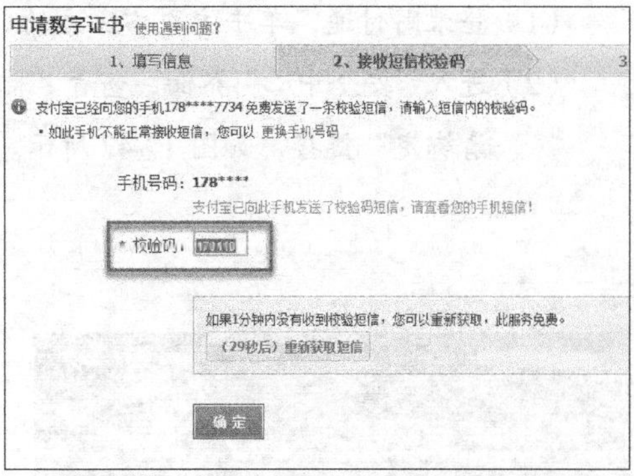

图 17-43

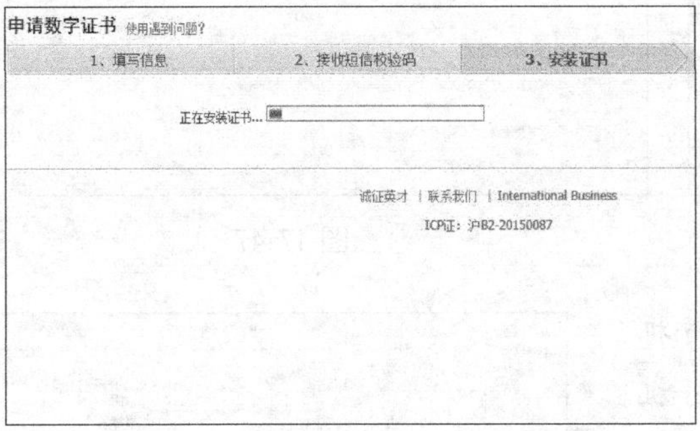

图 17-44

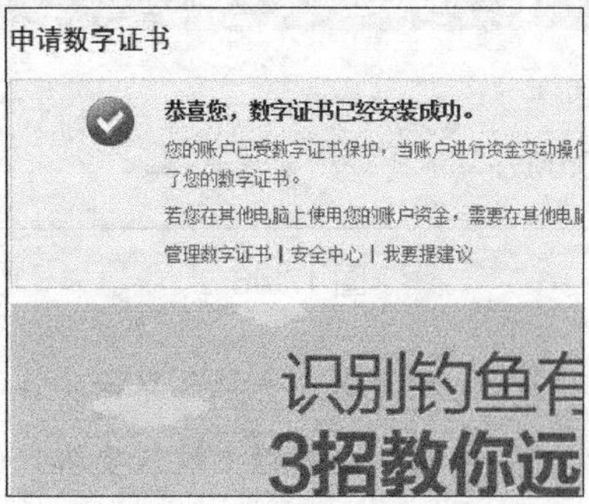

图 17-45

17.3 加强财付通的安全防护

财付通是腾讯公司推出的专业在线支付平台,其核心业务是帮助在互联网上进行交易的双方完成支付和收款。个人用户注册财付通后,可在拍拍网及 20 多万家购物网站进行购物。财付通支持全国各大银行的网银支付,用户也可以先充值到财付通,享受更加便捷的财付通余额支付体验。

17.3.1 加强财付通账户的安全防护

使用财付通和支付宝一样,保障安全是非常重要的。常用的财付通账户安全防护方法有以下几种,即绑定手机、设置二次登录密码、启用实名认证。

1. 绑定手机

使用财付通绑定手机功能后,用户可以随时随地修改账户密码,保障账户安全。下面就来介绍绑定手机的具体操作步骤。

（1）登录财付通，单击主页右上方的"安全中心"选项，如图 17-46 所示。

（2）进入"安全中心"界面，查看"未启用的保护"列表，单击"手机绑定"右侧的"申请绑定"链接，如图 17-47 所示。

图 17-46

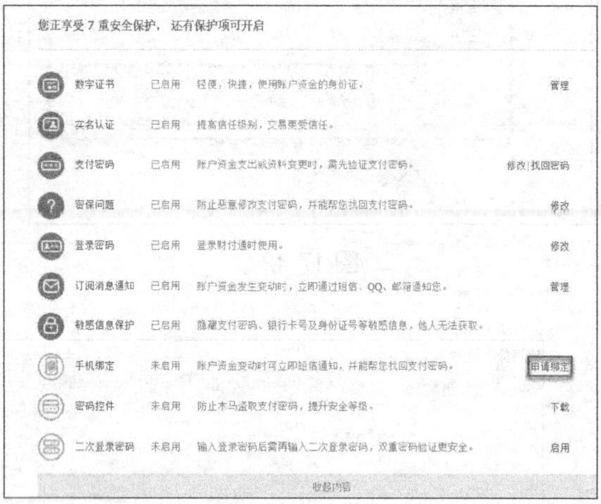

图 17-47

（3）进入"绑定手机"界面，在"手机号码"文本框中输入要绑定的手机号，在"支付密码"文本框中输入支付密码，然后单击"下一步"按钮，如图 17-48 所示。

（4）在相应文本框内输入收到的验证码，然后单击"确定"按钮，如图 17-49 所示。

图 17-48

（5）绑定成功后，系统会给出提示，然后单击"关闭"按钮即可，如图 17-50 所示。

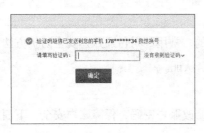

图 17-49

图 17-50

2. 设置二次登录密码

在财付通中，可设置二次登录密码加强财付通账户的安全。设置了二次登录密码，在登录财付通时就需要输入登录密码和二次登录密码这两个密码，以有效保障账户的安全。

下面就来介绍设置二次登录密码的具体操作步骤。

（1）进入财付通首页，单击主页右上方的"安全中心"选项，如图 17-51 所示。

（2）查看"未启用的保护"列表，单击"二次登录密码"右侧的"启用"按钮，如图 17-52 所示。

图 17-51

图 17-52

（3）进入启用二次登录密码，在相应的文本框内输入当前绑定的手机及验证码，然后单击"下一步"按钮，如图 17-53 所示。

（4）输入向手机发送的验证码并设置二次登录密码，单击"确定"按钮，如图 17-54 所示。

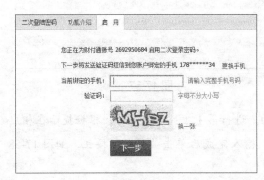

图 17-53

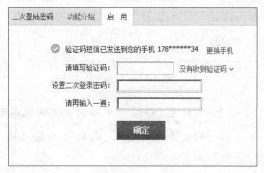

图 17-54

（5）二次登录密码启动成功后，系统会给出提示信息，单击"确定"按钮，如图17-55所示。

图 17-55

设置二次登录密码时尽量要与登录密码有所不同，防止财付通账户被轻易破解。

3. 定期修改登录密码

登录密码长时间使用后就会有丢失或被破解的风险，因此定期修改登录密码非常必要。下面就来介绍修改密码的具体操作步骤。

（1）打开财付通账户首页，单击主页右上方的"安全中心"选项，如图17-56所示。

（2）查看安全保护列表，单击"登录密码"右侧的"修改"按钮，如图17-57所示。

图 17-56

图 17-57

（3）跳转至QQ安全中心的重置密码界面。进行第1步：填写账号。根据提示在相应的文本框内输入QQ账号和验证码，输入完成后单击"确定"按钮，如图17-58所示。

（4）进行第2步：身份验证。单击"免费获取验证码"，在相应的文本框内输入收到的验证码，然后单击"确定"按钮，如图 17-59 所示。

图 17-58

图 17-59

（5）进行第 3 步：设置新密码。在相应的文本框内输入并确认新密码，然后单击"确定"按钮，如图 17-60 所示。

（6）系统会提示用户：重置密码成功，如图 17-61 所示。

图 17-60

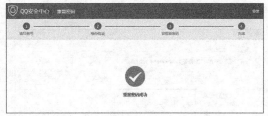
图 17-61

17.3.2 加强财付通内资金的安全防护

当财付通中存有一定量的资金时，就要注意账户内资金的安全问题，以防他人盗取。常用的防护措施有两种，即定期修改支付密码和启用数字证书。

1. 定期修改支付密码

使用财付通进行充值、支付、提现操作时，就需要输入支付密码。下面就来介绍通过修改支付密码来保障财付通内资金安全的具体步骤。

（1）打开财付通账户首页，单击主页右上方的"安全中心"选项，如图 17-62 所示。

（2）查看"已启用的保护"列表，单击"支付密码"右侧的"修改"按钮，如图 17-63 所示。

（3）进入修改支付密码界面，根据提示在相应位置输入当前支付密码、新支付密码，然后单击"确定"按钮，如图 17-64 所示。

（4）支付密码修改成功后，系统会弹出提示信息，如图 17-65 所示。

图 17-62

图 17-63

图 17-64

图 17-65

2. 启用数字证书

财付通中的数字证书拥有与支付宝中的数字证书同样的功能，都是用于保护账户内的资金。下面来介绍通过启用数字证书来保障财付通内资金安全的具体步骤。

（1）查看"未启用的保护"列表。单击"数字证书"右侧的"启用"按钮。

（2）管理数字证书。输入当前绑定的手机、证书的使用地点、验证码等相关信息，然后单击"下一步"按钮，如图 17-66 所示。

（3）根据向手机发送的信息，在文本框内输入验证码，单击"确定"按钮，如图 17-67所示。

（4）数字证书安装成功后，系统会给出提示信息，单击"确定"按钮，如图 17-68所示。

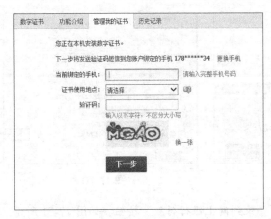

图 17-66

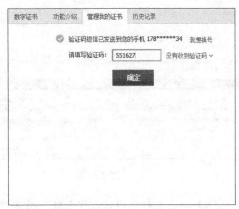

图 17-67

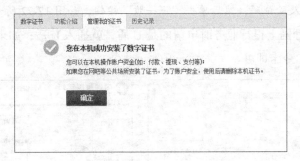

图 17-68

17.4 网上银行的安全防护

网上银行又称网络银行、在线银行，是指银行利用互联网技术，通过互联网向客户提供开户、查询、对账、转账、跨行转账、信贷、网上证券、投资理财等传统服务项目，使客户可以足不出户就能够安全便捷地管理活期和定期存款、支票、信用卡及个人投资等。但是网上银行也一直存在着黑客盗取账号密码的情况，为了避免这种情况，就应该做好防范措施，提高网上银行的安全性。

17.4.1 使用网上银行支付

下面以建设银行为例，介绍使用网上银行支付的具体步骤。

（1）网购时选择好商品，确认订单无误后，单击"提交订单"按钮，如图 17-69 所示。

（2）在弹出的付款页面上选择网上银行，选择你网上银行卡所属的银行，以建设银行为例，然后单击"下一步"按钮，如图 17-70 所示。

图 17-69   图 17-70

（3）快捷支付协议可以不勾选，单击"登录到网上银行付款"按钮，如图 17-71 所示。

（4）进入中国建设银行的网上银行登录界面，在相应的文本框内输入证件号码或用户名、登录密码及验证码，然后单击"下一步"按钮，如图 17-72 所示。

这时，如果办理网上银行业务时申请的是 U 盾，就插入 U 盾；如果申请的是口令卡，就等最后一步输入口令卡即可。

图 17-71   图 17-72

（5）网上银行登录成功后，单击"支付"按钮，如图 17-73 所示。

（6）这时 U 盾开始验证，在相应的文本框中输入网银盾密码，然后单击"确定"按钮，如图 17-74 所示。

图 17-73   图 17-74

（7）网上银行付款成功后，程序会给出提示，如图 17-75 所示。

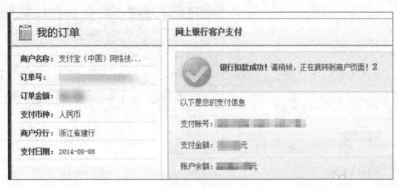

图 17-75

17.4.2 定期修改登录密码

定期修改登录密码是最基本的防护措施，登录密码长时间不修改就容易被黑客破解，从而造成财产损失。

（1）使用浏览器搜索"中国农业银行"，在搜索结果中单击"个人网上银行"按钮，如图 17-76 所示。

（2）进入个人网上银行登录界面，单击窗口左侧的"用户名登录"按钮，如图 17-77 所示。

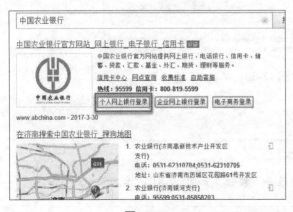

图 17-76

图 17-77

（3）在相应的文本框中输入用户名、密码及验证码，然后单击"登录"按钮，如图 17-78 所示。

（4）进入中国农业银行的个人网银界面，选择"客服服务"/"用户名登录维护"/"设置用户名/密码"菜单命令，如图 17-79 所示。

图 17-78

图 17-79

（5）在相应的文本框中输入用户名、登录密码，确认密码后单击"确定"按钮，如图 17-80 所示。

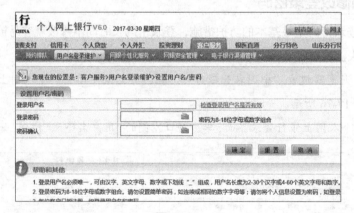

图 17-80

17.4.3 网上银行绑定手机

网上银行绑定手机号码的具体步骤如下。

（1）登录建行个人网银，单击"客户服务"按钮，如图 17-81 所示。

图 17-81

（2）单击选择"客户服务"菜单栏中的"个人资料修改"选项，如图 17-82 所示。

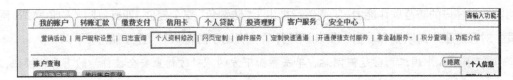

图 17-82

（3）进入"个人资料修改"界面，可以看到客户的手机号。如果不是网银签约客户（也就是没有绑定过手机号），那么就可以在这里绑定手机；如果是签约用户，只能去前台更改，如图 17-83 所示。

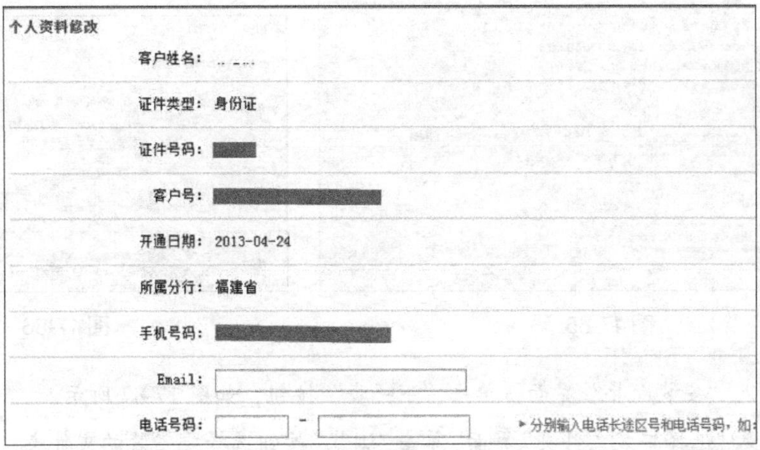

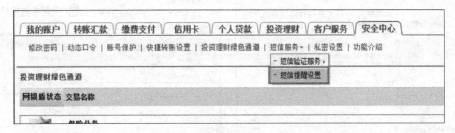

图 17-83

（4）选择"安全中心"/"短信服务"/"短信提醒设置"菜单命令，如图 17-84 所示。

图 17-84

17.4.4 安装防钓鱼安全控件

一段时间以来，一些不法分子假冒银行网站或仿冒银行网上购物在线支付网页，诱使客户输入银行卡号、网上银行密码或口令等，以盗取客户信息，实施违法活动。此类攻击方式具有欺骗性高和成效大的特点，以往只能依赖于客户自身的警惕性和风险意识进行防范。为切实增强客户的防范欺诈能力，工商银行推出了"防钓鱼"安全控件，能有效防范钓鱼网站（网页）对客户账户的欺骗和攻击。安装该控件后，有助于防范假冒工行网站。

（1）进入中国工商防范假网站，单击界面下方的"'防钓鱼安全控件'的下载"按钮，如图 17-85 所示。

（2）然后会弹出"文件下载·安全警告"界面，单击"运行"按钮，如图 17-86 所示。

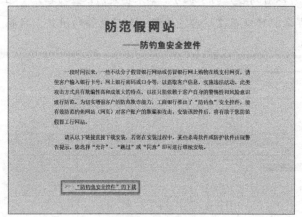

图 17-85

图 17-86

（3）进入"安装向导"界面，单击"下一步"按钮，如图 17-87 所示。

（4）进入"选择安装文件夹"界面，单击"浏览"按钮选择要安装的文件夹，然后单击"下一步"按钮，如图 17-88 所示。

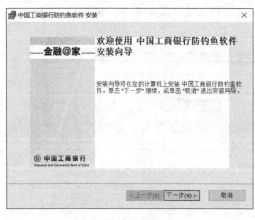

图 17-87

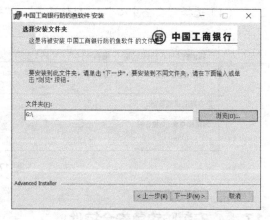

图 17-88

（5）进入"准备安装"界面，单击"安装"按钮，如图 17-89 所示。

（6）安装完成后单击"完成"按钮即可，如图 17-90 所示。

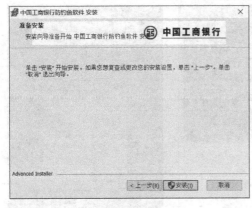

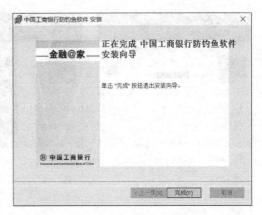

图 17-89   图 17-90

17.5　微信支付的安全防护

微信支付是集成在微信客户端的支付功能，用户可以通过手机完成快速的支付流程。微信支付以绑定银行卡的快捷支付为基础，向用户提供安全、快捷、高效的支付服务。

17.5.1　微信扫码支付

目前微信支付已实现刷卡支付、扫码支付、公众号支付、App 支付，并提供企业红包、代金券、立减优惠等营销新工具，满足用户及商户的不同支付场景。

下面介绍最常用的手机微信扫码支付的具体步骤。

（1）打开手机微信，单击右下方的"我"选项，然后在打开的界面中，单击右上方的"+"图标，如图 17-91 所示。

（2）在打开的隐藏菜单中选择"扫一扫"选项，如图 17-92 所示。

（3）将需要支付的账户二维码放入扫描框中，手机即可自动识别，如图 17-93 所示。支付成功后，系统会给出提示。

17.5.2　微信支付安全防护

现在微信支付越来越流行了，出门仅仅带一部手机就可以完成支付。然而使用微信支付虽然方便，但是存在一定的安全隐患。下面就向大家介绍如何开启安全防护，让微信支付变得更安全。

（1）打开手机微信，单击右下方的"我"选项，然后在打开的界面中单击"钱包"选项，如图 17-94 所示。

图 17-91

图 17-92

图 17-93

（2）进入"我的钱包"界面，单击右上方的隐藏菜单图标，如图 17-95 所示。

（3）在弹出的隐藏菜单栏中选择"支付安全"选项，如图 17-96 所示。

图 17-94

图 17-95

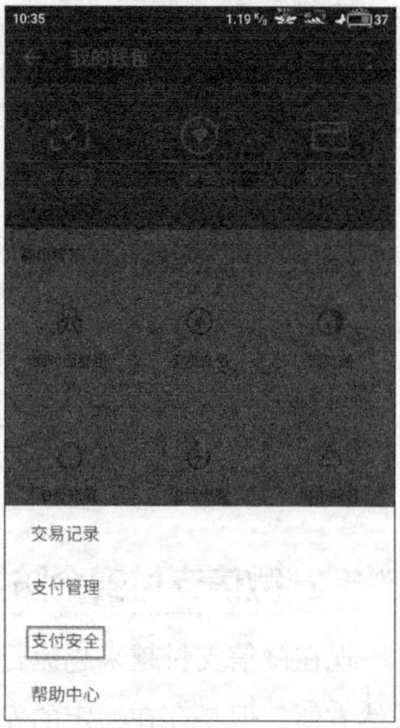

图 17-96

（4）进入支付安全界面，单击"支付安全防护"选项，如图 17-97 所示。

（5）进入"支付安全防护"界面，单击"下载腾讯手机管家"按钮，如图 17-98 所示。

图 17-97

图 17-98

（6）腾讯安全管家下载完成后，安装并运行该程序即可开启手机支付安全防护。

除了通过下载腾讯手机管家对支付安全进行防护外，还可以通过对微信支付进行管理来提高微信支付的安全性能，具体的操作步骤如下。

（1）进入微信"我的钱包"界面，单击右上方的隐藏菜单图标，如图 17-99 所示。

（2）在弹出的隐藏菜单栏中选择"支付管理"选项，如图 17-100 所示。

（3）进入"支付管理"界面，单击"指纹支付"右侧的开关选项，如图 17-101 所示。

图 17-99

图 17-100

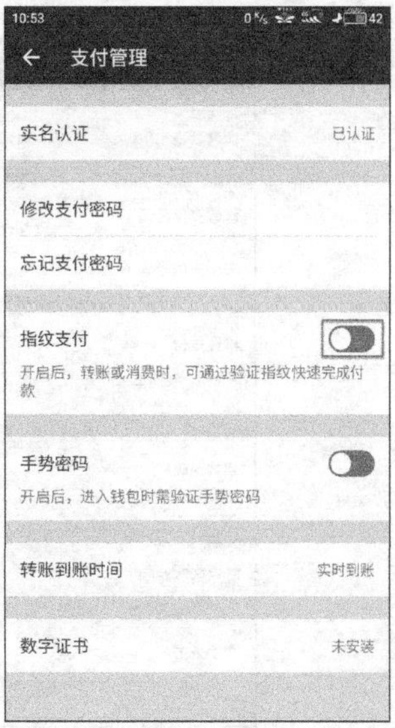

图 17-101

（4）进入验证支付密码界面，输入支付密码以验证身份，如图 17-102 所示。

（5）进入开通指纹支付界面，验证已有指纹，如图 17-103 所示。

（6）验证成功后，可以看到"指纹支付"右侧的开关选项显示绿色，并且程序会弹出
提示"开启成功"，如图 17-104 所示。

图 17-102

图 17-103

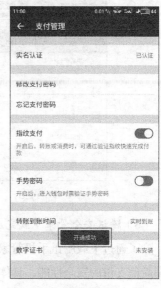
图 17-104

（7）返回"支付管理"界面，单击"手势密码"右侧的开关选项，如图 17-105 所示。

（8）进入开启手势密码界面，输入支付密码验证身份，如图 17-106 所示。

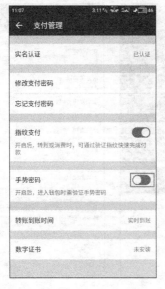
图 17-105

图 17-106

（9）然后设置并再次输入确认手势密码，如图 17-107 所示。

（10）手势密码设置完成后，可以看到支付管理界面"手势密码"右侧的开关选项显示绿色，并且程序会弹出提示"已开启手势密码"，如图 17-108 和图 17-109 所示。

图 17-107

图 17-108

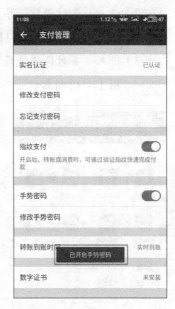

图 17-109

如果用户对上述两项设置成功之后，对微信支付还不放心，还可以通过定期修改支付密码和安装数字证书来进一步保障微信支付的安全。

17.6 使用第三方软件对手机支付进行安全防护

手机支付已经成为大众消费的一种方式，当使用手机支付的时候需要查看手机的支付环境。当手机支付环境处于不安全的情况下，就需要对手机进行杀毒来解决手机中的支付危险。如果需要保护手机支付安全的话，还可以借助手机中的软件。下面就向大家介绍如何使用 360 手机卫士和腾讯手机管家对手机支付进行安全防护。

17.6.1 360 手机卫士安全支付

360 手机卫士是一款免费的手机安全软件，集防垃圾短信、防骚扰电话、防隐私泄露、对手机进行安全扫描、联网云查杀恶意软件、软件安装实时检测、流量使用全掌握、系统清理手机加速、归属地显示及查询等功能于一身，是一款功能全面的智能手机安全软件。而且 360 手机卫士提供了支付保护功能，可以加强对手机支付的安全保护。

使用360手机卫士对手机支付进行安全保障的具体操作步骤如下。

（1）打开360手机卫士，单击下方菜单栏中的"工具箱"选项，然后选择"支付保镖"
选项，如图17-110所示。

（2）进入"支付保镖"界面，可以看到正在受保护的支付软件。单击该窗口右上角的
设置图标，如图17-111所示。

（3）进入"支付保镖设置"界面，单击"保护支付环境"右侧的按钮开启该功能，如
图17-112所示。

图17-110

图17-111

图17-112

17.6.2 腾讯手机管家安全支付

腾讯手机管家是腾讯旗下一款永久免费的手机安全与管理软件，具有病毒查杀、骚扰拦
截、软件权限管理、手机防盗及安全防护、用户流量监控、空间清理、体检加速、软件管理
等高端智能化功能。下面就向大家介绍使用腾讯手机管家对手机支付进行安全防护的具体操
作步骤。

（1）打开腾讯手机管家，单击"安全防护"选项，如图17-113所示。

（2）进入"安全防护"界面，单击窗口右上角的设置图标，如图17-114所示。

（3）在打开的菜单中选择"支付保险箱"命令，如图17-115所示。

（4）进入支付保险箱界面，可以查看正在受保护的支付软件，如图17-116和图17-117
所示。

图 17-113

图 17-114

图 17-115

图 17-116

图 17-117

第18章
电信诈骗

我国拥有全球最大的互联网、电商和智能手机市场，而用户用手机付账、订票和购物的频率也越来越高。这些用户也就成为了老练的高科技罪犯的目标。电信诈骗在我们生活中越来越频繁，种类越来越多，那么应该如何加以应对呢？本章将介绍一下电信诈骗。

案例：电信诈骗案例分析与总结

4 月 8 日傍晚，挤在北京晚高峰的地铁里，小许连续收到了几条来自中国移动官方号码的短信。短信称，他已成功订阅了一项"手机报半年包"服务，并且实时扣费造成了手机余额不足。

受害人小许：我这时候就纳闷了，因为我根本就没有订阅这个服务啊。紧接着就是非常诡异地又发了一条短信，显示我只要回复取消加验证码，在 3 分钟之内退订免费。

当小许正在琢磨"验证码"到底是什么，他又收到了一条来自中国移动客服电话"10086"的短信。

受害人小许：上面写着，您好，您的 USIM 卡验证码为 6 位数字，然后就没了，就句号。这时候我就想我要退订这个业务，他也没有跟我说验证是什么（用途），我就按照常规的思维，就取消加验证码发给他了。

原以为成功避免了一次手机用户经常碰到的"吸费业务"，但小许却惊讶地发现，自己的手机突然彻底瘫痪了。

受害人小许：重启了大概 N 次手机，然后它还是显示无服务。到家之后，有 WiFi 的时候再充值，去充了大概 150 块钱进去，它还是没反应，这时我就着急了。因为我手机是无服务状态，我也打不了 10086 的客服。

这只是麻烦的开始，当天晚上 8 点左右，小许的手机在无线网络下，接连收到了支付宝的转账提示，这意味着竟然有人在另一个终端上操作他的支付宝账户。

受害人小许：这时候就不是诈骗，这种感觉是在抢钱。我就眼睁睁地看着他把我的钱一笔一笔又一笔地转移，而且不是我个人操作的。

由于手机无法呼出挂失，情急之下，小许只能通过操作客户端解除了支付宝与三张银行卡的绑定，并且委托亲友拨打支付宝客服电话冻结账号。

受害人小许：因为你知道打客服（电话）是个非常缓慢的过程，它一步一步各种各样的验证……当我挂失成功之后，发现我的支付宝没钱了。他不但攻破了我的支付宝，还在我网银里发生跨行转账。后来我发现每一张银行卡里余额都是零。

更令小许感到恐惧的是，冻结支付宝账户并没有使自己的银行卡摆脱被劫的"命运"。他第二天才发现，自己名下的招商银行、工商银行两张储蓄卡，在他完全不知情的情况下，被人绑定在另一个在线支付平台"百度钱包"上，加上小许原本在"百度钱包"绑定的另一张中国银行卡，三张卡里的钱全部转入了两个陌生账号。这意味着，就连他的银行账号也被攻破了。一条短信让他一夜之间变得身无分文。

小许的遭遇不仅让众多网民震惊，也在通信、互联网和银行业内引发了热议。从收到可疑短信，直到眼见自己的所有账户被彻底"洗劫一空"，整个过程只有 3 个多小时，所有这些不可思议，都是从收到那条订阅短信开始的。

因为人们的惯性思维，在收到验证码之后就会立即回复，但是这其实对我们的安全威胁隐患很大，一定要在确定安全的情况下，再对这类信息进行回复。

18.1 认识电信诈骗

电信诈骗在人们的生活中出现的频率越来越高，虽然人们对此也有一定的警戒心，但犯罪分子的手段也越来越高明，那么到底什么是电信诈骗？常见的诈骗类型又有哪些呢？本节首先来了解一下电信诈骗。

18.1.1 电信诈骗概述

电信诈骗通常是指犯罪分子通过假冒公检法等权威部门电话号码、邮政、银行等公众服务号码和很久未联系的同事或朋友向用户拨打诈骗电话、发送诈骗短信等，以各种手段骗取钱财的诈骗行为。

用户通常对这些公众服务号码和朋友的信任度比较高，犯罪分子就利用人们对这些公众号码和朋友的信任来进行诈骗，随着人们认知水平的提高，诈骗的手段也是日新月异，不断变化，犯罪分子的诈骗水平也越来越高超。

自 2009 年以来，中国一些地区电信诈骗案件持续高发。此类犯罪在原有作案手法的基础上手段翻新，作案者冒充电信局、公安局等单位的工作人员，使用任意显号软件、VOIP 电话等技术，以受害人电话欠费、被他人盗用身份涉嫌经济犯罪，以没收受害人所有银行存款进行恫吓威胁，骗取受害人汇转资金。

全国人大代表陈伟才介绍，2013 年，中国电信诈骗案件发案 30 余万起，群众损失 100 多亿元，这当中除了犯罪分子获得了利益，银行和电信运营商都在其中"分得了一杯羹"。

2016 年 12 月 20 日，最高法等三部门发布《关于办理电信网络诈骗等刑事案件适用法律若干问题的意见》再度明确，利用电信网络技术手段实施诈骗，诈骗公私财物价值 3000 元以上的可判刑，诈骗公私财物价值 50 万元以上的，最高可判无期徒刑。

18.1.2 典型的诈骗案例

1. 典型诈骗案例一

徐 ×× 是山东省临沂市一名家境贫寒的准大学生，某天有个陌生手机号码打到徐 ×× 母亲李女士的手机上，对方声称有一笔助学金要发给徐 ××。因为之前曾接到过教育部门发放助学金的通知，徐 ×× 信以为真，就按对方的要求赶到附近一家银行，通过自动取款机领款。

但她通过自动取款机操作后并未成功，对方得知她带着交学费的银行卡后，要她取出卡上的 9900 元，把钱汇入指定账号，对方再把她的 9900 元连同助学金 2600 元一起打过来。毫无戒备心的徐 ×× 按照对方的说法操作后，再与对方联系，没想到对方手机已经关机。意识到被骗走 9900 元学费，在当天傍晚与父亲报警返回时，该女生突然昏厥，尽管在医院抢救两天多，仍因心脏骤停离世。

徐 ×× 所受诈骗的手机号如图 18-1 所示（摘自沂蒙晚报）。

民警反映以 170/171 号段为主要服务平台的虚拟运营商，不自己建设通信网络，而是租用实体运营商（电信、联通、移动）的网络开展电信

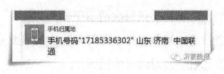

图 18-1

业务。因 170 号段实名登记不严、实际归属地不明等，颇受诈骗犯罪嫌疑人青睐，而骗子也都能从网上轻易地买到个人信息。

2. 典型诈骗案例二

李先生向派出所报警称，其昨天接到一个电话，对方自称是自己的姑爷，还说自己换号码了。21 日当天，李先生又接到这个电话，对方称他的朋友出了交通事故，现在被关起来了，急需一笔钱打通关系。随后，李先生在中午 12 点左右在荣军路五里亭工商银行内给对方汇了 8000 元，几个小时后，对方再度打来电话称还差 4000 元，李先生随即又往对方账号汇了 4000 元。等汇完款后才发觉不对劲，打电话跟姑爷核实后发现被骗。

犯罪分子们利用人们对家人的关切之情实施诈骗的手段在我们的生活中越来越常见，民警提示在这种情况下要先核实对方的身份，不要轻易汇款。

3. 典型诈骗案例三

2015 年 2 月 16 日，小李在网上订了张 2 月 25 日到上海的飞机票，准备去上海工作。2 月 24 日上午，她却收到了一条短信："尊敬的旅客您好！我们很抱歉通知：您预订 2015 年 2 月 25 日航班由于机械故障已取消，请收到短信后及时联系客服办理退改签业务，以免耽误您的行程！（注：改签乘客需要先支付 20 元改签手续费，无需承担差价，并且每位乘客将额外获得航班延误补偿金 200 元）"

小李用手机拨打了短信上的客服热线，接电话的是一名福建口音男子，要求小李转 20 元到一个银行账号。按对方要求，小李进行了汇款操作。汇了 20 元后，对方表示要退给小李 200 元机票差价。为能尽快改签，小李一步一步按对方要求去做。可让她没想到的是，她的一番操作竟先后 3 次给对方账号中汇去了 8000 多元。

随后，对方让小李等通知，说这笔钱会在次日中午打回来。可到第二天中午，小李却没

等到"好消息"，再拨打航空客服电话询问，才知航班根本没有取消，她这才发现自己被骗了。

4. 典型诈骗案例四

2016年7月，河南一公司财务人员小张收到公司兰总手机号发来的短信，内容称："小张，我的号码换成189××××××××，以后有事打这个电话。"小张将这个"新号"存为"兰总新手机号"。

之后，小张每次请示工作，都拨打"兰总新手机号"，电话那头也确实是兰总接电话。数日后，王总安排小张订一张次日到北京的机票，小张很快订好并向兰总汇报，兰总也确认收到航空公司的短信提醒。

就在兰总乘坐的航班起飞之前，小张收到"兰总新手机号"发来的短信："你立刻转5万到李总账号上，飞机马上要起飞了，晚点再说。"短信附上了李总的账户号码和账户名，小张随后向该账户转入数万元。

兰总下飞机后，小张才知道兰总并没有要求转账。至此，小张被骗人民币5万元。

这是2016年7月最著名的电信诈骗之一。这个案例中，我们不应该过度指责员工小张，并不是只有他一个人犯了错误，其实兰总也犯下了一个严重的错误。

小张的错误：那就是在第一次接到兰总换手机号时，没有及时现场与兰总核实和确认。

兰总的错误：事件中更应该受到指责的是兰总，骗子首先是在他的手机内植入了木马病毒，同步获取了兰总航空公司提醒短信，得知了兰总出行的准确时间。也就是说，兰总的手机中了木马而不自知。

18.2　常见的诈骗类型

随着科技知识水平的提高及互联网的普及，利用网络进行消费的频率越来越高，而犯罪分子进行诈骗的种类也越来越多，那么我们生活中常见的诈骗类型有哪些呢？

18.2.1　短信诈骗

短信诈骗是指利用手机短信骗取金钱或财务的行为。短信诈骗的科技含量并不高，主要是通过一个群发器、几张短信卡、移动电话号码段，如图18-2所示，再加上一台计算机（有时计算机也不需要），就可以群发大量诈骗短信。

现在短信的内容越来越具有诱惑力，使人有抗拒不了的诱惑，而且发送诈骗信息的犯罪分子以团伙居多，他们分工严密，各负其责，有的购买手机，有的开设银行账号，有的负责发送

图18-2

短信，有的专门提款，得手后立即隐藏，具有很强的隐蔽性。

同时，犯罪分子发送手机短信的数量巨大，他们利用专门的短信群发软件，使其在短时间内可以向用户发送大量违法信息。短信具有侵害的快捷广泛性，犯罪分子可以一次发出成千上万条信息，总有上当的，所以，短信诈骗带有快捷性、破坏性，危害很大。

以下列举 3 种短信诈骗的类型。

1. 冒充专业型

短信内容一般为"客户您好，您刚持 ×× 银行卡在 ×× 百货消费了 ××× 元，咨询电话 021-510×××××，银联电话 021-510×××××"。犯罪分子为提高诈骗成功率，通常会选择发卡量较大的农、中、建等银行卡作为载体。

客户一旦拨打此 510 开头的电话，对方自称 ×× 银行客户服务中心，要客户报银行卡卡号、输入密码进行查询或确认，以进行诈骗转账。

2. 张冠李戴型

短信内容一般为"您好，我是您孩子的 ××，请您把 ×× 费用 ×× 元打到 ×× 的账号 ××××，户名 ××"，"您好，您男 / 女朋友因车祸在 ×× 医院，现需要住院费用 ××× 元，请及时打款到医院的账号 ××××"等形式，如图 18-3 所示。

3. 真实服务型

短信内容一般为"尊敬的客户，× 月 × 日您在 ×× 消费成功，金额为 ××× 元，详情请拨打电话 ×××××"，如图 18-4 所示。客户拨打电话后，犯罪分子会主动让客户报案，并让客户提供准确的银行卡号。此类短信诈骗活动具有较大的欺骗性。

图 18-3

图 18-4

18.2.2 链接诈骗

犯罪分子的诈骗手段层出不穷，他们制造一个虚假诈骗链接（见图18-5，图片摘自红网常德站）来盗取我们的信息，这里通过一个实例来了解一下链接诈骗。

图 18-5

"老四，看看这是你的照片吗？"7月31日，这样一条陌生的短信链接，让市民刘先生4个小时损失了2.5万元。木马病毒屏蔽了银行卡短信通知功能，20笔盗刷交易一笔也没有通知。

7月31日中午，当天过生日的刘先生收到一条短信，内容为"老四，看看这是你的照片吗？"在大学宿舍排行老四的刘先生，以为是老同学的祝福短信，打开后单击了短信内的网络链接，进入后有一张图片的图标，但就是打不开。

当天下午，刘先生接到一个北京的电话，告知他有一张银行卡已经挂失，他想了想没有挂失过银行卡。等到晚上10点多回家，闲下来的刘先生打开网银，发现卡里的钱突然少了2.5万元，这才意识到银行卡真出事了。

8月1日，通过银行流水查询得知，刘先生的银行卡，在7月31日下午5点多到晚上10点多，被20笔交易先后刷出去2.5万元，消费途径分别是四家不同名字的第三方交易平台公司，包括网银在线、快捷支付、通融通科技、国付宝等，每笔交易少则几百元，多则数千元。卡里原本有15万多，只剩13万。及时冻结账户后，刘先生保住了卡里的余额。

在银行查询记录时，刘先生纳闷为什么没有收到短信通知，他尝试通过短信查询10086获得短信反馈，也没有收到任何短信。

刘先生从手机中找到一个名为照片的程序，但无法打开也不能卸载。手机维修师傅告诉他，这就是木马程序，屏蔽了手机的短信功能，所以他的银行卡账户变动却收不到提示。

18.2.3 电话诈骗

电话诈骗即利用电话进行诈骗活动。电话诈骗现已蔓延全国，常见的有20种诈骗手段。提醒市民防骗，小心电话诈骗，遇到这类情况，要三思而后行，别轻易相信对方，请切记，一定要让自己冷静一下（不要被歹徒引导），仔细查看电话号码，如果号码可疑，就一定是电话恐吓诈骗。如发现有诈骗嫌疑，应该立即报警。

犯罪分子多冒充受害人的亲戚、同学或朋友，通过套话骗取受害者的信任。

一般诈骗流程是：先拨通受害者电话，让受害者"猜猜我是谁？"，如受害者说"真的想不起。"，犯罪嫌疑人就会说"你连我都忘了，那就算了。"；如受害者"恍然大悟"说"哦你是某某"，嫌疑人就会顺着说"是呀，你终于想起来了。"，然后就说要去看望对方，获得好感，次日或稍后两日编造在去的途中出车祸、遭绑架、嫖妓被抓或包二奶被发现等谎言，向受害人借钱，让受害者汇钱到指定的账户。

这种诈骗对象主要是公司老总、高级官员，或者随机拨打的一些连号较多或吉数结尾的号码如888、666、168之类的手机持有人。

警方还介绍，电话诈骗的犯罪分子准备充分，精心编制固定操作流程。在实施诈骗活动前，犯罪分子都会充分收集受害人的资料，还对诈骗过程进行"彩排"。同时，骗子们分工明确，一般以3～5人为一个小团伙，专人负责打电话，专人负责诈骗账号管理，专人负责现金的提取。每次诈骗数额也不多，在3000～30000元之间。

犯罪分子普遍采用异地作案、异地诈骗、异地跨行取款，假如诈骗市民，一般拨打电话时都在外地，或者用外地手机在本地拨打。犯罪分子多来自于同一地域，相互间"掩护"意识强。

下面简单介绍几种电话诈骗类型及应对方法。

1. 吸费类

电话吸费诈骗是新型的诈骗形式，嫌疑人与运营商合作，注册一个特殊的服务号码（声讯电话号码），使用工具拨打事主电话接通后自动挂断，如果事主回电话，电话将被直接接到特殊声讯号码上，强行吸收事主话费，一次少则30元，多则几百元。

案例：2007年9月，周先生的手机上显示了一个陌生的手机号码。周先生刚换过手机，许多朋友的电话没有留存。于是回拨过去，每次都是被挂断。月底交费时才发现，多出了几百元的特殊服务费。

【提示】

骗子的电话号码通常是陌生的手机号码。

常见的情况：只响一声就挂断；回拨过去就被挂断、盲音或没有任何声音。

应对：对此类号码不要回拨，更不要多次回拨。

2. 改号类

此类犯罪手段欺骗性较强，骗子将更改来电显示号码软件装入手机后，便可任意设置来电号码，通话时接听的手机便显示拨号人自行设定的号码，如图18-6所示。

案例：11 月，高某准备购买一辆二手汽车，后经朋友介绍，与一专卖二手车的人进行联系，并定好在某酒店附近见面试车，同时该人要求高某指定一个人在银行等候，待试车完成后立即将现金汇入指定账号，高某便委托其朋友杨某在银行等候电话。过了一会儿，杨某接到高某电话（电话中显示为高某手机号码，但不是高某本人声音），称其正在试车，让杨某将人民币 12000 元汇到某某账号。杨某汇款后与高某联系，高某称并没有见到车，也没有给其打电话，方知受骗。

图 18-6

【提示】

骗子用电话，显示出的是事主的手机号。

骗子常用语：事主正在试车，让我通知你把钱打到账户里。

可疑点：事主本人不打电话。

应对：直接向机主核实情况，如发现是骗局立即拨打 110 报警。

3. 冒充熟人打电话

嫌疑人主动拨打事主电话，并让事主凭听到的声音猜测他（她）是事主某位朋友或亲属，常说的话是"我是谁？"。取得事主信任后，嫌疑人以其在途中遭遇意外或家人生病急需用钱为名，让事主汇钱到其指定的账号（见图 18-7）。从侵害人群看，多以企业管理者、公司职员为主。

图 18-7

【提示】

骗子的号码通常是陌生手机号码，多为外地号码。

骗子的常用语：我是谁？连我你都听不出来了？你猜猜？才想起来呀，我以为你把我给忘了呢？

可疑点：有口音、不主动表明身份、借口遭遇意外或疾病要你汇款。

应对：让对方主动说明身份，确定是骗局后不予理睬并拨打 110 报警。

4. 打电话进行恐吓

作案手段与冒充熟人诈骗基本相似，嫌疑人通过拨打事主手机，称事主得罪他人并以要对事主进行人身伤害相威胁的方式进行敲诈。

侵害目标无固定对象。被侵害的事主既有职位较高的董事长、经理，也有普通的职员、农民。

案例：2007 年 8 月，孟某接到一个恐吓电话，对方称其与他人有矛盾，让其将 5000 元钱汇入指定的账户中摆平此事,不然就砍断其胳膊、腿,其家人也不会好过。

【提示】

骗子的电话号码通常是陌生手机号码或公用电话。

骗子的常用语:你的孩子被我绑了;我跟你有仇;我知道你的丑事;有人出钱让我要你的命;拿点钱你就没事了。

应对:先确定孩子没有被绑架,然后拨打110报警。

5. 冒充公检法进行诈骗

此方法利用被害人对公检法的畏惧心理,来一步一步实施诈骗,通过说你欠费,然后说涉及重大经济诈骗或犯罪,进一步恐吓被害人,使被害人心理畏惧导致提供个人资料进行诈骗。

(1)案例1。

接到××银行或公司的扣款或欠费通知,你去查询他就说你在外地涉及经济案件云云,然后有某某警官联系你,说给你做笔录,通过电话跟你说你现在涉及经济案件,可能需要逮捕你进行拘留,接着让你去114查询这号码是不是公安局的(犯罪分子利用计算机软件和勾线的方式获取当地公安局电话,显示的的确是真正的公安局电话,不过其实有个小破绽,就是号码前面显示+86,这是电话才会显示的),到这时被害人就有可能心理恐慌了,让你不要告诉家里其他人,否则可能会导致办案调查的阻碍,这时你照着骗子说的去做,那么你一步步落入陷阱。

【提示】

如果真的是经济犯罪,外地公安是无权逮捕拘留你的,只能通过当地公安对你进行刑侦逮捕审查,不可能通过电话录音来办案。

应对:告诉他有问题就让当地公安机关来找自己,有需要的可以拨打110报警。

(2)案例2。

2010年15日9时许,市民钟某在办公室接到一个电话称其有一份传票,如果要了解详细情况就回拨9号键。钟某按提示回拨后,一名自称某市公安局民警的男子表示,现正在办理一宗案犯叫李某的洗钱案,案件涉及多人。该"民警"说钟某在西安办了一张信用卡,如今不排除钟某和李某是否同伙。为保证钟某的资金安全,要求钟某把钱转到指定账号。

"民警"又把电话转至"检察院",一名自称是检察官的潘姓女子向钟某讲述了案件情况,不允许钟某开手机或把情况向他人透露。潘姓女子要求钟某去就近的银行,把钱转入指定账号。钟某不假思索,立即按该女子的要求将80万元转账。

潘姓女子又要求钟某缴纳15万元保证金,经商讨,钟某最终又汇出了2万元。钟某办完这些事后,想到还是打个电话核实一下情况。于是,钟某就回拨之前该女子打给他的电话,才知道自己受骗上当,立即向市公安机关报案。

市公安局立即介入调查。经核查，钟某前后向对方提供的 3 个账号共转入 82 万元。

18.2.4 邮件诈骗

邮件诈骗现在还没有一个非常严格的定义。通常来讲，在电子邮件中，凡以谋求个人利益为目的，通过不良操作手段，诈取用户钱财的行为均为邮件诈骗。

这类邮件通常多发生在节假日前后，邮件多以冒充淘宝、易趣等 B2C 类网站，或以手机、数码厂商等以中奖、促销、回馈类信息为主，通过仿造的"官方网站"以假乱真，让用户汇款、预交定金、缴纳税款或保障金等。

邮件诈骗是网络诈骗最常用的手段。攻击者通过伪造地址和发信人的邮件，发送虚假的获奖信息或活动信息，骗取收件人的信任并诈骗收件人的钱财。

那么犯罪分子是怎么收集到邮件地址的呢？在前面的章节中详细介绍过邮件地址的收集，这里再简单介绍一下。

邮件地址的收集分为两种，即针对型收集与广谱型收集。针对型收集是指针对讨论某一话题的论坛与社区类站点进行 E-mail 地址收集；广谱型收集是指任意、随机地进行大范围的邮件地址收集。

1. 针对型收集

对于针对型收集，可使用"Super mail Extractor"工具进行全自动化收集，无需人为操作，即可快速对某一站点进行整站 E-mail 地址收集。下面以 http://www.sina.com.cn/ 为例讲述对新浪站点进行整站 E-mail 地址收集的方法。

（1）从网上下载"Super mail Extractor"工具压缩包并解压，进入该工具的主窗口中，
如图 18-8 所示。

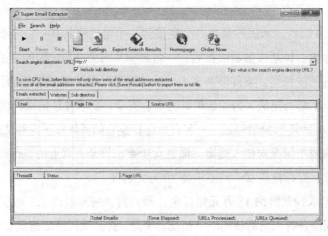

图 18-8

（2）在主窗口中的"Search engine directories URL"文本框中输入新浪网址 http://www.sina.com.cn/，单击工具栏上的"Start"按钮进行搜索，稍等片刻后，可在下面的列表框中看到搜索的结果，如图 18-9 所示。

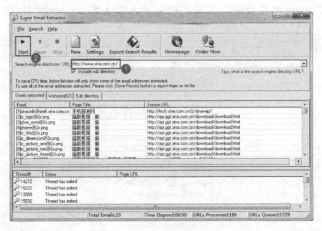

图 18-9

（3）在搜索完毕后，单击工具栏上的"Export Search Results"按钮，在弹出的"Export Search Result"对话框中单击文本框右侧的"打开"按钮，如图 18-10 所示。

（4）此时，即可弹出"另存为"对话框。在"文件名"文本框中输入文件名"Email 地址收集"，单击"保存"按钮，即可对搜索结果进行保存，如图 18-11 所示。

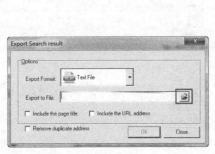

图 18-10

图 18-11

利用搜索到的网站的 E-mail 地址，即可进行网络钓鱼攻击。如果是论坛，可以直接入侵论坛，获取 MySQL 数据库账户及下载 Access 数据库，从用户注册信息中整理出 E-mail 列表。

2. 广谱型收集

对于广谱型收集，可使用"Google 邮箱搜索"工具进行大范围的邮件地址收集。Google

邮箱搜索工具中收录了全世界的中英文网页，输入与邮件地址相关的字符即可检索到大量的邮件地址。软件通过一次性导入上千个检索关键词列表，可以自动搜索和提取邮件地址。

下面介绍使用"Google 邮箱搜索"工具进行邮件地址收集的方法。

（1）打开"Google 邮箱搜索"工具，即可进入其主窗口，如图 18-12 所示。

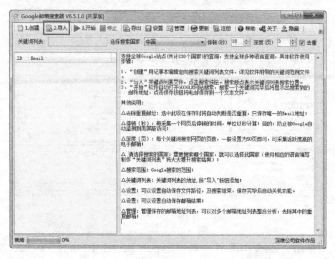

图 18-12

（2）单击工具栏上的"导入"按钮，在弹出的"导入关键词列表"对话框中选择要导入的文件，这里以"Google 邮箱搜索"工具中的"搜索关键字范例.txt"文件为例，如图 18-13 所示（其中"搜索关键字范例.txt"中的关键字内容如图 18-14 所示）。

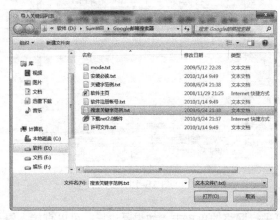

图 18-13

图 18-14

（3）单击"打开"按钮，返回"Google 邮箱搜索"工具的主窗口中，单击工具栏上的"搜索"按钮，即可弹出"搜索参数设置"的窗口，如图 18-15 所示。

图 18-15

比如，收到一封朋友发来的邮件，发现邮件地址确实是朋友的，邮件内容中说她有急用想借一些钱，且给了在线银行的网址。很多人看到这些可能就会因为友情去帮助她，但是可能这时用户已经上了别有用心人的当了。那么，这些人是如何伪造发件人地址的呢？

伪造邮件的实质是建立 SMTP 服务器，使用代理并伪造邮件头发送欺骗性邮件。这就是社会工程学。

SMTP 邮件的传输共分为 3 个阶段，即建立连接、数据传输、连接关闭，其中最重要的就是数据传输。邮件在传输时是通过 5 条命令来实现的。

- Helo：表示与服务器内处理邮件的进程开始"通话"。
- mail from：表明信息的来源地址，也就是要伪造的地址。
- rcpt to：邮件接收者的地址。
- data：邮件的具体内容。
- quit：退出邮件。

这 5 条命令是内嵌在程序中自动完成的，对用户来说是透明的，如 Outlook、Foxmail 等程序。下面介绍一个小工具"FastMail 邮件特快专递"，它内建了 SMTP 服务器，允许用户伪造邮件地址发送欺骗性邮件。

这里伪造邮件地址"admin@abc.cn"给 178****7764@163.com 发一个邮件，主题是"春节快乐"，发件人姓名是"jiaojiao"，邮件的内容是"祝朋友春节快乐！"。打开"FastMail 邮件特快专递"工具并在其中进行设置，如图 18-16 所示。

单击"发送"按钮，在发送成功后，即可打开 163 邮件，在收件箱中可看到伪造的邮件地址 admin@abc.cn 发送来的邮件，打开邮件后，即可看到伪造邮件的效果，如图 18-17 所示。

在图 18-16 所示中发件人地址是随便取的，而收信人地址则是真实的。正常情况下，是无法完成这个发信操作的，因为没有这个发信人地址的存在。但通过图 18-16 所示中这类特殊的邮件收发软件就可以完成邮件的发送，而收件人则立即会收到伪名发送的邮件。这种方法是目前最常见的垃圾邮件发送方法，也是比较恶劣的一种伪造邮箱账户行为。

图 18-16　　　　　　　　　　　　　　　　图 18-17

犯罪分子为了增加邮件查看率，使出了浑身解数，比如通过一些技巧使诈骗邮件处于用户收件箱的最顶端，或使用具有诱惑性的标题使用户上当等。

（1）使诈骗邮件位于收件箱的最顶端。

用户在接收邮件时，邮箱会根据接收的时间对收到的邮件进行排序，不同的邮箱排序的规则不一样。那么，如何让钓鱼邮件处于用户收件箱的最顶端呢？

为了形象地说明，这里列举一个例子，介绍如何使诈骗邮件处于用户收件箱的最顶端。假设某一用户向某邮箱发送 3 封邮件，第一次发送邮件时，将系统时间更改为 2002 年 10 月 1 日；第二次发送邮件时，将系统时间更改为 2008 年 1 月 1 日；第三次发送邮件时，将系统时间更改为 2005 年 3 月 7 日。按照邮件正常接收方式，其邮件排序应依次为 2002 年、2008 年、2005 年，但 163 邮箱的邮件排序是按照时间的前后排序的。

因此，收到邮件的顺序为 2002 年、2005 年、2008 年。这样，2008 年的邮件则排在收件箱的第一位。但这种方法不适用于所有邮箱，有兴趣的用户可自己测试一下其他邮箱。

（2）使用诱惑性标题。

恶意攻击者通过发送大量垃圾邮件，在垃圾邮件的标题中会写有带有诱惑性的词语或欺骗性的说明，在邮件的正文中往往会有大量诱惑性的图片并且加入恶意地址的链接。

当用户浏览垃圾邮件且轻信其中的内容，对恶意图片或超级链接进行单击后，就会跳转到恶意攻击者事先部署好的网站或网页，而这些网站或网页往往是和网上交易、网上购物等网上消费的网站相似。这样，在用户没有较高网上安全防范意识的情况下，就会按照这些虚假的网站或网页进行操作，从而造成个人经济财产的损失。

为了使邮件更具有吸引力，他们常常会在邮件主题上添加一些具有诱惑性的文字。这些诱惑性的标题其实与正文中的内容也许并不相符，但却可以增加单击率。

18.2.5 购物诈骗

购物诈骗的类型日新月异，随着人们警惕心理越来越高，购物诈骗的类型也随之变化，如图 18-18 所示，下面我们介绍几种常见的购物诈骗类型。

图 18-18

1. 网络购物诈骗

犯罪分子开设虚假购物网站或淘宝店铺，一旦事主下单购买商品，便称系统故障需要重新激活。随后，通过 QQ 发送虚假激活网址实施诈骗。

2. 低价购物诈骗

犯罪分子通过互联网或手机短信发布二手车、二手计算机、海关没收物品等转让信息，一旦事主与其联系，即以"缴纳定金""交易税手续费"等方式骗取钱财。

3. 朋友圈优惠打折

犯罪分子在微信朋友圈以优惠、打折、海外代购等为诱饵，待买家付款后，又以"商品被海关扣下，要加缴关税"等为由要求加付款项，一旦获取购货款则失去联系。

4. 刷网评信誉

犯罪分子以开网店需快速刷新交易量、网上好评、信誉度为由，招募网络兼职刷单，承诺在交易后返还购物费用并额外提成，要求受害人在指定的网店高价购卖商品或缴纳定金的方式骗取受害人钱款。

5. 购票、退票诈骗

犯罪分子利用门户网站、旅游网站、百度搜索引擎等投放广告，发布订购、退换机票、火车票等虚假电话，以较低票价引诱受害人上当。随后，再以"身份信息不全""账号被冻""订票不成功"等为由要求事主再次汇款，从而实施诈骗。

18.3 电信诈骗犯罪的特征及面向群体

1. 电信诈骗的具体特征

（1）犯罪活动的蔓延性比较大，发展很迅速。犯罪分子往往利用人们趋利避害的心理，通过编造虚假电话、短信，地毯式地给群众发布虚假信息，在极短的时间内发布范围很广，侵害面很大，所以造成损失的面也很广。

（2）信息诈骗手段翻新速度很快，一开始只是用很少的钱买一个"土炮"发一个短信，发展到互联网上的任意显号软件、显号电台等，俨然成了一种高智慧型的诈骗。从诈骗借口来讲，从最原始的中奖诈骗、消费信息发展到绑架、勒索、电话欠费、汽车退税等。犯罪分子总是能想出五花八门的各式各样的骗术。就像"你猜猜我是谁"，有的甚至直接汇款诈骗，大家可能都接到过这种诈骗。刚开始大家也觉得很奇怪，这种骗术能骗到钱吗？确实能骗到钱。因为中国很多人在做生意，互相之间有钱款的来往，咱们俩做生意说好了我给你打款过去，正好接到这个短信了，我就把钱打过去了。甚至还有冒充电信人员、公安人员说你涉及贩毒、洗钱等，通过这种办法说公安机关要追究你的责任等各种借口。骗术也在不断花样翻新，翻新的频率很高，有时甚至一两个月就产生新的骗术，令人防不胜防。

（3）团伙作案，反侦查能力非常强。犯罪团伙一般采取远程的、非接触式的诈骗，犯罪团伙内部组织很严密，他们采取企业化的运作，分工很细，有专人负责购买手机，有的专门负责开立银行账户，有的负责拨打电话，有的负责转账。分工很细，下一道工序不知道上一道工序的情况。这也给公安机关的打击带来很大的困难。

（4）跨国跨境犯罪比较突出。有的不法分子在境内发布虚假信息骗境外的人，也有的常在境外发布短信到国内骗中国老百姓。还有境内外勾结联锁作案，隐蔽性很强，打击难度也很大。

2. 电信诈骗选择的受害群体

电信诈骗侵害的群体具有很广泛的特点，而且是非特定的，采取漫天撒网，在某一段时间内集中向某一个号段或某一个地区拨打电话或发送短信，受害者包括社会各个阶层，既有普通民众也有企业老板、公务员、学校教师，各行各业都有可能成为电信诈骗的受害者，波及面很宽、社会影响很恶劣。

一些诈骗是针对性比较强的。比如汽车退税诈骗，不法分子从非法渠道购买到车主的资料，受骗的主要是一些有车族。还有一些突出的像冒充电信人员、公安人员的诈骗，不法分子往往选择白天拨打电话，白天年轻人都上班了，家里老年人比较多，不法分子抓住老年人资信度比较闭塞，容易受骗的情况实施作案。根据调查来看，女性占 70% 以上，年龄为中老年人的超过 70%，因此中老年妇女要特别引起警惕。

18.4 揭秘电信诈骗骗术

近年来，我国电信网络诈骗犯罪发案数量以年均 20% ～ 30% 的速率快速增长，骗子竟开始使用"猫池"、植入木马等高科技手段实现获利。近日北京青年报记者从北京警方开展的首都网络安全日活动上发现，警方首度全面深入揭露电信诈骗常见的手段并提醒市民要时刻防范个人信息外泄，避免因电信诈骗受损。

1. 冒充社保、医保、银行、电信等工作人员

以社保卡、医保卡、银行卡消费、扣年费、密码泄露、有线电视欠费、电话欠费为名，以自己的信息泄露，被他人利用从事犯罪，以给银行卡升级、验资证明清白，提供所谓的安全账户，引诱受害人将资金汇入犯罪嫌疑人指定的账户。

2. 冒充公检法、邮政工作人员

以法院有传票、邮包内有毒品，涉嫌犯罪、洗黑钱等，以传唤、逮捕及冻结受害人名下存款为由进行恐吓，以验资证明清白、提供安全账户进行验资，引诱受害人将资金汇入犯罪嫌疑人指定的账户。

3. 以销售廉价飞机票、火车票及违禁物品为诱饵进行诈骗

犯罪嫌疑人以出售廉价的走私车、飞机票、火车票及枪支弹药、迷魂药、窃听设备等违禁物品，利用人们贪图便宜和好奇的心理，引诱受害人打电话咨询，之后以交定金、托运费等为由进行诈骗。

4. 冒充熟人进行诈骗

嫌疑人冒充受害人的熟人或领导，在电话中让受害人猜猜他是谁，当受害人报出一熟人姓名后即予以承认，谎称要来看望受害人。隔日，再打电话编造因赌博、嫖娼、吸毒等被公

安机关查获，或以出车祸、生病等急需用钱为由，向受害人借钱并告知汇款账户，达到诈骗目的。

5. 利用中大奖进行诈骗

这种方式主要有以下 3 种。

- 预先大批量印刷精美的虚假中奖刮刮卡，通过信件邮寄或雇人投递发送。
- 通过手机短信发送。
- 通过互联网发送。

受害人一旦与犯罪嫌疑人联系兑奖，对方即以先汇"个人所得税""公证费""转账手续费"等理由要求受害人汇款，达到诈骗目的。

6. 利用无抵押贷款进行诈骗

犯罪嫌疑人以"我公司在本市为资金短缺者提供贷款，月息 3%，无需担保，请致电某某经理"，一些企业和个人急需周转资金，被无抵押贷款引诱上钩，被犯罪嫌疑人以预付利息等名义诈骗。

7. 利用虚假广告信息进行诈骗

犯罪嫌疑人以各种形式发送诱人的虚假广告，从事诈骗活动。

8. 利用高薪招聘进行诈骗

犯罪嫌疑人通过群发信息，以高薪招聘"公关先生""特别陪护"等为幌子，称受害人已通过面试，要向指定账户汇入一定培训、服装等费用后即可上班。步步设套，骗取钱财。

9. 虚构汽车、房屋、教育退税进行诈骗

信息内容为"国家税务总局对汽车、房屋、教育税收政策调整，你的汽车、房屋、孩子上学可以办理退税事宜。一旦受害人与犯罪嫌疑人联系，往往在不明不白的情况下，被对方以各种借口诱骗到 ATM 机上实施英文界面的转账操作，将存款汇入犯罪嫌疑人指定账户。

10. 利用银行卡消费进行诈骗

嫌疑人通过手机短信提醒手机用户，称该用户银行卡刚刚在某地（如 ×× 百货、×× 大酒店）刷卡消费 ×××× 元等，如有疑问，可致电 ××××× 咨询，并提供相关的电话号码转接服务。在受害人回电后，犯罪嫌疑人假冒银行客户服务中心及公安局金融犯罪调查科的名义谎称该银行卡被复制盗用，利用受害人的恐慌心理，要求受害人到银行 ATM 机上进入英文界面的操作，进行所谓的升级、加密操作，逐步将受害人引入"转账陷阱"，将受害人银行卡内的款项汇入犯罪嫌疑人指定账户。

11. 冒充黑社会敲诈实施诈骗

不法分子冒充"黑社会""杀手"等名义给手机用户打电话、发短信，以替人寻仇、要打断你的腿、要你命等威胁口气，使受害人感到害怕后，再提出我看你人不错、讲义气、拿钱消灾等迫使受害人向其指定的账号内汇款。

12. 虚构绑架、出车祸诈骗

犯罪嫌疑人谎称受害人亲人被绑架或出车祸，并有一名同伙在旁边假装受害人亲人大声呼救，要求速汇赎金，受害人因惊慌失措而上当受骗。

13. 利用汇款信息进行诈骗

犯罪嫌疑人以受害人的儿女、房东、债主、业务客户的名义发送："我的原银行卡丢失，等钱急用，请速汇款到账号×××××"，受害人不加甄别，结果被骗。

14. 利用虚假彩票信息进行诈骗

犯罪嫌疑人以提供彩票内幕为名，采取骗取会员费的形式从事诈骗。

15. 利用虚假股票信息进行诈骗

犯罪嫌疑人以某证券公司名义通过互联网、电话、短信等方式散发虚假个股内幕信息及走势，甚至制作虚假网页，以提供资金炒股分红或代为炒股的名义，骗取股民将资金转入其账户实施诈骗。

16. QQ 聊天冒充好友借款诈骗

犯罪嫌疑人通过种植木马等黑客手段，盗用他人 QQ，事先就有意和 QQ 使用人进行视频聊天，获取使用人的视频信息，在实施诈骗时播放事先录制的使用人视频，以获取信任。分别给使用人的 QQ 好友发送请求借款信息，进行诈骗。

17. 虚构重金求子、婚介等诈骗

犯罪嫌疑人以张贴小广告、发短信、在小报刊等媒体刊登美女富婆招亲、重金求子、婚姻介绍等虚假信息，以交公证费、面试费、介绍费、买花篮等名义，让受害人向其提供的账户汇款，达到诈骗的目的。

18. 神医迷信诈骗

犯罪嫌疑人一般为外地人与本地人，分饰神医、高僧、大仙儿等角色，在早市、楼宇间晨练的群体中物色单身中老年妇女，蒙骗受害人，称其家中有灾、近亲属有难，以种种吓人说法摧垮受害人心理防线，让受害人拿出钱财"消灾"或做"法事"，伺机调包实施诈骗。

18.5 防范电信诈骗的技巧

纵观公安机关破获的此类案件中，犯罪分子无论采取何种手段，归根结底就是骗钱。所以如果广大中小学生及家长对此类骗术保持高度警惕，遇到行骗时及时核实，不贪图便宜，不轻信中奖、低价售车等虚假信息，就不会轻易上当。

针对现在越来越受人关注的电信诈骗事件，本节来讲述如何安全防范电信诈骗。

18.5.1 加强对个人信息的保护

当前，电信诈骗日益呈现出精准化、职业化的特征。从受骗对象看，大多为老年人、学生等防范意识相对较弱的群体；从作案手段来看，各种陷阱设计得越来越隐蔽，诈骗工具的科技含量越来越高，不少人将诈骗当成了一种职业——南方某省就因"十个 × × 九个骗，还有一个在锻炼"而被贴上了"电信诈骗之乡"的标签。

如何让骗子无计可施？有人建议进一步推进电信实名制，加强对虚拟电信运营商的监管；有人建议抽调公安精锐警力，开展专项整治行动，对电信诈骗一律刑事立案；还有人建议民众提高防骗意识，增强与骗子"斗智斗勇"的能力；也有人建议从银行端入手，加强向陌生账号转款的监管，采用技术手段提高止损能力。

其实，电信诈骗的精准度和成功率不断提高，症结在于保护个人信息的安全防线不断失守。在互联网大数据时代，面对虎视眈眈的黑客、等待贩卖牟利的信息贩子，如果缺乏严格的保护和追责机制，公民信息就会处于"裸奔"的状态。

进入网络互联互通的时代，收集个人信息的机构日渐增多。网络购物时，只要浏览过某一件商品，下次网站就会自动推送相关类别的商品；查阅新闻时，只要单击过某一起事件，客户端就会记录下你的"喜好"，自动推荐相关的新闻。大到买房买车、办理银行业务，小到餐厅就餐、医院就诊、报教育辅导班，都涉及个人信息的记录与读取。然而，正因为获取信息太随意，保护个人信息的难度非常大。事实表明，很多关键的用户信息，恰恰是通过看上去相对正规的机构泄露出去的。

对于获取公民个人信息的机构而言，应当建立惩处条款，从立法层面让其承担起保护个人信息的义务。无论公民信息泄露程度严重与否，都应当追根溯源，找到泄露信息的责任人。刑法修正案（九）规定了侵犯公民个人信息罪的有关条款，并将犯罪主体扩大到一般主体，而不仅局限于刑法规定的国家机关、金融、电信、交通、医疗等单位的工作人员。可见，任何泄露个人信息的单位和个人，都可能受到法律的追究。

而从掌握公民信息机构的角度来看，应当建立权责对等的机制，确保用户信息的安全，不去触碰法律的底线。在收集用户信息的时候，要建立必要的边界，不随意跨界，明确非必要的用户信息采集，只会加重有关机构在履行责任时的风险。

此外，收集用户信息的机构，有必要建立起完善的风险防御机制，如果自身并不具备保护用户信息安全的能力，就应当将泄露的风险提前告知用户。从采集环节入手治理，加重信息收集机构身上肩负的保护义务，严格落实有关方面的监管职责，方能从根本上保卫个人信息安全。

18.5.2 严格对诸如电话卡、银行卡等的实名登记制度

公安机关应严格登记制度，加强对相关信息登记部门的监督。在未严格施行实名制登记的今天，作为办案机关，装备欠佳，所获信息不多，有心办案，却因为线索断裂而无法破案，导致人民群众的财产蒙受损失。当实现理想化的登记制度后，公安机关就可以简单地通过这些信息找到源头，揪出犯罪嫌疑人，挽回人民的经济损失。

18.5.3 加大对网络工具的管理力度

电信诈骗一般涉及通信工具，而最普通也是作案人员应用最广泛的是电话和计算机，由此可见对网络工具监管的重要性。在侦查过程中，弄清楚案情出现的各个电话号码的关系尤其重要。分清每个号码的作用，比如同一个案件中作案、联系、发送信号、转接、混用等。同时，通过对电话号码的分析和受害人的陈述，可以基本断定电话的角色，从而推断出作案团伙的内部分工特征和组织特点。这样可以使复杂的案件简单化，使复杂的团伙结构明确化。

18.5.4 注重电信诈骗的相关宣传

注重电信诈骗的相关宣传防范工作，尽量减少电信诈骗发生。凡事预则立，不预则废。特别是面对像电信诈骗这种特征性极强的犯罪，更应该注重宣传防范，从源头上减少电信诈骗案件的发生。从当前形势来看，公安机关的宣传力度是远远不够的，通过国家统计网得知，全国电信诈骗宣传做得好的几个省市发案率要比宣传力度明显不够的省市低很多，这说明电信诈骗的宣传防范工作做好还是很有成效的。关于宣传防范，公安机关可以将此任务由上而下，细化到派出所、警务室，定期、定时、定地向人民群众宣讲关于电信诈骗犯罪分子的各种诈骗手段，防止上当受骗的方法，发现上当受骗后的处理方法。向人们发放宣传单、宣传册，在小区拉横幅等，让人人都知道电信诈骗，人人都懂电信诈骗，从而减少电信诈骗的发生，减少人民的财产损失。

360 安全卫士防护介绍	ARPR 破解 RAR 压缩文件密码介绍	BurpSuite 介绍	chop 文件分割工具介绍	cmd 提权
Cookie 和历史记录安全防卫介绍	DOS 命令介绍	D 盾 Web 查杀软件介绍	EXE 捆绑机介绍	IECookiesView 获取目标主机 Cookie 记录介绍
IIS 服务器安装配置介绍	IP 地址配置介绍	iTunes 安装及手机刷机介绍	JHIjack 介绍	metasploit 介绍
nmap 介绍	ReStar 病毒制作介绍	ShareEnum 介绍	SqlServer 介绍	SRSniffer 网络嗅探器介绍
USB 端口安全设置	U 盘病毒制作介绍	VPN 连接隐藏本地 IP 地址介绍	WFetch 介绍	WinArpAttacker 介绍

Windows 防火墙介绍	Windows 进程管理器介绍	Windows 密码设置介绍	winfingerprint 介绍	WireShark 介绍
X-Scan 扫描器介绍	端口扫描工具介绍	防范"冲击波"蠕虫	防火墙高级设置介绍	关闭远程注册表服务介绍
计算机文件 RAR 压缩加密工具介绍	计算机系统文档操作记录安全防卫介绍	进程端口操作介绍	禁用 ActiveX 控件与相关选项介绍	禁止使用注册表编辑器介绍
局域网共享设置介绍	客户端脚本代码编写介绍	跨站脚本攻击(XSS)介绍	聊天应用软件安全防护介绍	浏览器安全设置介绍
木马加壳工具介绍	木马脱壳工具介绍	清除日志文件介绍	如何查杀木马病毒介绍	萨客嘶入侵检测系统安装教程介绍
萨客嘶入侵检测系统使用教程介绍	设置文件访问权限介绍	设置虚拟内存介绍	社会工程学辅助工具介绍	手机 Wi-Fi 安全使用介绍

419

手机安全中心防范木马病毒介绍	手机病毒扫描及支付安全应用设置介绍	手机防骚扰安全设置介绍	手机蓝牙安全使用介绍	手机无障碍操作安全设置介绍
手机系统安全设置介绍	手机系统文件备份和重置介绍	手机系统应用授权管理和安全设置介绍	手机系统应用锁安全设置介绍	手机隐私安全防护锁屏密码设置介绍
图标精灵介绍	网络嗅探器（影音神探）介绍	网络注入工具介绍	文件恢复介绍	系统电源安全管理介绍
硬件设备操作介绍	远程桌面连接介绍	注册表备份与还原介绍	组策略安全介绍	